Motor Fan illustrated Technology & Strategy of the ENGINE CONTENTS

엔진의 요소 기술

앞으로도 당분간 엔진은 자동차 동력원으로서 계속 자리를 유지하게 될 것이다.
그렇기 때문에 더욱 효율을 향상시켜 연비를 개선하는데 기여할 "의무"가 있다고 해도 좋을 것이다.
먼저 엔진을 구성하는 부품들의 역할과 어떻게 효율향상에 기여하는지를 정리하였다.

글 : 마쓰다 유지 · 사진 : FORD / Volkswagen

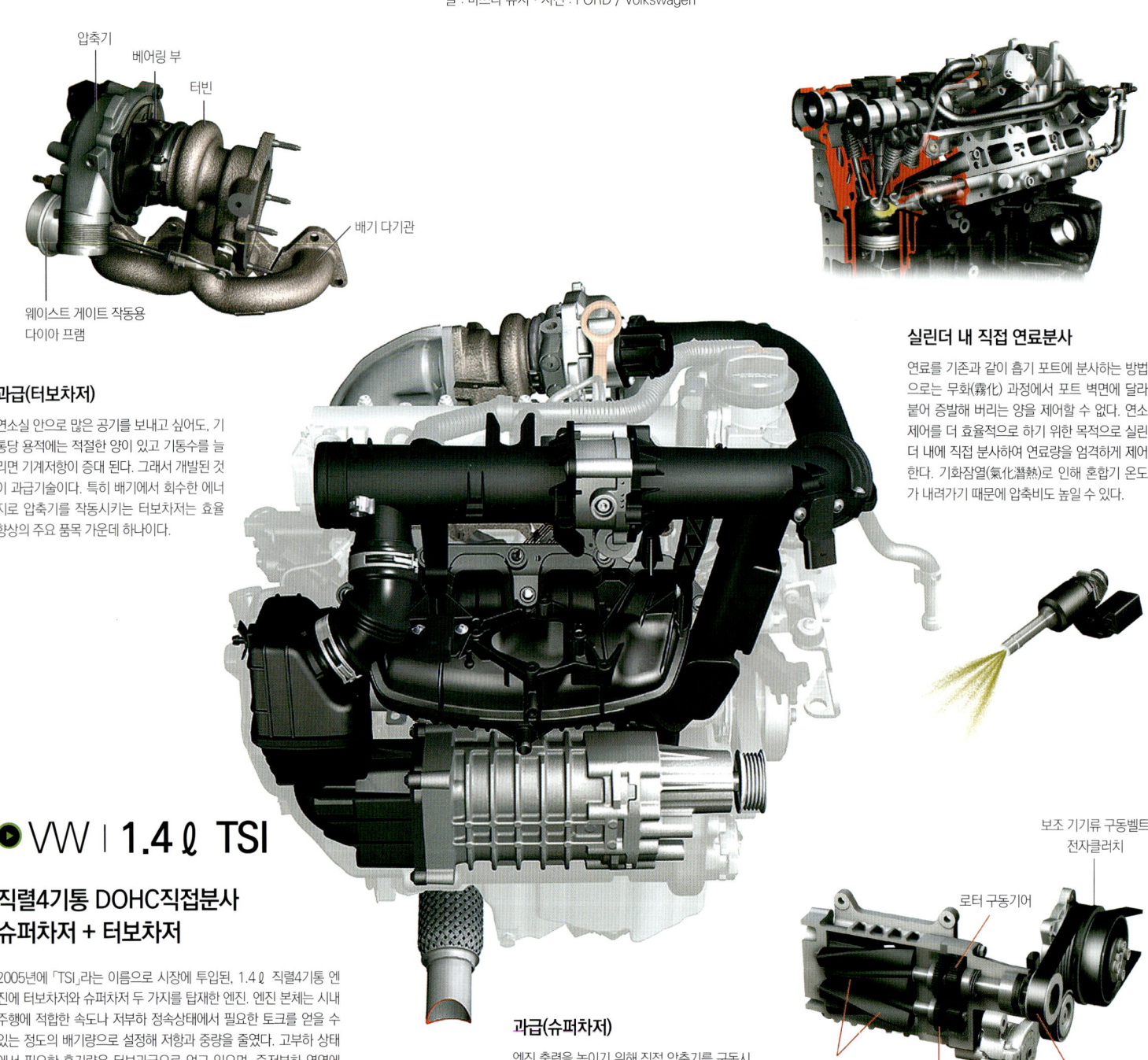

압축기
베어링 부
터빈
배기 다기관
웨이스트 게이트 작동용
다이아 프램

과급(터보차저)

연소실 안으로 많은 공기를 보내고 싶어도, 기통당 용적에는 적절한 양이 있고 기통수를 늘리면 기계저항이 증대 된다. 그래서 개발된 것이 과급기술이다. 특히 배기에서 회수한 에너지로 압축기를 작동시키는 터보차저는 효율 향상의 주요 품목 가운데 하나이다.

실린더 내 직접 연료분사

연료를 기존과 같이 흡기 포트에 분사하는 방법으로는 무화(霧化) 과정에서 포트 벽면에 달라붙어 증발해 버리는 양을 제어할 수 없다. 연소 제어를 더 효율적으로 하기 위한 목적으로 실린더 내에 직접 분사하여 연료량을 엄격하게 제어한다. 기화잠열(氣化潛熱)로 인해 혼합기 온도가 내려가기 때문에 압축비도 높일 수 있다.

▶ VW | 1.4 ℓ TSI

직렬4기통 DOHC직접분사
슈퍼차저 + 터보차저

2005년에 「TSI」라는 이름으로 시장에 투입된, 1.4ℓ 직렬4기통 엔진에 터보차저와 슈퍼차저 두 가지를 탑재한 엔진. 엔진 본체는 시내 주행에 적합한 속도나 저부하 정속상태에서 필요한 토크를 얻을 수 있는 정도의 배기량으로 설정해 저항과 중량을 줄였다. 고부하 상태에서 필요한 흡기량은 터보과급으로 얻고 있으며, 중저부하 영역에서의 가속 등에는 슈퍼차저를 작동시켜 응답성을 높이고 있다. 다운사이징 개념을 충실히 구현한 구성이다.

보조 기기류 구동벨트
전자클러치
로터 구동기어
로터
(3엽 트위스트 타입)
회전 동조기어
슈퍼차저 구동풀리

과급(슈퍼차저)

엔진 출력을 높이기 위해 직접 압축기를 구동시키는 과급기가 슈퍼차저이다. 터보차저의 약점인 터보의 응답지연이 없으며, 상용 영역에서 과급 효과를 쉽게 얻을 수 있다는 점이 특징.

● FORD │ ECO-BOOST ENGINE

3.5ℓ V6 DOHC 직접분사 터보

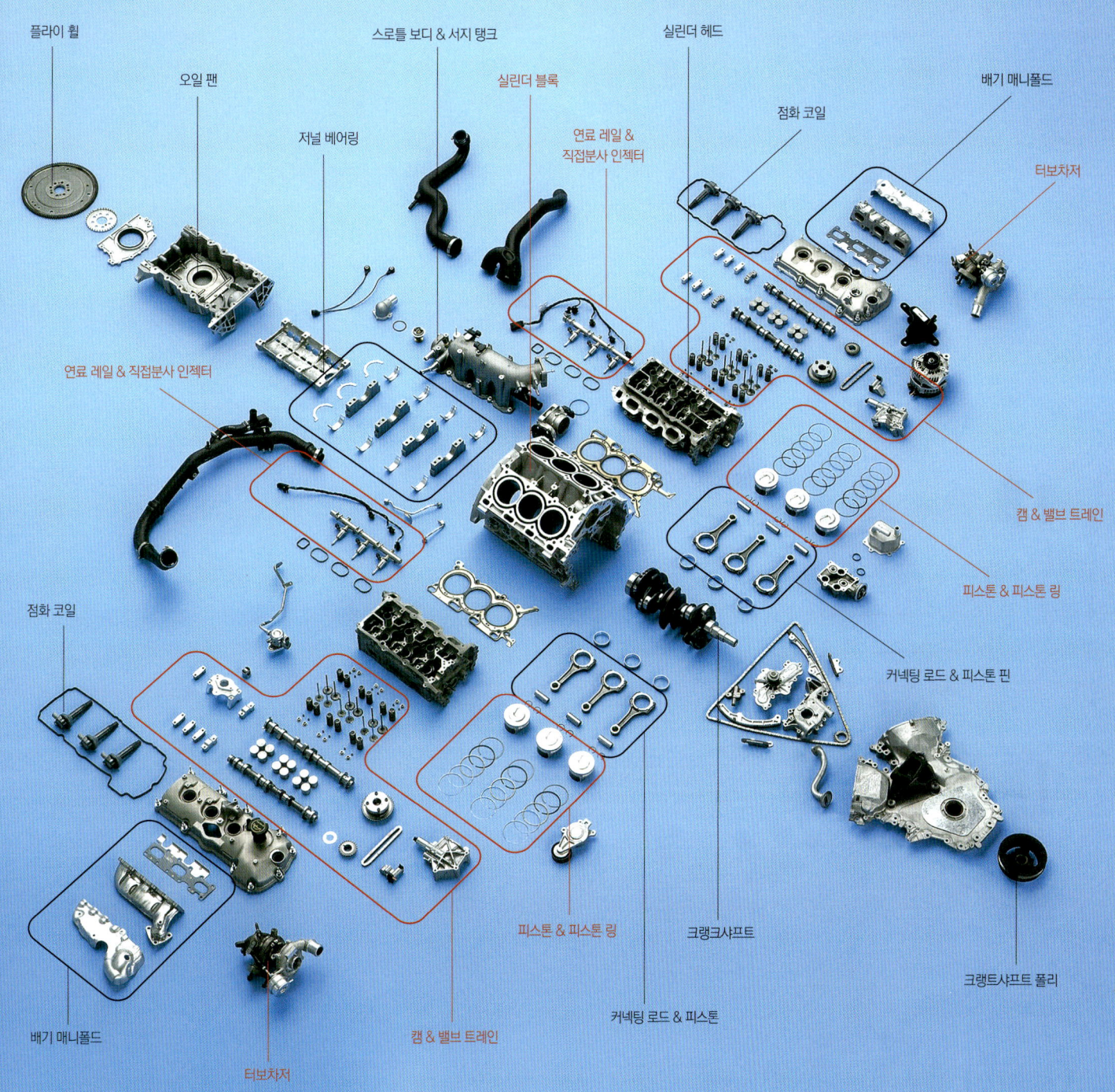

플라이 휠
오일 팬
저널 베어링
연료 레일 & 직접분사 인젝터
스로틀 보디 & 서지 탱크
실린더 블록
연료 레일 & 직접분사 인젝터
실린더 헤드
점화 코일
배기 매니폴드
터보차저
캠 & 밸브 트레인
피스톤 & 피스톤 링
커넥팅 로드 & 피스톤 핀
점화 코일
크랭크샤프트 폴리
배기 매니폴드
터보차저
캠 & 밸브 트레인
피스톤 & 피스톤 링
커넥팅 로드 & 피스톤
크랭크샤프트

「아직 20% 정도는 더 줄일 수 있을 것으로 생각한다」. 이번 취재를 하면서 많은 엔진 기술자들이 이구동성으로 말한, 앞으로의 내연기관 효율향상에 관한 최신 전망이다.

내연기관 최대의 과제는 앞으로도 그리고 과거에도 그랬듯이 변함없이 「같은 양의 연료로 더 많은 양의 운동 에너지를 끌어내는 것」이다. 바꿔 말하면 「효율 향상」이라고 할 수 있는데, 이를 위한 방법론도 명확하다. 즉 「더 양호한 연소의 실현」과 「작동 중 발생하는 각종 저항의 저감」이라고 해도 좋을 것이다. 이를 달성하기 위한 방법도 의외

로 단순하게 느껴진다. 연소에 관해서라면, 「실린더 안에 가능한 한 많은 공기를 집어넣고, 가능한 한 연소하기 쉬운 상태로 연료를 넣어주고, 가능한 한 강하게 압축한 상태에서 착화시키는 것」이라고 정리할 수 있다. 화제를 모은 HCCI(Homogeneous charge compression ignition)도 이를 추구하는 과정에서 개발된 연소방식 중 하나이다.

작동저항을 줄이는 문제도 「접촉부분의 마찰을 줄이는 것」, 「관성질량을 저감시키는 것」 등의 기본적인 이야기가 중복된다. 자동차 한 대를 구성하는 부품수는 약 3~5만개

정도라고 하는데, 특히 엔진은 구성부품 개수가 대표적으로 많은 장치이다. 위 사진은 포드의 V형 6기통 엔진을 조정하기 전 상태로 분해한 것으로, 이들 부품 전체에서 제각각 1%만 무게를 줄이고, 1%만 접촉저항을 줄이겠다는 생각만으로도 작동저항을 저감시키려 하는 중요성을 이해할 수 있을 것이다. 「아직 20%」라는 말을 해석해 보면, 연소에 관련된 15%, 저항저감에서 5% 정도의 비율을 뜻한다. 여기서부터는 이것을 달성하기 위한 과제와 최신 요소기술에 관해 설명하도록 하겠다.

연료분사 테크놀로지

실린더 내 직접 연료분사 / 포트 분사

혼합기가 가장 잘 형성된다는 이유로 주류를 이루었던 포트 분사를 대신해서
가솔린을 실린더 내에 직접 분사하는 엔진이 증가하고 있다. 그 장점은 무엇일까?

글 : 마쓰다 유지 · 사진 : FORD / GM / BMW / Daimler / BOSCH

● 실린더 내 직접 연료분사(DI : Direct Injection)

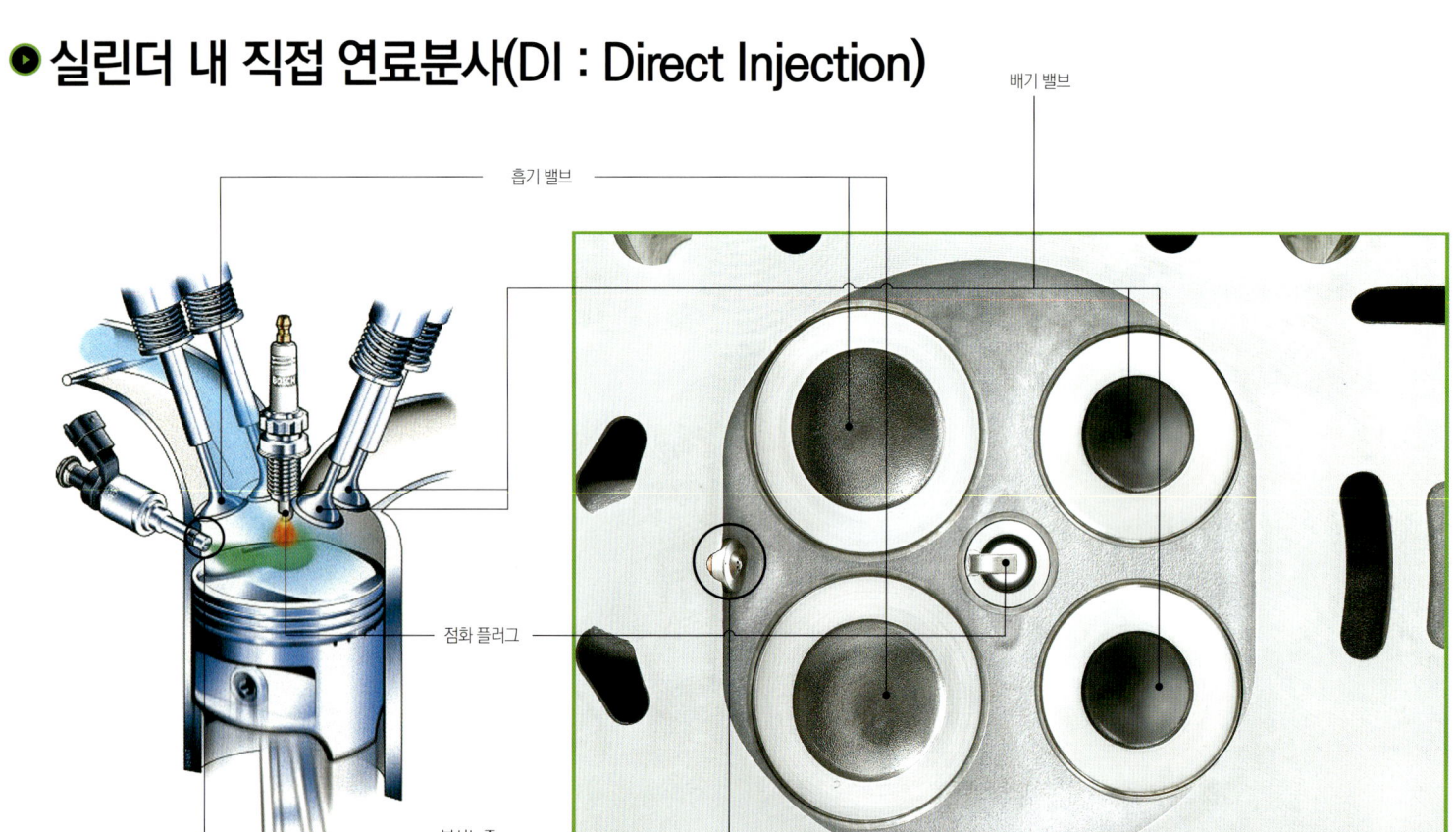

배기 밸브

흡기 밸브

점화 플러그

분사노즐

대개의 가솔린 직접분사 엔진은 흡기 밸브 바로 아래의 중간 지점 정
도에 분사노즐의 분무공을 설정하고 있다. 배치에 따라 얼마나 효율적
으로 흡기를 냉각할 수 있는지가 효율 향상을 위한 열쇠이다.

전형적인 4밸브 형식의 펜트루프형 연소실에서의 직접분사 예. 인젝터 노즐이 화염에 직접 노출되는 등, PFI(Port Fuel Injection)에서는 발
생하지 않았던 과제도 있지만, 이런 과제 대부분은 디젤 엔진에서 쌓아온 기술을 응용함으로써 해결할 수 있는 문제이다.

가솔린 직접분사 엔진의 역사는 오랫동안 지속되어 왔으며,
항공기용 엔진에서는 제2차 세계대전 중에 실용화되었다.
자동차 엔진용으로는 1954년 메르세데스 벤츠 300SL에 기
계식 연료분사 장치가 최초로 장착, 실용화되었다.

오토 사이클 엔진을 「가솔린 엔진」으로 성립시킨 중요
한 장치 가운데 하나가, 1893년 빌헬름 마이바흐가 고안
한 「기화기(카브레터)」이다. 기화기 덕분에 내연기관을
액체연료로 작동시키는 것이 가능해졌다. 오랫동안 자동
차 엔진용 연료공급장치의 왕좌를 차지해 왔던 기화기가
1970년대 후반 이후, 점차 EFI(Electronic Fuel Injection)
로 바뀌게 된다. 목적은 연소 개선에 따른 연비성능 향상
과 배기가스 규제에 대응하기 위해서이다. 다양한 주행조
건이나 환경조건 하에서 배기가스 규제를 맞추기 위해서
는 항상 삼원촉매를 최대한 기능시켜야만 한다. 그 때문에
연소상태가 특정 조건에서 벗어나지 않도록, 연료공급량
을 엄밀하게 제어할 필요가 있었으며, 기화기의 기계구성
으로는 제어에 대응이 곤란했다.

그리고 1990년대 후반, 다시 세계적으로 강화되는 배
기가스 규제에 대응하기 위해 새로운 연료공급장치가 등
장했다. 디젤 엔진과 같이 실린더 내부에 직접 가솔린을
분사하는, 통칭 「가솔린 직접분사」방식이 그것이다.

선구자가 된 미쓰비시 자동차의 4G63-GDI형 엔진은
희박한 혼합기에서의 안정운용을 목적으로, 성층연소(혼
합기 전체 가운데, 공연비가 다른 부분이 층 형태로 존재
하는 상태에서의 연소)를 실용화하기 위한 수단으로 직접
분사를 채용했다. 최대 분사압력 5MPa의 인젝터에 의해
실린더 안에 분사된 연료는 특이한 헤드 모양을 한 피스톤
의 상승으로 생기는 텀블(tumble) 와류에 의해 공기와 섞
이면서 층을 형성해 간다. 점화 플러그 부근은 공연비가
농후한 층을 이루고 있기 때문에 착화 안정성을 확보하면
서, 전체 공연비는 최대 50 : 1 정도까지 희박하게 할 수
있다는 예측이었다.

그 후 도요타 등도 직접분사 희박연소 엔진을 투입하
게 되는데, 희박연소가 적용되는 운전조건 폭이 좁고 비
용상승에 비해 실용연비향상 폭이 작았던 점이나 농후
한 층의 착화로 인한 카본 퇴적 등과 같은 문제, 심지어는
NOx 규제 강화 등의 사정으로 인해 가솔린을 직접분사
하는 희박연소 엔진은 서서히 수그러드는 분위기가 조성

▶ FORD | ECOBOOST ENGINE

큰 배기량인 V8 등을 대신해 연비 20% 향상, CO_2 배출량 15% 절감을 목표로 한 엔진. 3.5ℓ V6로 한쪽 뱅크마다 터보를 장착하고 있다. 가장 파워풀한 사양에서는 최고출력 365ps/5500rpm, 최대토크 48.4kgm/3500rpm을 발휘한다.

고압연료 펌프

연료공급 라인은 보쉬의 「DI 모트로닉 직접분사 시스템」 시리즈가 기본. 디젤과 비교하면 요구되는 공급압력이 한 단계 낮다. 싱글 플런저인 연료 펌프는 좌측 뱅크의 흡기 캠샤프트에 의해 구동된다.

인젝터(분사밸브)

인젝터의 최대분사 압력은 120bar 정도로 다단분사에 대응. 연소특성을 크게 좌우하는 분사각도와 도달범위, 1 사이클당 2회의 분사시기는 대규모 컴퓨터 시뮬레이션을 거듭하여 결정하였다.

연료 레일

V6의 한쪽 뱅크용이기 때문에 레일 1개당 인젝터는 3개. 펌프가 공급하는 연료는 안쪽 뱅크용 레일을 통과해 바로 앞쪽 레일로 공급되는 구조이다.

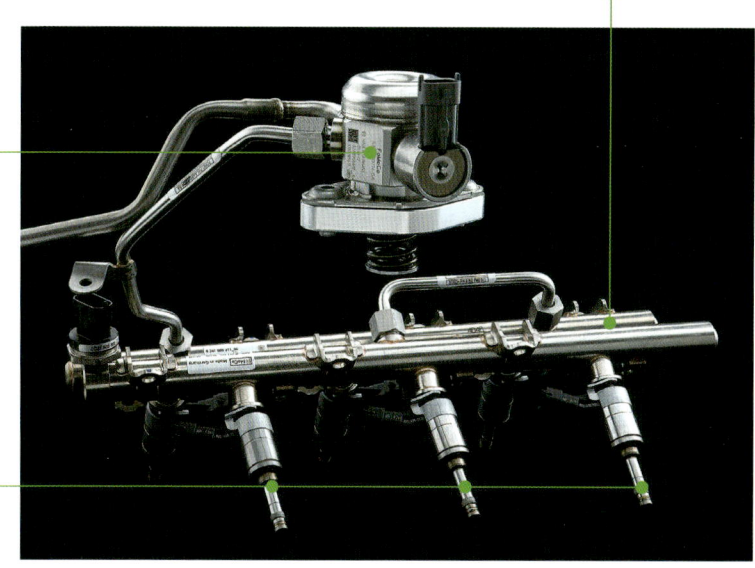

ECOBOOST 엔진의 웜업(warm-up) 운전 연소

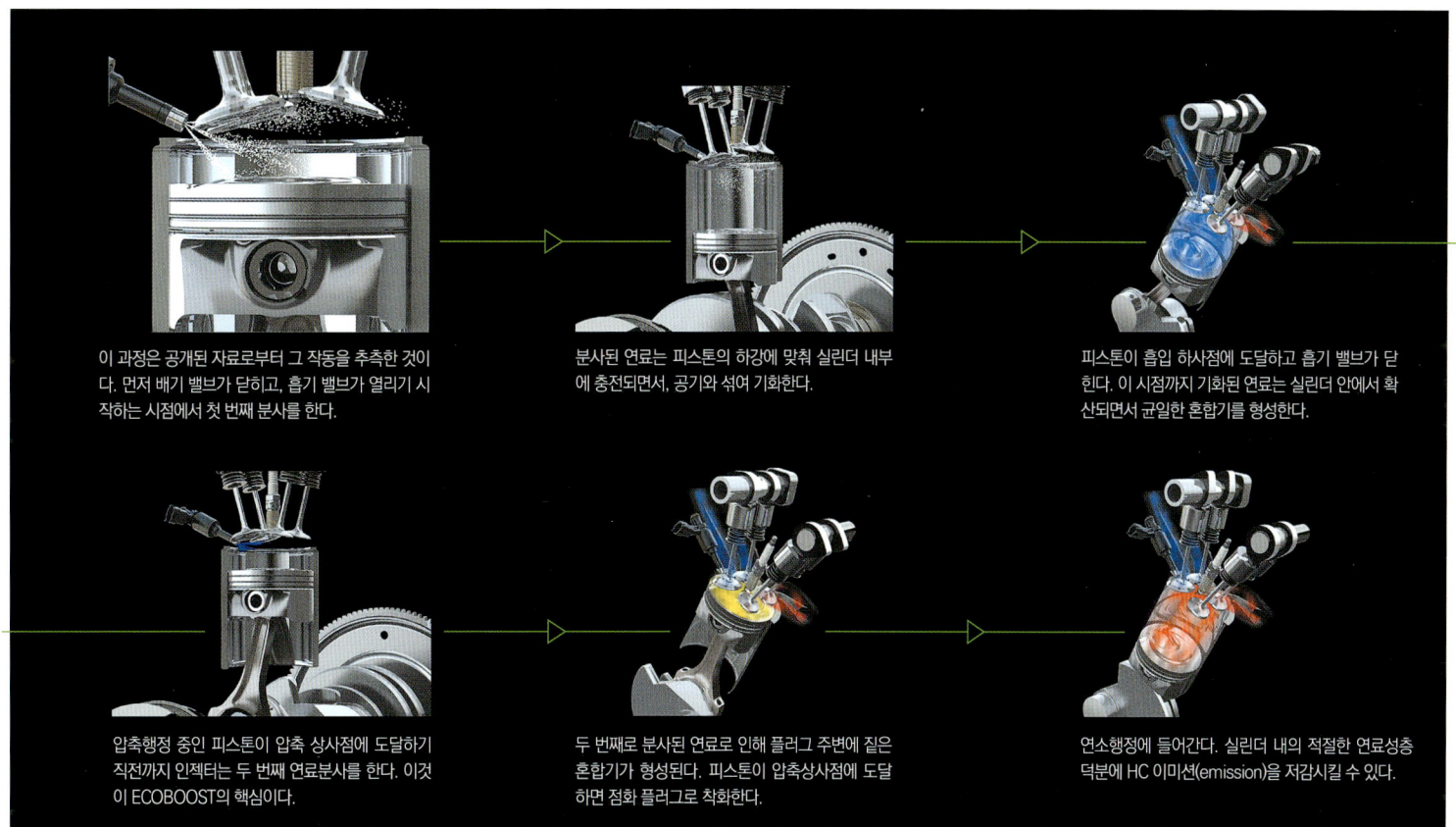

이 과정은 공개된 자료로부터 그 작동을 추측한 것이다. 먼저 배기 밸브가 닫히고, 흡기 밸브가 열리기 시작하는 시점에서 첫 번째 분사를 한다.

분사된 연료는 피스톤의 하강에 맞춰 실린더 내부에 충전되면서, 공기와 섞여 기화한다.

피스톤이 흡입 하사점에 도달하고 흡기 밸브가 닫힌다. 이 시점까지 기화된 연료는 실린더 안에서 확산되면서 균일한 혼합기를 형성한다.

압축행정 중인 피스톤이 압축 상사점에 도달하기 직전까지 인젝터는 두 번째 연료분사를 한다. 이것이 ECOBOOST의 핵심이다.

두 번째로 분사된 연료로 인해 플러그 주변에 짙은 혼합기가 형성된다. 피스톤이 압축상사점에 도달하면 점화 플러그로 착화한다.

연소행정에 들어간다. 실린더 내의 적절한 연료성층 덕분에 HC 이미션(emission)을 저감시킬 수 있다.

된다. 그리고 2002년에 알파로메오가 「JTS(Jet Thrust Stoichiometric)」이라고 이름붙인 가솔린 직접분사 엔진을 시장에 투입하게 된다.

JTS는 이론공연비에서의 연소를 기본으로 한 직접분사 엔진이다. 종래의 포트 분사(Port Fuel Injection)와 마찬가지로 시동 직후나 파워 공연비가 필요한 상황에서는 농후한 공연비를 이용한다. 직접분사의 주된 목적은 기화잠열을 이용한 압축비 향상에 있다.

흡기행정 후반에 연료를 분사하면 가솔린 기화열로 흡기를 직접 냉각시킬 수 있다. 이론공연비 가솔린에서는 계산상 혼합기 온도가 24도 낮아진다. 이것은 체적이 8% 줄어드는 것으로, 달리 말하면 흡기량이 8% 늘어난다는 것을 의미한다. 심지어 압축행정 종반에는 혼합기 온도가 55도나 낮아진다는 계산이 나와 압축비를 2 높이는 것과 같은 효과를 가져 온다. 바꿔 말하면 무과급 엔진에서는 압축비를 2 높일 수 있고 과급 엔진에서는 노킹을 방지하기 위해 압축비를 낮출 필요가 없다는 의미로, 어떤 식이든 토크를 높일 수 있음을 의미한다.

또한 PFI에서는 포트 벽면에 부착된 연료 일부가 다음 사이클에서 실린더로 흡입되기 때문에 응답 지연이 발생하게 되는데, DI는 분사시기와 분사량을 비교적 자유롭게 제어할 수 있기 때문에 배기가스 규제 대응이나 응답성 측면에서도 유리하다. 특히 과급과의 궁합이 양호하기 때문에 주류로 자리잡아갈 것으로 예상된다.

스프레이 가이디드(Spray-guided)

직접분사 기술의 새로운 흐름

가솔린 직접분사 엔진에서는 실린더 중앙부의 점화 플러그 근방에 인젝터 노즐을 배치하는 구조도 존재한다. 이 형식 가운데 실린더 헤드의 연소실 형상에 따라 분사된 연료가 확산하는 방향을 유도하는 형식을 「스프레이 가이디드」라고 한다.

가솔린과 공기가 혼합기를 형성하는 과정에서 피스톤 헤드의 형상에 의해 생성되는 와류로 인해 플러그 주변에 농후한 성층혼합기를 형성하게 된다. 이로 인해 혼합기 전체가 농후한 공연비 상태에서 안정되게 연소하도록 하기 위한 것이다.

목적이나 접근 방법이 21세기 초에 사라진 일본제 직접분사 희박성층연소 엔진과 닮았지만, 기류나 피스톤 형상에 의존하지 않는다는 점이 새롭다. 이 때문에 예전의 희박성층 연소 엔진처럼 극단적인 형상을 하고 있지는 않다. 200bar 정도의 고압분사로 인해 미립화된 혼합기를 가능한 실린더 벽면 등에 부착되지 않도록 유도한 결과, 깨끗한 성층 희박연소가 가능해졌다.

▶ MERCEDES BENZ | 350CGI(M272)
메르세데스의 새로운 직접분사 엔진

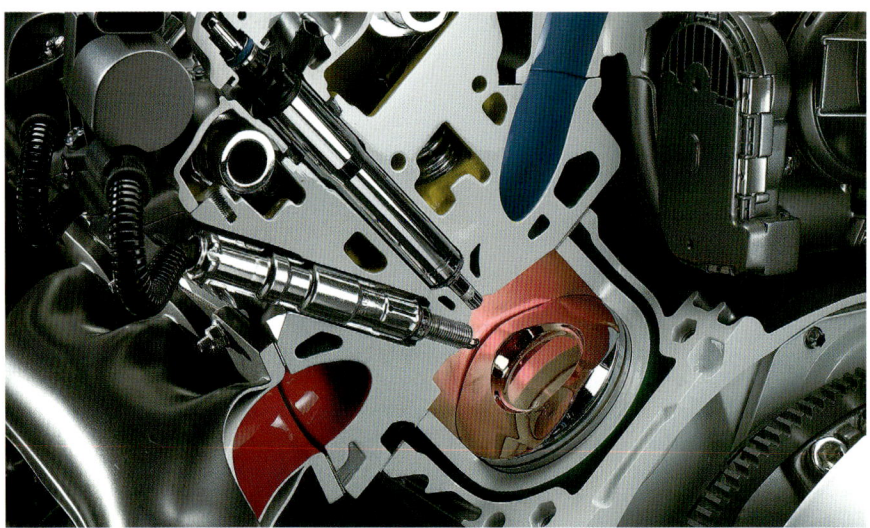

메르세데스 벤츠가 2006년에 발표한 「M272」형 스프레이 가이디드식 가솔린 직접분사 엔진은 보쉬 DI 모트로닉 제품들 가운데 피에조(Piezo) 인젝터 「HDEV4」를 채택. 최대 연료분사 압력 20MPa(200bar)로 다단분사도 가능하다.

블록은 알루미늄제이며, V뱅크는 90도. 가변 밸브 타이밍 기구를 2중으로 건 캠샤프트 구동용 체인을 이용해 구동한다는 아이디어를 투입.

우측 뱅크의 위쪽 모습. 중앙의 대형 커넥터 3개는 인젝터의 전기 공급용이다. 그 바로 위에 있는 것이 연료공급용 파이프로, 바로 밑의 플렉시블 튜브(flexible tube)가 점화플러그용 하네스. 외형만으로도 스프레이 가이디드 타입인 것을 판단할 수 있다.

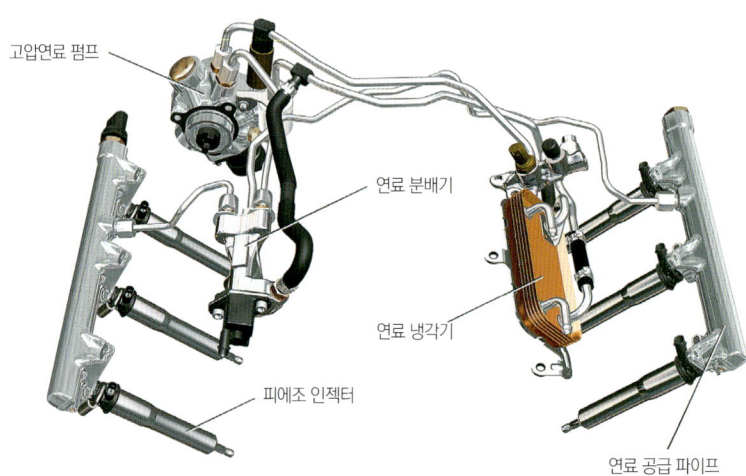

고압연료 펌프
연료 분배기
연료 냉각기
피에조 인젝터
연료 공급 파이프

연료 공급계통의 구성도. 인젝터 설치 위치 때문에 연료 공급 파이프는 좌우 뱅크 각각의 실린더 헤드 위쪽에 위치하게 된다. 고압연료 펌프는 보쉬의 「HDP5」를 사용하고 있다. 공급경로 중간에는 연료 냉각기도 설치되어 있다.

▶ BMW   스프레이 가이디드 린번 직접분사

BMW가 2006년에 공개한 N53형 스프레이 가이디드 직접분사 엔진. 피스톤 헤드면의 얕은 캐비티(cavity)로 미립화된 혼합기를 유도한다. 연료는 흡기~압축행정 중에 3회 분사. 처음에는 흡기냉각에 의한 충전효율 향상을 위해, 2회째는 혼합기 층을 원추 형태로 만들기 위해서이며, 3회째에서는 플러그 근방에 짙은 층을 만든다.

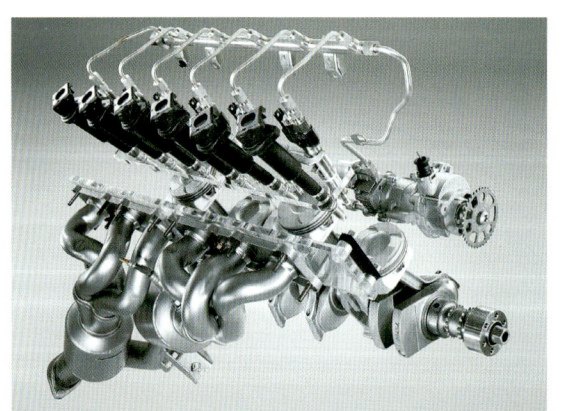

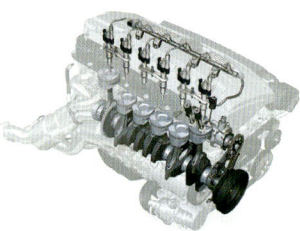

블록은 알루미늄 마그네슘 합금제. 세부적으로는 N54형보다 흡기 밸브 지름이 확대(30.6mm→32.4mm)되었다. 압축비는 12. 희박연소화와 함께 NOx 흡장환원촉매를 탑재하였고, HC가 많이 포함된 배기가스를 다시 재생하기도 한다.

밸브 구동은 연속가변 밸브 타이밍 기구인 「더블 VANOS」를 채택. 희박연소는 펌프 손실이 저감되기 때문에 똑같은 효과를 목표로 한 밸브트로닉을 채택하면 기능이 중복되기 때문이다. 다만 최신 이론혼합비 직접분사 「N55」는 밸브트로닉을 채택했다.

연소실 형상

실린더 내부의 와류를 제어하기 위한 연구가 계속되고 있다

오른쪽은 5페이지에서 소개했던 Eco Boost 엔진용 피스톤으로, 왼쪽이 전통적인 V6 엔진용 피스톤. 크라운은 역시 융기부와 캐비티를 갖추고 있다. 연소압력의 크기나 분포 차이 때문에 피스톤 스커트 부분의 형상도 크게 변경되어 있다.

GM Ecotec 엔진

2007년 모델인 폰티악 솔스티스GXP부터 채택하기 시작한 LNF형 가솔린 직접분사 엔진의 피스톤과 인젝터(사진은 2009년 모델용). 피스톤 크라운(crown, 헤드)에는 예전의 미쓰비시 GDI 엔진의 가이드용 캐비티를 갖추고 있다. 미쓰비시GDI는 연소압력 분포나 중량의 언밸런스 때문에 생긴 문제도 보고되었다. 조금 긴 안목으로 지켜봐야 할 점이지만, CEA나 CFD에 의한 해석기술이 나날이 진화하고 있는 오늘날에는 그런 문제까지 검토한 뒤에 채택하고 있다.

BMW의 3ℓ 직렬6기통 이론혼합비 직접분사식, N54형 엔진 피스톤 및 연소실 주변. N54형은 정밀도가 높은 연료 직접분사 인젝터 노즐이 플러그 근방에 설치되어 있다. 그 영향으로 피스톤 크라운의 캐비티는 약간 크게 형성되어 있다.

인젝터

인젝터 노즐 분사공의 지름, 수와 배치, 분사압력 그리고 분사 패턴은 직접분사 엔진의 성능을 크게 좌우하는 열쇠이다. CFD의 해석과 함께 가시화 모델을 이용한 실측실험이 반복된다.

피에조 인젝터

분사제어용 기구에 압전소자(壓電素子, 피에조일렉트릭 엘리먼트)를 이용한 것. 반응이 빠르고 전류값에 대한 반응 정밀도도 높지만 고가이기 때문에 주로 고급 사양에 채택된다.

솔레노이드 인젝터

분사제어용 기구에 전자석을 이용한 것. 반응속도 면에서는 피에조식보다 느리지만 가격을 포함한 종합 성능 밸런스를 견주어 보면 호각을 이룬다고 할 수 있으며, 대개는 이것을 채택하고 있다.

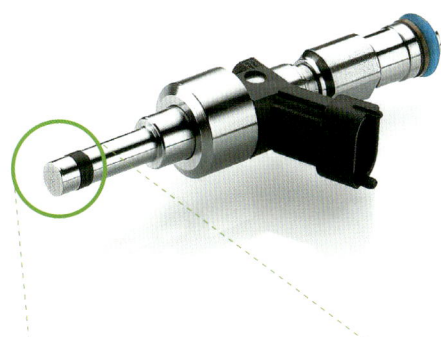

플러그

NTK HEX16 노멀리치

일반적인 엔진용 플러그. 밸브 협각이 약간 큰 PFI 엔진에서는 아직 이 형식을 많이 사용하고 있다. 오래 사용하기 위한 목적으로 전극소재로 이리듐 등의 채택이 진행되고 있다.

BI-HEX12 롱리치

밸브 협각이 작은 엔진이나 고출력을 내기 위해 워터재킷을 크게 하려는 엔진, 또는 스프레이 가이디드 형식 등, 헤드 안에서의 점유 공간을 줄이고 싶은 경우에는 롱리치 타입이 사용된다.

PSPE 플러그

접지전극을 단축해 중심전극과의 오버랩 부분을 줄여, 착화성능을 향상. 또한 접지전극의 과열을 억제하여 고(高)압축에서 파손되는 현상에 대한 대책 차원에서도 뛰어나다.

분사공 수는 연료를 미세화하는데 있어서 중요한 요소. 다만 「구멍을 6개 이상으로 늘려도 항상 폭이 포화상태가 될 뿐」이라는 견해도 있다. 사진은 구멍이 6개인 형식이다.

● 포트 내 연료분사(PFI : Port Fuel Injection)

예전부터 주류였던 PFI도 기술개발이 진행되고 있다.
닛산과 도요타의 대응을 소개하겠다.

글 : 마키노 시게오 · 사진 : NISSAN / MFi

▶ NISSAN | **DUAL INJECTOR**

PFI의 새로운 가능성

닛산의 듀얼 인젝터는 분사 노즐이 2개라고만 생각한다면 그 의미가 상실된다. 아마도 애초의 발상은 2개의 흡기 밸브 / 흡기 포트에 각각 인젝터를 설치하려는 시도였을 것이다. 즉 연소실 직전에 합류해서 1개로 모아지는 사이어미즈(siamese)형 흡기포트에서 어느 한쪽은 채택하지 않은 독립포트의 형태이다. 그렇게 되면 한쪽 밸브를 정지시키거나 각각의 밸브를 가변동변제어(可變動弁制御)함과 동시에 포트마다 연료공급을 제어할 수 있다. 스월(swirl)과 텀블(tumble)을 자유자재로 만들어 내거나 직접분사가 아니면 불가능한 압축행정 분사로의 도전도 가능하지 않을까, 라고 생각했으리라.

「왜 직접분사로 하지 않았을까」를 생각해 보면 그 원인 중 하나는 비용일 것이다. VW 등 유럽 메이커들은 직접분사화를 하면서 연소해석 및 개선과 함께 부품도 새로 설계했다. 대량생산으로 비용을 절감시킬 수 있다고 해도 이 시스템이 절대로 받아들여질 것이라는 확신이 없었다면 단행하지 못했을 것이다. 일본의 경우 축소하려는 의도는 유럽만큼 기름값에 민감하지 않다. 직접분사 시스템을 작게 하려는 방향은 앞으로 10년 정도는 받아들여지지 않을 것이다. 듀얼 인젝터는 그런 시장을 향해 「효율」을 어필하는 좋은 방법이라고 생각한다. 닛산에서는 이런 방식의 엔진을 「전세계적으로 전개할 것이다」라고 말하지만 유럽을 향해서는 직접분사라는 카드를 숨겨두고 있는 듯하다. 어느 쪽이든 주목이 가는 시스템이다.

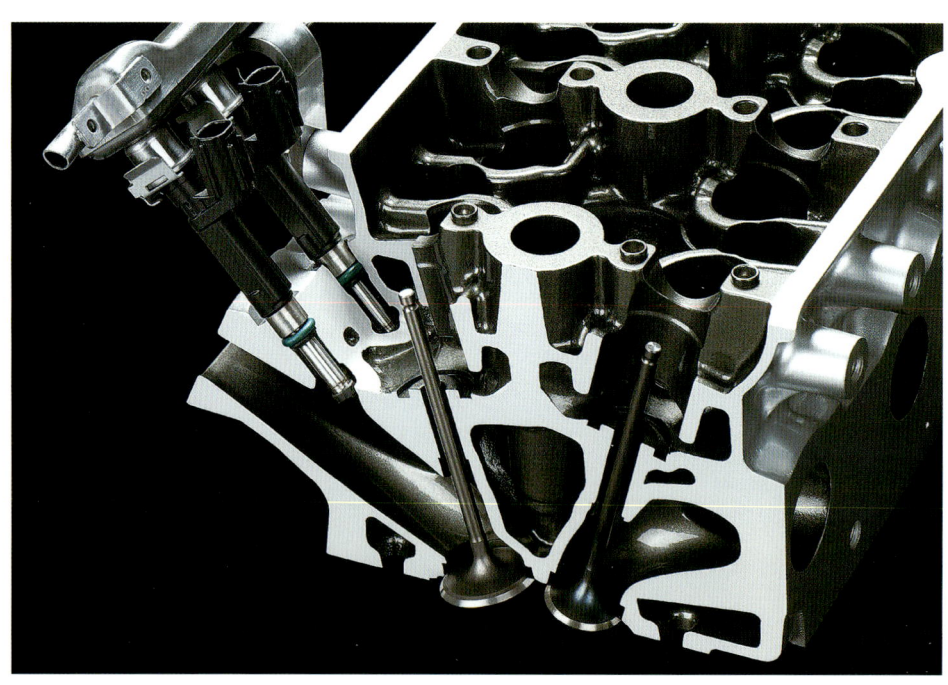

← **듀얼 인젝터** → ← **기존 인젝터** →

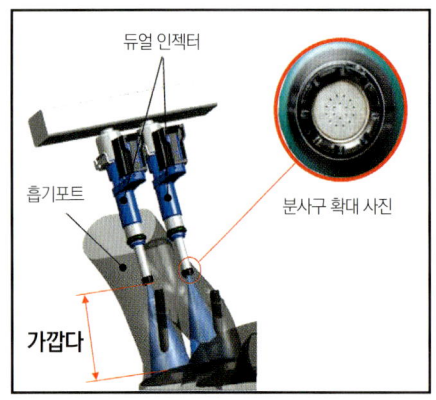

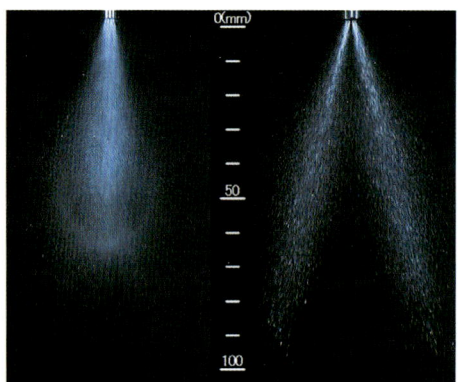

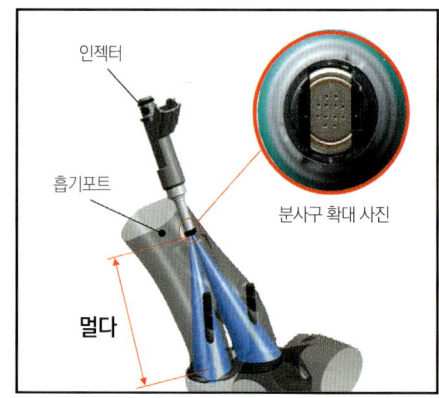

연료 공급 파이프에 바로 연결된 인젝터와 흡기포트 및 분무 개요. 이 그림에서는 분무가 독립되어 있다.

양쪽 분무를 비교한 사진. 듀얼 인젝터의 분무는 넓은 범위로 희박하게 분사되는데, 「드라이 분무(dry mist)처럼 퍼져 간다」고 한다.

기존형 싱글 인젝터. 분무 입자의 지름이 크기 때문에, 밸브에서 먼 곳에서 분사해 사전에 혼합효과를 노린다.

예전에는 기화기(카브레터)에 의한 연료공급방식이 가솔린 엔진에서 사용되는 유일한 방법이었다. 이것은 공기가 흐르는 곳에 연료를 분무시켜 공기와 연료로 이루어진 혼합기를 실린더로 유도하는 방법이다. 현재 시점에서 보면 과할 정도로 모든 것을 이끌어 주는 카브레터는 정확한 연료제어만 가능하다면 가장 우수한 연료공급 시스템이라고 할 수 있다. 관련기술의 진보에 따라 기화기에 가능성이 열리게 된 것은 2륜차가 증명하고 있다. 그러나 전자제어가 자동차에 접목되기 시작한 80년대 초반, 기화기는

「한물 간 기술」이라는 낙인이 찍히게 되었다. 대신 등장한 것이 작은 노즐에서 분무 하듯이 연료를 분사하는 인젝터 방식. 흡기포트 내의, 흡기 밸브에 근접한 곳으로 연료를 분사하는 방식이다.

현재도 이 PFI(Port Fuel Injection) 방식이 주류를 이루고 있다. 연료제어 기술이 발전해 더 정확하게 「적당한 양을 적절한 시점에」 분사할 수 있게 되면서 연비 향상이 이루어졌다. 흡기 밸브가 2개인 4밸브시스템이 대다수를 차지하고 있는 현재는 2개의 흡기포트에 연료를 분사하기

때문에 분무가 두 방향으로 나뉘는 형식의 인젝터가 보급되고 있다.

하지만 결점도 있다. 흡기 밸브의 스템(stem) 쪽으로 분사되기 때문에 흡기포트의 벽면이나 밸브 뒷면에 연료가 달라붙게 된다. 배기가스 중의 산소농도는 센서가 항상 감시하면서 연소할 때마다 그 결과를 연료공급 시스템으로 피드백하게 되지만, 벽면에 부착된 연료가 어느 시점에 어느 정도가 연소실로 들어가는지는 예측하기 어렵다. 결국은 「결과」로부터 피드백하는 수밖에 없다.

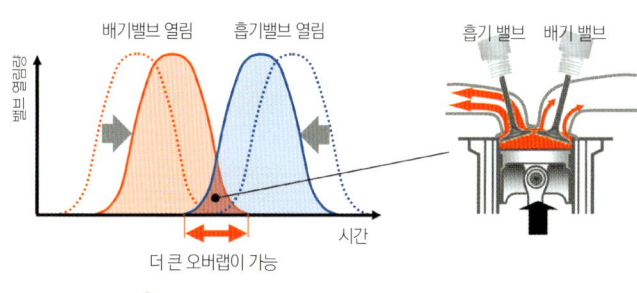

배기밸브 열림　흡기밸브 열림　흡기 밸브　배기 밸브

더 큰 오버랩이 가능

시간

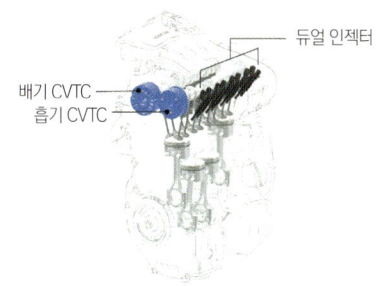

듀얼 인젝터
배기 CVTC
흡기 CVTC

듀얼 인젝터

덴소가 만든 듀얼 전용 인젝터. 구멍 하나하나가 작게 만들어졌고, 노즐 부분에 비해 보디도 소형화된 것처럼 보인다.

종래형 인젝터

이것은 종래형 인젝터 사진이다. 위 사진과 비교하면 그 차이를 잘 알 수 있다. 최대의 장점은 대량생산에 의한 저가 공급일 것이다.

캠 위상가변(位相可變)과 조합하면 더 큰 오버랩이 가능하다는 설명이지만, 그것은 잠시 제쳐두더라도 종래부터 사용하고 있는 PFI의 연소실 형상을 그대로 계승할 수 있다는 점이 큰 장점일 것이다. DI에서는 전용 연소실 설계가 필요하게 되고, 당연히 그것은 비용을 상승시키는 요인이 된다.

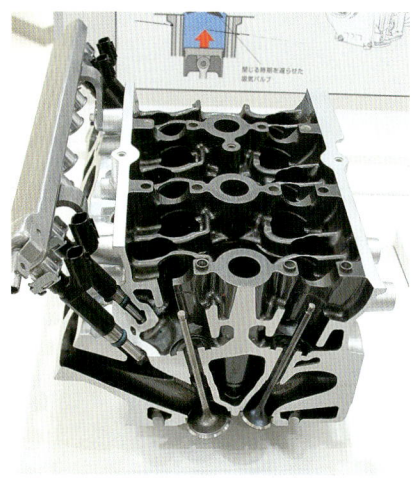

2009년 닛산의 선진기술설명회에서 발표된 듀얼용 실린더 헤드. 여기에는 3기통밖에 없지만, 처음에는 아마도 직렬4기통으로 등장했을 것이다. 그리고 결국 흡기포트는 완전독립형이 되어 시차분사나 2개 사이의 분사량 개별제어도 가능해질 것으로 예상된다.

▶ TOYOTA | D-4S

DI와 PFI의 병용

2005년 2GR-FSE(3.5ℓ - V6)에 탑재된 D-4S(Direct injection 4 stroke gasoline engine Superior version)는 세계 최초로 포트분사(PFI)와 실린더 직접 분사(DI)를 같이 사용한 시스템이다.

직접분사 엔진은 그 특성상 양호한 혼합기 생성을 위해 기류를 와류로 만들 필요가 있다. 도요타의 이론혼합비 직접분사 · D-4는 흡기포트에 스월 컨트롤 밸브(Swirl Control Valve, SCV)를 설치하여 가로방향 와류를 발생시켜 이에 대처했지만 한편으로 밸브가 압력손실을 일으켜 직접분사의 장점을 상쇄시키는 결과로도 이어졌다. 그런 단점을 없애기 위해 도요타는 SCV를 폐지하여 공기유입량을 증대시켰다. 연소 악화에 대해서는 PFI를 추가해서 전부하 성능 향상을 도모했다. 와류 생성은 DI 분사구에 2개의 선풍기 날개 모양을 한 「가로 더블 슬릿(slit)」을 장착해 적절한 분무가 가능하게 한다. 이런 것들로 인해 4.5ℓ - V8 급의 동력성능을 향상시키고 3ℓ 이상의 연비 절감을 가능하게 한다. 유량계를 통과하는 공기의 유입량에 따라 중저속회전 영역에서는 PFI와 DI를 병용하고, 고속회전 영역에서는 DI로만 전환하는 것이 기본작동으로 되어 있다. 또한 유해배출물 저감에도 크게 기여한다. DI의 냉간시 촉매를 웜업할 때까지는 점화시기를 한계까지 지각(遲角, retard)시킬 수 있다는 점에서 PFI에 비해 우수하지만, 반면에 시동시의 HC배출량은 PFI보다 높다. 그래서 D-4S는 냉간시동 직후와 팽창~흡입행정 때는 PFI분사, 압축행정 후반에는 DI분사를 함으로써 성층연소를 하고 점화시기를 지각시킨다. 또한 촉매 난기성(暖機性)과 HC절감 모두를 가능하게 했다. 이로 인해 북미 SULEV(Super Ultra Low Emission Vehicle) 수준 이하를 달성하고 있다.

팽창~흡입행정
흡기밸브가 열리기 전에 포트분사용 인젝터에서 흡기포트로 변량(變量) 분사

↓

흡입행정
흡기밸브가 열리고 균일한 혼합기가 연소실로 흡입된다.

↓

압축행정
압축행정 후반에 직접 분사용 인젝터에서 연소실로 연료를 분사

↓

팽창행정
스파크 플러그 주변의 성층화한 혼합기에 점화된다.

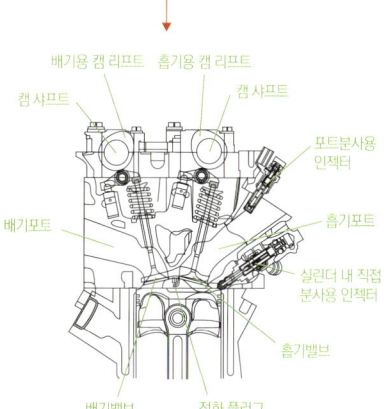

배기용 캠 리프트　흡기용 캠 리프트
캠 샤프트　캠 샤프트
포트분사용 인젝터
배기포트　흡기포트
실린더 내 직접 분사용 인젝터
흡기밸브
배기밸브　점화 플러그

D-4S를 갖춘 실린더 헤드의 단면 그림. 흡기포트에는 스월 컨트롤 밸브(SCV)가 있어서 최대 효율화를 도모한다. DI에는 구멍 2개의 고압 슬릿 노즐 인젝터를 채택, 폭130 마이크론의 고미립자 연료를 부채살 형태로 분사시킴으로써 스월(swirl)을 발생시키는 구조. PFI쪽은 통상적인 분사구 형태이다. 유해 배출물 대책을 포함한 저중속 회전영역의 PFI / DI 병용, 충전효율이 뛰어난 고속영역에서의 DI 사용 등, 양쪽의 결점을 서로 보완하면서 장점을 따 온 시스템이다.

이 결점을 보완하기 위하여 디젤 엔진처럼 실린더 안으로 분사하는 DI(Direct Injection)방식이 등장했지만, 동시에 PFI 개량도 진행되었다. 인젝터의 개량, 연료분사압의 강화, 치밀한 제어 등, 접근은 다양하게 이루어진다. 또한 도요타는 PFI와 DI를 병용하는 방식을 사용하고 있다. 그런 가운데 닛산은 인젝터 2개를 사용해, 2개의 흡기밸브마다 포트 안으로 분사하는 방식을 개발했다. 1500cc급 엔진부터 적용될 예정이다. 아직 상세한 것은 밝혀지지 않았지만 이 방식을 잘 관찰해 보면, PFI에 의한 DI영역으로

의 도전이라는 목표가 드러난다.

닛산의 듀얼 인젝터는 이름 그대로 인젝터가 2개이다. 종래는 1개로만 분사했던 것을 2개로 하면 유량에 여유가 생긴다. 연료 분무입자의 지름을 작게 하여 공기와 더 잘 섞이게 함으로써 연소마다 정확한 혼합기 공급을 할 수 있다는 발상이다. 다만 연료입자 지름을 작게 하면 관통력이 약해진다. 그리하여 입자 지름과 관통력의 밸런스로부터 인젝터 사양이 결정되었다. 닛산은 「평균 입자 지름은 종래의 절반 수준」이라고 말하지만, 입자 지름의 분포가 어느

정도인지는 불명확하다. 그러나 연료 알갱이가 작을수록 기화가 빨라지며 연료압력은 통상적인 150bar라고 한다.

이론혼합비 직접분사의 효과는 기화잠열이나 연료제어라는 과정보다도 주행능력이라는 결과에 있다고 필자는 생각한다. PFI가 그것을 추구함으로써 지금까지 없었던 「맛」을 내어 준다면 앞으로의 선택 폭이 넓어질 것이다. 연료분사의 양대 산맥이 과연 탄생할까?

가변 밸브 시스템 테크놀로지

가변 밸브 타이밍 & 리프트 시스템 / 논스로틀링(Non-throttling)

캠 기구를 사용하지 않고 연속으로 밸브양정과 열림각의 가변을 실현한,
최신 논스로틀(non-throttle) 엔진인 「멀티 에어(Multi-Air)」란 어떤 장치인가?

글 : 마쓰다 유지 · 사진 : FIAT / SCHAEFLLER / 스미요시 미치히토

유럽에서 2009년 6월에 발표되었고 9월부터는 무과급 모델(105hp)과 2종류의 터보 과급 모델(135hp과 170hp)이 알파로메오 MITO에 탑재되어 판매되고 있다. 사진은 과급 모델의 배기쪽 헤드 모습.

● FIAT / SHAEFLLER | UNI AIR SYSTEM

최신 논스로틀링(non-throttling) 기구

흡기쪽 포트에서 헤드에 걸친 진전. 흡기쪽에 캠샤프트가 존재하지 않고 유압구동 브레이크 & 래시 어저스터(Lash Adjuster) 기구에 의해 일목요연하게 작용된다. 다만 밸브가 닫힌 상태를 유지하기 위해 기존과 같이 금속 스프링을 사용하고 있다. 고압 체임버로부터의 유압 경로는 헤드 내부에 설치되어 있다. 헤드 가운데 빨갛게 칠해진 선 부분이 바로 그것이다.

고압 체임버 & 논스로틀링   유압 브레이크(hydraulic brake) & 래시 어저스터   오일 리저버   롤러 핑거 팔로워(Roller finger follower)   캠샤프트

인젝터   흡기포트   흡기밸브   배기밸브

새로운 논스로틀 엔진이 등장했다. 바로 피아트의 「멀티 에어」시스템이다. 요동 캠에 의한 로스트 모션(lost motion) 기구 이외에 연속가변 밸브 리프트 & 열림각 기구를 최초로 실용화한 것이다.

공동개발을 담당한 세플러는 이 시스템을 「유니에어(Uni-air)」로 부르고 있다. 이번에 취재한 곳은 세플러이기 때문에, 이 글에서는 「유니에어」를 사용하겠다. 이것은 흡기쪽 밸브 구동에 캠샤프트를 사용하지 않고 유압식 액추에이터를 사용하여 밸브의 리프트 양과 개폐 시기를 조절할 때 연속가변제어를 가능하게 한 기구이다.

특히 구성이 독특하다. 배기쪽에는 통상적인 밸브 구동용 캠샤프트(회전 캠)가 있어 배기밸브를 직접 구동하지만 동일 샤프트에는 흡기쪽 밸브 구동용 캠도 기통수만큼 갖추어져 있다. 이 캠은 회전 작용에 의해 롤러 로커 팔로워(roller rocker follower)를 매개로 연동되는 흡기쪽 오일 리저버에 작용한다. 이로 인해 리저버에서 연소 1회분의 오일이 고압 체임버로 송출되며 오일 양은 항상 일정하다.

고압 체임버는 내부에 솔레노이드 밸브가 설치되어 있다. 이 밸브를 열면 유압이 하이드로릭 브레이크 & 래시 어저스터로 전달되고 스템을 누르는 방향으로 작용하여 밸브가 열리게 된다. 고압 체임버의 밸브는 전자제어이기 때문에 개폐시기나 양정도 자유롭게 설정할 수 있다. 즉 흡기 밸브 작동을 자유롭게 제어할 수 있는 것이다.

캠샤프트 회전(크랭크 회전)과 별도로 밸브를 구동하려

흡기밸브를 자유롭게 제어

우측 그림은 피아트가 시범용으로 사용하고 있는 것이다. 주목해야 할 것은 우측의 밸브 양정 & 열림각 패턴을 설명하는 그래프이다. 가장 위쪽이 최대양정 · 최대 열림각 상태로, 이것은 시스템 구조상 작동 가능한 상한값 설정을 나타낸다. 위에서 2번째는 흡기밸브를 늦게 열고 빨리 닫을 뿐만 아니라 밸브양정이 제한된 상태를 나타낸다. 최대양정 · 최대 열림각을 그대로 축소한 것 같은 모습이다. 3번째는 흡기밸브를 빨리 닫는 것으로 밀러 사이클(miller cycle) 상태를 나타낸다. 4번째는 「부분 부하」로 나타나 있다. 부하가 크지 않은 상태에서 정상운용하고 있을 때 흡기밸브를 약간 빨리 닫고 밸브 오버랩 시간을 제로로 설정함으로써 펌프손실을 경감시키려는 목적이 있다고 추측할 수 있다. 가장 아래 그래프는 「멀티 리프트」상태를 나타낸다. 일단 열린 밸브를 바로 닫고 기본 리프트양 최대값 부근의 열림각에서 다시 짧은 시간동안 열어 두는 상태이다. 놀랄만큼 자유롭게 설정할 수 있다는 것을 이해할수 있을 것이다. 심지어 기계적으로는 연소때마다 패턴을 바꿀 수도 있으며 향후 디젤 엔진에 응용하는 것도 시간문제이다.

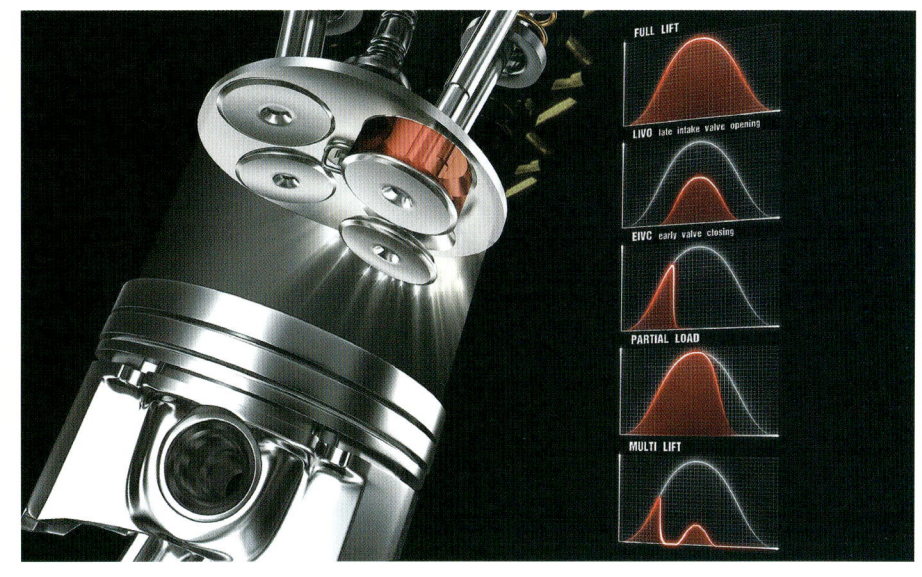

흡기밸브용 캠   배기밸브용 캠

오일 리저버   고압 체임버 & 솔레노이드 밸브

하이드로릭 브레이크 & 래시 어저스터

어셈블리 상태의 단면그림. 왼쪽은 배기쪽 그림으로 직접 구동이라는 점과 래시 어저스터 구성 등을 확인할 수 있다. 유니에어로 인해 같은 배기량의 전통적인 엔진에 비해 토크가 최대 15% 정도 상승시키면서 PM은 40%, NOx는 60%, CO_2는 10% 정도 배출량을 감소시키고 있다.

로커 암   고압 체임버

솔레노이드 밸브

흡기 헤드 주변 컷 모델. 오렌지색으로 칠해져 있는 부분이 오일 리저버에서 고압 체임버, 그리고 래시 어저스터로의 오일 경로이다. 체임버 자체는 헤드 안에 설치되어 있다는 것을 알 수 있다. 인접한 솔레노이드 밸브의 구조, 그리고 래시 어저스터 자체의 구조도 확인할 수 있다.

롤러 로커 팔로워의 동작 범위는 3mm 정도이지만, 레버 비율이 있기 때문에 실제로는 그것의 1.5배 정도의 크기로 리저버 통로가 열리고 작동 오일을 저장한다.

롤러 로커 팔로워와 오일 리저버 탱크 주변의 모습. 페일 세이프(fale-safe)를 위해, 어떤 요인으로 인해 래시 어저스터로의 유압이 차단되었을 경우 밸브가 닫히는 상태가 유지되는 구조로 되어 있다.

고압 체임버 & 솔레노이드 밸브   오일 리저버   하이드로릭 브레이크 & 래시 어저스터

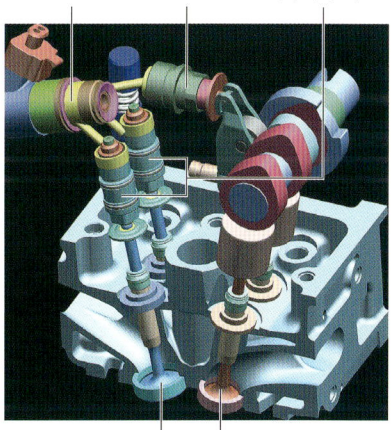

흡기밸브   배기밸브

다른 각도에서 본 시스템 구성도. 연속된 기구 동작의 더 상세한 작동을 확인하고 싶을 경우는 유튜브(YouTube)에서 「Fiat Multiair Technology」를 검색하면 데모 동영상을 볼 수 있다.

는 시도는 아주 예전부터 수없이 이루어져 왔다. 그러나 그렇게 하기 위해서는 어떤 식으로든 에너지원을 갖추어야 했고, 그것은 자칫하면 불필요한 연료소비를 초래하게 된다는 점이 난관이었다.

예를 들어 전자(電磁)밸브를 사용한 강제 개폐 시스템 등을 실험하기도 했지만 흡배기 밸브가 하는 일을 모두 전자밸브로 바꾸게 되면 막대한 전력을 소비하게 되는 것이다. 유니에어가 전기 유압식 기구가 된 이유도 거기에 있다. 엔진에는 유압 시스템이 반드시 필요하기 때문이다. 직접적인 동력은 크랭크축 회전에 의존하지만, 구동은 배기쪽으로만 하기 때문에 그런 점도 에너지 손실 저감으로 이어진다.

최대 특징은 기계적인 제약으로부터 해방된 시스템이라는 점이다. 기존 캠 위상 전환 방식은 캠이 갖고 있는 리프트 커브 범위에서만 연속가변이 가능했지만, 유니에어는 밸브양정이나 개폐시기도 설정이 가능하다. 이 자유로운 설정으로 인해 펌프 손실 저감 효과가 커지고 공연비 설정이 가능해진다. 시스템을 구성하는 기계요소가 캠, 로커 팔로워, 유압계 등 "조금 오래된" 기술인 것도 핵심이다. 신뢰성, 내구성에 관한 근본적인 문제는 생기기 어려울 것이다. 과제는 제조공정이다. 특히 흡기쪽 헤드는 주조 단계에서 코어(core)를 넣어 성형하는 부분과 성형 후에 기계가공하는 부분이 있으며, 공정수 증가가 원가에 영향을 미친다고 한다.

▶ 논스로틀링(non-throttling)

비상식을 상식으로 바꾼 테크놀로지

글 : MFi

실린더로 혼합기를 공급하는 것은 흡기 밸브에 의해 이루어진다. 이상적인 작동은, 저속회전에서 흡기가 끝나면 압축행정에서 역류가 일어나지 않도록 밸브를 순식간에 닫는 것이다. 반면에 고속회전에서는 유입속도도 빠르고 기체 자체의 질량에 의한 관성도 작용하기 때문에 밸브는 가능한 한 오래 열려 있는 것이 이상적이다. 그러기 위해서는 밸브 작동을 제어하는 캠샤프트에 운전조건 별로 변화가 요구된다. 여기서 소개할 가변밸브 기구를 갖춘 시스템은 상당히 미세한 밸브 컨트롤을 가능하게 함으로써 흡기 다기관 위쪽의 스로틀 밸브를 없애는 데 성공하고 있다. 논스로틀링 구조를 갖춤으로써 흡기 다기관 내부가 대기압과 같아지기 때문에 펌핑손실이 감소해 연비가 향상되었다. 심지어 급가속을 할 때 서지탱크 내의 압력을 높일 필요가 없기 때문에 응답 지연도 감소하였다.

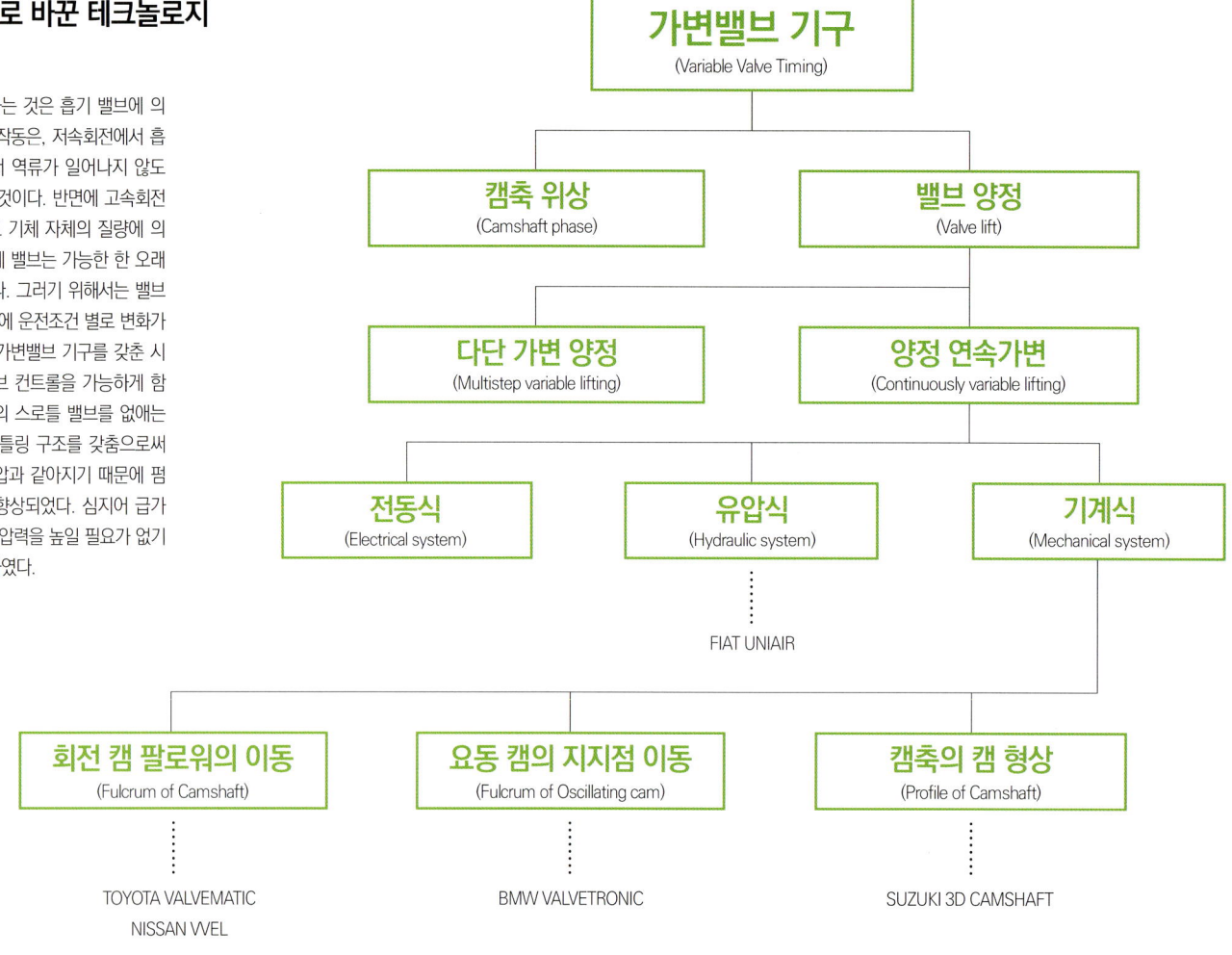

가변밸브 기구
(Variable Valve Timing)

캠축 위상
(Camshaft phase)

밸브 양정
(Valve lift)

다단 가변 양정
(Multistep variable lifting)

양정 연속가변
(Continuously variable lifting)

전동식
(Electrical system)

유압식
(Hydraulic system)

기계식
(Mechanical system)

FIAT UNIAIR

회전 캠 팔로워의 이동
(Fulcrum of Camshaft)

요동 캠의 지지점 이동
(Fulcrum of Oscillating cam)

캠축의 캠 형상
(Profile of Camshaft)

TOYOTA VALVEMATIC
NISSAN VVEL

BMW VALVETRONIC

SUZUKI 3D CAMSHAFT

▶ BMW | VALVETRONIC II

2001년 제1세대에서 더욱 진화, 타협을 배제하다

불가능하다고 여겨졌던 연속가변 기구를 2001년에 실현한 BMW. 이 제1세대 제품은 로스트 모션(lost motion)을 생성하기 위한 요동 캠 지지점의 이동이 로커암의 롤러 센터를 중심으로 하는 원호와 겹치지 않기 때문에 작은 양정 영역에서 유로저항이 생기게 되는 구조였다. 2004년의 제2세대에서는 이런 단점을 없애기 위해 요동 캠 지지점의 작동과 롤러 중심의 원호를 일치시키고, 회전 캠과 요동 캠의 프로파일도 같이 최적화함으로써 펌핑손실 저감과 기통간 양정의 오차를 없애는데 성공했다.

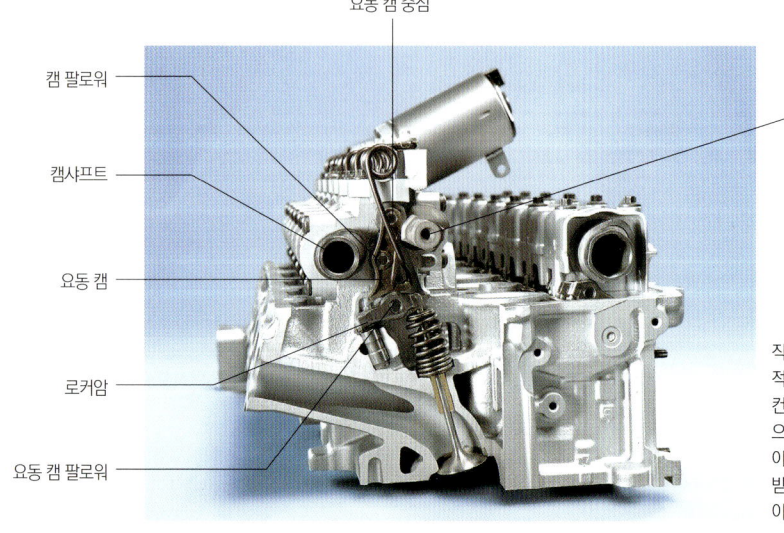

요동 캠 중심

캠 팔로워

캠샤프트

요동 캠

로커암

요동 캠 팔로워

컨트롤 샤프트

직렬6기통 실린더 헤드에 적용된 VALVETRONIC. 컨트롤 샤프트가 회전함으로써 요동 캠의 지지점이 이동하게 되고, 그것을 받아 밸브의 개도와 양정이 변화하는 구조이다.

—0,2 mm
—9,5 mm

실제 힘의 전달경로는 ①의 캠 작동이 ③의 요동 캠 팔로워로 전달되고, 그것을 받아 ④의 로커암이 상하로 움직임으로써 ⑥의 밸브를 구동시키게 된다. 동일한 기구가 4기통 엔진에도 채택되었다.

► TOYOTA | **VALVEMATIC**

복잡한 동작을 실현한 가변기구

2007년에 「노아」「복시」의 3ZR-FAE 엔진에 탑재된 도요타의 연속가변기구인 밸브매틱. 요동 캠 지지점을 변화시키는 BMW에 반해 이 시스템은 캠 팔로워 위치를 움직여 연속가변을 실현한다. 캠 팔로워의 가변은 액추에이터부터 컨트롤 샤프트에 의해 이루어지며 그 작동은 스텝 모터에 의한 샤프트의 전후방향 움직임 + 스플라인(spline)으로 실행되는 복잡한 과정이다. 설계면에서 많은 어려움이 있었을거라 생각한다.

요동 캠   캠샤프트   액추에이터

VVT-i(배기) VVT-i(흡기)   회전캠 팔로워   로커암   밸브 리프트 기구

① 컨트롤 샤프트의 스러스트 방향 이동

입력부

② 요동 캠의 회전
③ 로커암으로 입력

저속회전 영역에서는 캠샤프트로부터의 입력을 로스트 모션시킴으로써 양정을 적게 하고, 부하가 높아짐에 따라 요동 캠의 작용각을 늘린다. 정확한 왕복운동과 많은 수의 부품들이 제어의 핵심이다.

► NISSAN | **VVEL**

데스모드로믹(desmodromic) 기구에 의한 연속가변 시스템

스카이라인 쿠페나 페어레이디 Z 등 VQ37VHR 엔진에 탑재된 닛산의 연속가변 기구가 VVEL(Variable Valve Event Lift)이다. 이 방식의 최대 특징은 편심(偏芯) 캠(eccentric cam)을 이용한 점이다. 또한 요동 캠을 강제로 밀거나 당기는 데스모드로믹 기구를 갖춘 것도 특징. 리턴을 스프링에 의존하지 않기 때문에 신축(伸縮)하는데 있어서 시간지연이 없다. 이것들을 직타식(direct compression) 밸브와 조합한다. 또한 모든 섭동면에는 롤러가 아니라 DLC(Diamond-Like Carbon)를 이용한다.

컨트롤 샤프트   링크A   로커암

편심캠   드라이브 샤프트   밸브 리프터   링크B   아웃풋 캠

모터가 샤프트를 회전시키면 볼 스크루 너트(①)가 이동하고 컨트롤 샤프트가 시계 반대방향으로 회전하게 된다. 그러면 로커암의 지지점이 이동해 작용각을 변화시킨다.

양정이 크게 작용하는 상태. 흡기밸브는 최대 양정일 때 12.3mm, 최소 양정일 때 1.3mm. 밸브 작용각은 각각 BTDC 26도~ABDC 82도일 때 288도(max), ATDC 64도에서 BBDC 8도일 때 108도(min).

체인 드라이브의 드라이브 샤프트에 있는 편심캠 회전이 연결된 링크A → 로커암 → 링크B → 아웃풋 캠으로 전달되고 직타식(直打式) 밸브 리프터를 작동시키는 구조. 연속가변은 컨트롤 샤프트의 회전에 의해 로커암 지지점이 이동하게 되고 아웃풋 캠의 로스트 모션에 의해 밸브양정과 작용각이 변화한다.

► SUZUKI | **3D CAMSHAFT**

복잡한 캠 형상으로 연속가변시키다

복잡하지 않기 때문에 실린더 헤드도 통상적인 것과 비교해 큰차이가 없다. 헤드 위의 모터가 눈에 띈다.

고 양정쪽   저 양정쪽   모터

스플라인

3차원 캠샤프트 구조. 모터에 의해 캠 홀더를 좌우로 이동하게 하여 캠프로파일을 변화시킨다. 고 양정쪽과 저 양정쪽에서 연속적으로 가변되는 프로파일이 사진상에 나타나 있다. 스플라인에 의한 좌우 이동량은 30mm.

스즈키가 2007년 도쿄 모터쇼에 전시한 「3차원 캠 엔진」은 캠샤프트의 형상 자체를 변화시켜 연속가변 기구를 실현한다. 축 좌우방향의 프로파일을 서서히 높여 양정과 열림각을 변화시키는 구조. 그로 인해 캠샤프트 자체가 좌우방향으로 이동하면서 작동하는 구조. 통상적인 캠샤프트가 선 또는 면 접촉인데 반해 점 접촉이라는 단점은 있지만 받는 쪽에는 롤러 팔로워를 사용하고 있다. 점 접촉은 내구성 확보가 어렵기 때문에 4륜차에 대한 적용은 어려울 것이다. 당시에 「몇 년 후에 실용화를 계획 중」이라고 언급했다.

과급 테크놀로지

터보차저 / 슈퍼차저 / 가변 배기량

오늘날의 과급 엔진은 1980년대의 과급 엔진과 의미가 다르다.
고효율을 위한 과급은 직접분사와 더불어 상당히 중요한 기술로 자리매김했다.

글 : 카와바타 유미 · 사진 : EATON / AUDI / FORD / GM / PSA /PORSCHE / MAHLE / 스미요시 미치히토

▶ 터보차저 | 직접분사 엔진에 과급은 불가결

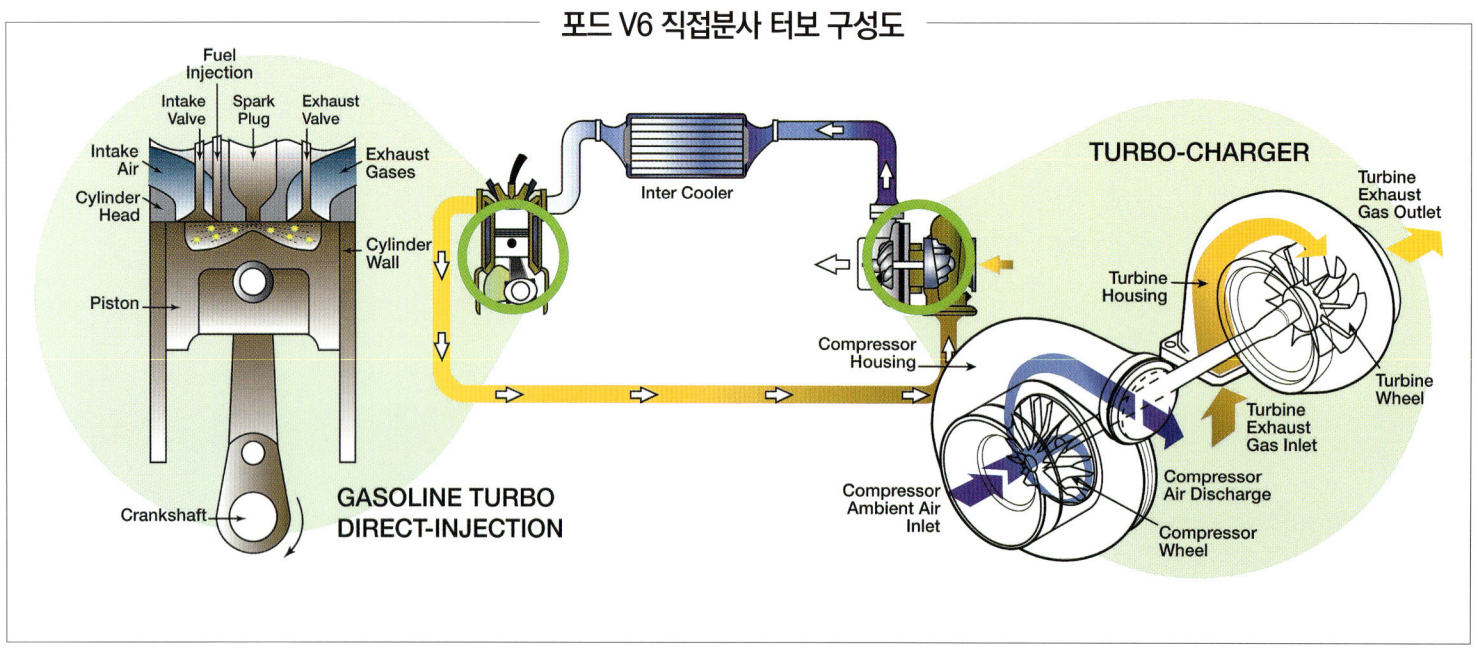

포드 V6 직접분사 터보 구성도

보쉬, 말레의 DS 터보

보쉬, 말레 터보 시스템에서는 2015년까지 연비의 29% 절감을 계획하고 있다. 소형차는 100kW/200Nm 정도를 유지하면서 1.1ℓ 3기통까지 배기량을 낮출 생각이다. 과급압력을 1.8에서 2.4기압까지 높이고, 밸브 개폐시기 및 양정을 가변으로 하는 동시에 흡기관 지름을 개선할 계획도 세웠다. 그 결과 연비 5.5ℓ/100km, CO_2 배출량 130g/km을 실현할 수 있을 것으로 예상된다.

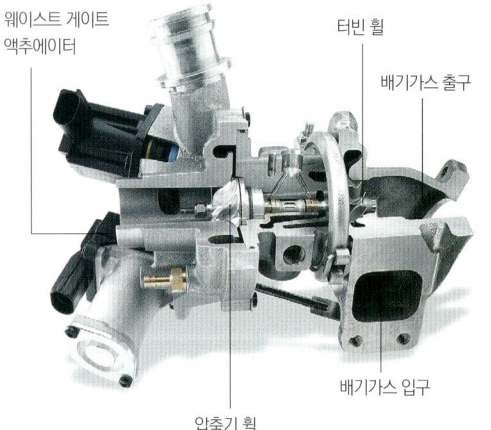

CONTINENTAL

콘티넨탈은 직경 38mm의 비교적 소형 터보를 발표. 240,000rpm으로 회전하며, 1,050℃까지 견딜 수 있다. 과급 압력이 과도하게 높아지는 것을 피하기 위해 웨이스트 게이트 밸브를 설치하였다. 컨티넨탈은 모든 생산을 자동화하는데 성공해, 고온에서 사용할 수 있는 소형 터보이면서 저가를 실현할 해결책으로 기대할 수 있다.

바야흐로 과급은 엔진기술 중에서 큰 조류를 이루고 있다. 1980년대의 터보 전성기와는 달리 지금의 과급기술은 직접분사와 맞물려 저연비를 목적으로 하고 있다.

심지어는 트윈 스크롤 등의 배기 맥동 제어나 배기압에 따라 크고 작은 2개의 터보차저를 나누어 사용함으로써 터보 래그(Lag)를 해소하기에 이르렀다.

이로써 더 작은 배기량의 과급 엔진 개발이 가능해져 엔진의 소(小) 배기량화를 이끌었다. 가솔린 엔진 분야에서 그러한 조짐이 보이기 시작한 것은 2005년에 폭스바겐이 발표한 TSI(turbocharged stratified injection) 유닛부터

이다. 다음 해인 제네바 오토살롱에서는 BMW와 PSA가 공동개발한 1.6ℓ 트윈 스크롤 터보 직접분사 유닛이 2ℓ 엔진을 대체하는 것으로 발표되었고, BMW와 메르세데스 벤츠가 각각 피에조 연료분사 장치를 사용한 스프레이 가이드식 직접분사 기술을 적용한 터보 V6 엔진으로 V8을 대체한다고 발표했다.

이러한 흐름은 배기량 신화가 강한 미국에까지 영향을 끼친다. 2009년에 포드가 V8을 대체하기 위해 3.5ℓ V6 터보인 에코부스트를 발표하며 클리블랜드 공장을 에코부스트의 생산거점으로 되살렸다. 빅3 가운데 유일하게 챕

터11(미국의 파산보호신청)의 적용을 면한 것은 에코부스트 덕분인지도 모른다.

프랑크푸르트 모터쇼에서는 작은 배기량 뿐만 아니라 출력을 높이려는 흐름도 넘쳐났다.

포르쉐는 가솔린 엔진으로는 처음으로 VG(Variable Geometry)터보를 적용해 3.8ℓ 박서6에서 500마력을 이끌어냈다. 2008년에 설립된 보쉬 말레(Mahle) 터보 시스템에서도 다운 사이즈와 트윈 스테이지 터보로 고출력에 대응한다는 2가지 제안이 발표되었다. 과급이라는 파도는 아직 멈출 때를 모르는 것 같다.

▶ 터보 래그(Turbo Lag) 개선 기술

배기가스가 터빈을 돌리고 이에 따라 공기가 압축되는 근본 원리를 이용하는, 과급 엔진은 가속 페달을 밟고 나서 엔진 회전속도가 상승할 때까지 터보 래그가 당연히 발생한다. 질량이 있는 터빈의 회전속도가 바로 상승하지는 않기 때문이다. 특히 저속회전할 때=배기가스 유량이 적은 상태에서는 임펠러에 충분한 에너지를 줄 수 없다. 그러나 터보차저의 구조적 결점 해소를 위한 기술 개발과 적용은 계속되고 있다.

트윈 스크롤 터보의 구성도(BMW / PSA)

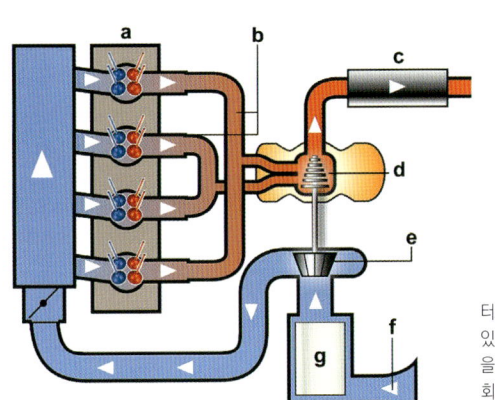

터보 래그를 줄이기 위해 개발된 기술로 트윈 스크롤 터보가 있다. 구체적으로는 홀수 실린더와 짝수 실린더에 각각 배기관을 설치해 동일한 간격의 맥동을 터빈으로 보내줌으로써 저속 회전 영역부터 터보차저 효과를 얻을 수 있다. 또한 터보차저 앞쪽에서 하나로 모아짐으로써 배기간섭을 줄일 수도 있다.

GM

트윈 스크롤 터보는 배기관을 2개 설치하기 위한 공간확보가 중요한데, 이 유닛은 1개의 배기관을 2개의 체임버로 나눔으로써 문제를 해결했다.

▶ 가변 지오메트리(Geometry) 터보(포르쉐)

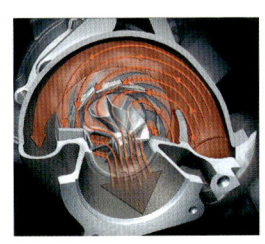

배기유량이 적음

엔진 회전속도가 낮을 때는 베인 개도가 작고, 배기가스가 좁은 곳을 빠져나가기 때문에 배기 속도가 빨라진다. 그런 결과로 응답성이 향상되는 장점이 생긴다.

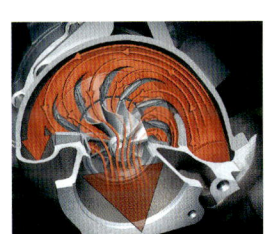
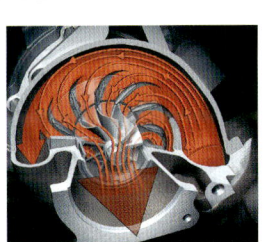

배기유량이 큼

엔진 회전속도가 높아지면 베인 개도가 커지고 배기 유속이 느려진다. 그 때문에 배기쪽 압력이 낮아지기 때문에 무한정으로 배기압력이 올라가지 않으므로 터보차저를 보호하게 된다.

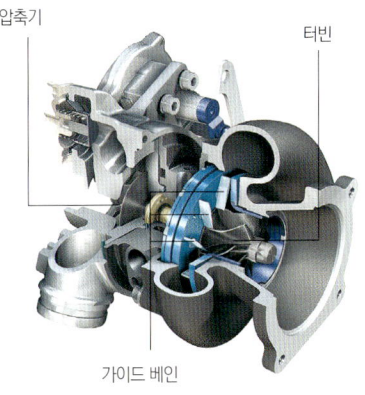

저속회전영역에서 베인 개도가 작아지고, 고속회전영역에서 베인 개도가 커지는 것은 디젤용과 같다. 다만 가솔린 엔진용은 1,000℃나 되는 고온을 견딜 수 있는 소재를 사용하고 있다. 기존의 오일냉각 외에 애프터 플로 펌프를 포함한 냉각 시스템도 추가되었다.

압축기 / 터빈 / 스로틀 밸브 / 가이드 베인 / 인터쿨러

▶ 2스테이지 터보(BMTS : Bosch Mahle Turbo System)

「트윈 터보」로 불리는 것에는 2종류가 있는데, 둘 다 고출력과 터보 래그를 줄이려는 기술이란 점은 같지만 방식은 다르다. 큰 터빈을 사용하는 대신에 저속회전영역에서는 터빈을 1개만 돌리고 고속회전영역에서는 2개를 사용하는 방식을 트윈 터보라고 한다. 또한 저속회전영역의 소형 터빈을, 고속회전영역에서는 대형 터빈으로 전환해 연속으로 돌리는 방식을 트윈 스테이지 터보 또는 시퀀셜 터보라고 한다.

보쉬 말레 터보 시스템의 2스테이지 터보. 소형 터보와 대형 터보 2개를 근접, 장착한 다음, 그 사이를 바이패스로 연결하고 있다. 저속회전영역에서는 바이패스 밸브를 닫은 상태에서 소형 터보로 배기를 보내 응답성을 높이며, 고속회전영역에서는 바이패스 밸브를 크게 열어 줌으로써 더 많은 배기가 고용량 대형 터빈으로 흘러가게 해준다.

통상적인 싱글 터보와 비교해 대형 터빈과 바이패스 구조가 추가되는 것으로, 시스템이 약간 커지게 된다. 가격적으로도 부담이 있어서 대부분 배기량이 큰 디젤 유닛을 탑재하는 고급차에 사용하고 있다.

전동식 웨이스트 게이트 액추에이터

말레의 전동식 웨이스트 게이트. 고속으로 작동하기 때문에 터보차저의 응답성도 빨라지고 터보 래그를 줄여준다. 엔진 작동상태로 동작이 좌우되지 않는다. 배기가스의 배압을 최소화할 수 있기 때문에 연비개선에도 효과가 있다고 한다.

● 슈퍼차저

신세대 SC의 등장으로 사용 증가 추세

슈퍼차저(super charger)란 엔진 출력 축에서 직접 동력을 끌어냄으로써 압축기를 구동해 엔진에 압축된 공기를 보내는 구조이다. 터보차저와 비교하면 응답성이 높고 저속회전영역에서의 과급효과가 뛰어나다는 이점이 있다. 그에 반해 엔진 동력을 이용하기 때문에 효율이 떨어지고 고속회전영역에서의 출력이 터보차저만큼 나오지 않는다는 약점도 있다.

이런 과제를 해결해 최대 76%의 열효율을 실현한 것이 이튼사의 TVS(Twin Vortices Series)이다. 루츠 타입(roots type)이지만 로터 4개가 심하게 비틀린 구조로 되어 있고, 공기가 드나드는 입구 모양이 변경되어 있다. 2쌍의 로터는 160도 비틀린 깊은 나선형인데, 이로 인해 시스템 크기를 바꾸지 않고 공기를 압축하는 특성을 변경할 수 있다. 또한 이 방식은 상당히 소형이기 때문에, 아우디의 V6 유닛과 같이 공간 효율을 중시하는 엔진에도 적용하고 있다.

AUDI 3.0L V6 TFSI
(Turbo fuel stratified injection)

이튼사의 슈퍼차저는 콤팩트한 설계로 인해 아우디의 90도 협각 V6 안쪽에 장착할 수 있게 되었다. 압축기 후방의 배기가스 경로가 짧기 때문에 가속 페달의 조작에 대한 응답성도 뛰어나다. 450Nm의 최대토크를 2,500에서 4,500rpm까지 깔끔하게 발휘하며 6,500rpm의 회전한계속도까지 신속하게 엔진회전속도를 올릴 수 있다.

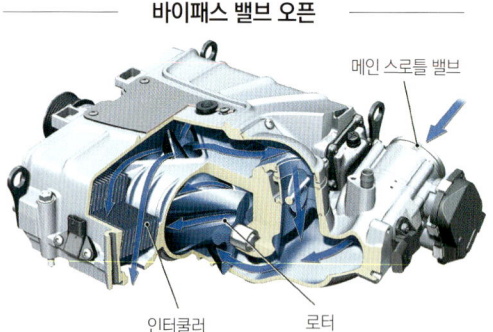

바이패스 밸브 오픈

메인 스로틀 밸브
인터쿨러
로터

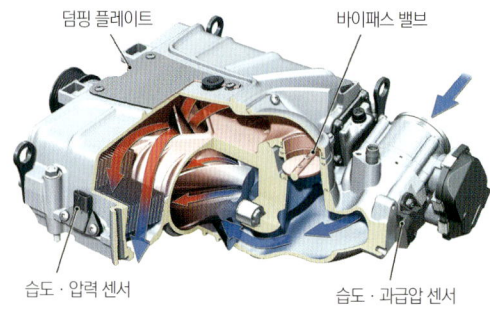

바이패스 밸브 클로즈드

덤핑 플레이트
바이패스 밸브
습도·압력 센서
습도·과급압 센서

슈퍼차저 내의 공기 흐름

슈퍼차저의 과제는 과급이 필요한 5% 시간 때문에 나머지 95%나 되는 공기를 계속 주입시키는데 따른 손실이었다. 이튼의 TVS(Twin Vortices Series)의 경우, 아이들링과 저부하 때에는 바이패스 밸브가 개방되어 슈퍼차저로 흐르는 공기 양이 줄어들어 연비가 향상된다. 고부하 때는 밸브가 닫히고, 공기를 압축해 엔진에 보내는 본연의 역할을 수행한다.

인터쿨러
전동 워터 펌프

공기를 압축해 공기 온도가 올라가게 되면, 공기 밀도가 낮아지고 결과적으로 과급효율이 떨어진다. 이튼사에서는 압축기 다음에 수냉식 인터쿨러를 배치해 콤팩트한 설계를 유지했다. 전용 라디에이터를 설치함으로써 냉각성능도 높이고 있다.

▶ 이튼사의 TVS

TVS는 기본적으로 내부가 압축되지 않는 루츠형이지만, 로터가 160도나 비틀린 구조로 되어 있어서 광범위하게 공기 유량을 확보할 수 있다.

이튼사의 TVS는 로터 형상을 변경함으로써 시스템 크기를 바꾸지 않고도 공기 유입량과 압축 비율을 제어하는 것이 가능해졌다.

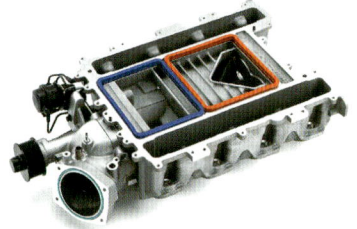

파란 틀로 둘러싸인 부분이 공기 유입구이고, 붉은 곳이 배출구이다. 공기 흡입구와 배출구를 격리시킬 수 있기 때문에 정지상태에서도 공기가 역류하지 않는다.

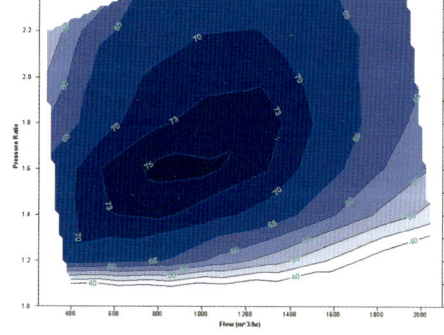

TVS의 운전영역 전역의 컴프레서 효율 맵

가로는 1시간당 통과하는 공기 용적을, 세로는 터보차저에 의한 압축비를 나타낸 그래프이다. 현재 TVS에는 7종류가 준비되어 있다. 사이즈는 350cc부터 2300cc까지 갖춰져 있으며, 0.6리터부터 배기량이 큰 유닛까지 대응이 가능하다. 모든 TVS는 압축비 2.4로 세팅되어 있으며 열효율은 70% 정도를 유지한다. 루트식은 배출용적과 엔진 회전속도가 거의 전영역에서 비례하기 때문에 터보와 비교해 엔진에 필요한 흡기용적을 쉽게 일치시킬 수 있다는 장점도 있다.

● MCE-5 | VCRi 가변압축비

압축비를 바꿔 연비를 개선하려는 시도

이론공연비 때문에 일반 엔진은 압축비가 높아지면 높아질수록 에너지 효율이 높아져 최고출력도 상승하는 반면, 노킹을 방지하는 것은 어려워진다. 일반 차량의 경우 포트 분사의 무과급 엔진에서 11:1 전후, 실린더 내 직접분사라도 13:1 정도가 상한선으로 여겨져 왔다. MCE(Multi Cycle Engine)-5사가 개발중인 VCR(Variable Compression Ratio) 엔진은 피스톤 상승량을 상황에 맞춰 변화시킴으로써 압축비를 6:1~15:1 범위에서 바꿀 수 있다. 과급엔진은 특히 노킹을 피하면서 필요한 때 압축비를 높일 수 있어서 출력상승과 저연비의 양립을 예상할 수 있다. 푸조 407용을 토대로 한 1.5L 직렬 4기통 가솔린 터보 엔진(포트분사식)의 데이터를 보면 최고출력 217ps/4000~5000rpm, 최대토크 420Nm/1500rpm을 내고 있다. 연비는 유럽 혼합모드에서 6.7L/100km(14.9km)이다.

MCE-5사는 2000년에 설립된 프랑스의 벤처기업으로, 같은 프랑스의 PSA그룹과 VCR 엔진을 공동개발하고 있다. 2013~2014년에 실용화를 목표로 한다.

실린더 헤드
흡기밸브
관성력과 가스압력으로 작동하는 컨트롤 잭
배기밸브
실린더 케이스
가이디드 피스톤
컨트롤 래크
피스톤 래크
동기(同期) 롤러
기어휠
커넥팅 로드
크랭크 샤프트

보통 엔진과 크게 다른 점은 실린더 블록에 1기통당 2개의 구멍이 나 있다는 점이다. 한쪽은 피스톤이 움직이는 실린더이고, 다른 한쪽은 피스톤의 상승을 조정하는 컨트롤 잭을 위한 공간이다.

저압축비

피스톤은 기어휠을 매개로 크랭크 샤프트 및 컨트롤 잭과 연결되어 있다. 컨트롤 잭이 위에 있으면 크랭크 샤프트가 하사점에 있더라도 피스톤이 맨 위쪽까지 올라가지는 않는다. 이로 인해 압축비가 감소한다.

고압축비

피스톤의 작동을 규제하는 컨트롤 잭이 내려와 있을 때, 피스톤 행정이 길어지기 때문에 연소실이 작아진다. 즉 압축비가 높아진다.

커넥팅 로드의 상하 운동을 받아서 피스톤으로 전달하는 것이 기어휠의 역할. 큰 부하가 걸리는 부분에 기어를 이용하기 때문에 뛰어난 정밀도와 내구성이 요구된다.

특수한 형상의 피스톤. 컨트롤 잭과 함께 기어로 작동하며, 수직방향으로만 반복적으로 운동한다.

기통수보다 2배 많은 구멍이 뚫린 실린더 블록이지만 강성은 보통 엔진과 똑같이 확보되어 있다.

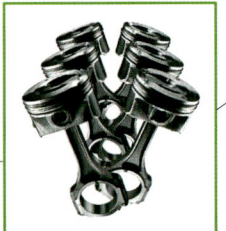

마찰손실을 줄이기 위한 테크놀로지

왕복엔진 계통 / 밸브 시스템 / 기통 일시정지(Pause Cylinder)

엔진효율을 높이는 수단으로 중요한 것은 역시 각 부분의 마찰 저감이다.
마찰 저감으로 효율이 1%씩 상승한다. 물론 각 부분의 경량화도 진행되고 있다.

글 : MFi · 사진 : AUDI / BMW / GM / MAHLE / MAZDA SCHAEFLLER / 세야 마사히로 / 스미요시 미치히토

● 왕복형 엔진의 마찰 저감 기술 │ 피스톤과 커넥팅 로드의 마찰 저감

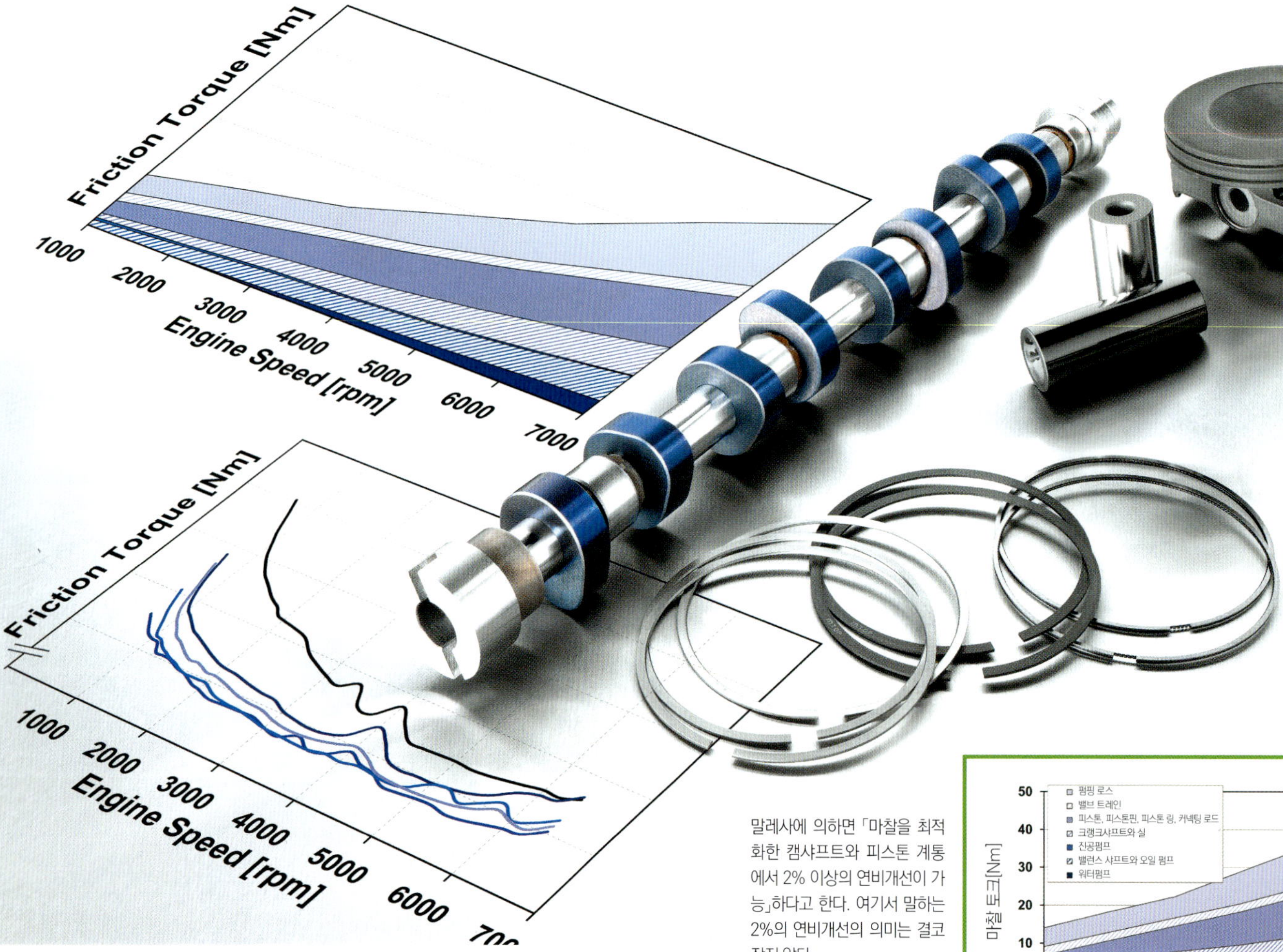

말레사에 의하면 「마찰을 최적화한 캠샤프트와 피스톤 계통에서 2% 이상의 연비개선이 가능」하다고 한다. 여기서 말하는 2%의 연비개선의 의미는 결코 작지 않다.

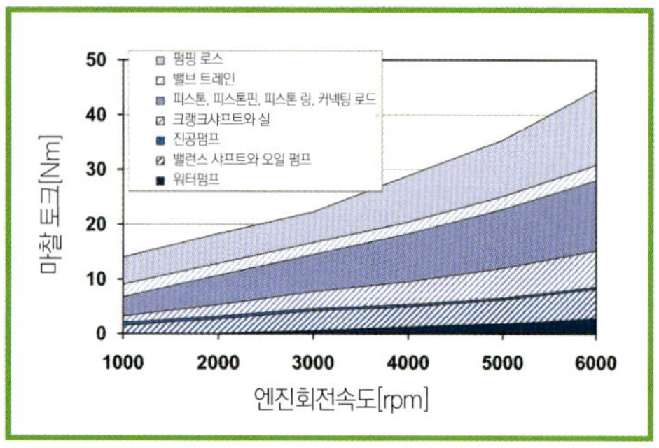

이 그래프는 말레에서 만든 것으로, 밸브 트레인과 피스톤 계통의 마찰이 엔진 마찰 전체의 약 절반 정도를 차지한다는 것을 알 수 있다. 특히 저속회전영역에서 큰 손실을 발생시킨다.

엔진 효율을 향상시키는 수단을 크게 나누면 연소 개선과 마찰저감, 펌핑손실 저감이다. 연소 개선에 관해서는 연료분사나 과급기술, 가변밸브 등을 거론하면서 해설해 왔다. 여기서는 기본적이지만 중요한 마찰 저감에 대해서 살펴보도록 하겠다.

위 그래프(말레 작성)를 보면 마찰손실 중 상당한 비율을 밸브 트레인과 피스톤 관련 부품들이 차지하고 있다는 것을 알 수 있다. 워터펌프나 오일펌프의 효율개선에 대해서는 전동화 등에 의해 상당한 발전을 이루었는데, 상세한

것은 『모터팬 엔진 테크놀로지』의 54~57페이지, '물펌프' 편을 참조해 주기 바란다.

엔진이 연료의 화학적 에너지를 회전 에너지로 변환시키는 과정에서는 다양한 에너지 손실이 발생한다. 대표적인 것은 엔진 자체를 작동시키는 가운데 필연적으로 생기는, 각 부분의 마찰에 따른 기계적 손실이다. 구체적으로는 크랭크 샤프트 등에 이용되고 있는 베어링의 섭동저항(摺動, fold dynamic resistance), 피스톤과 실린더 사이에서 생기는 스러스트(thrust) 저항, 피스톤 링의 섭

동저항, 카운터 웨이트가 비산시키는 오일의 교반(攪拌, stirring)저항 등이 있다.

이들 손실을 아예 없앨 수는 없지만, 최대한 저감하는 것이 엔진 효율 향상에 크게 영향을 미친다. 물론 각 부분의 마찰저감에 따른 연비개선 기여도는 극히 미미하다. 그러나 이런 미미한 절감을 거듭하는 것이 현대의 파워트레인 성능향상에는 필수이다.

피스톤 링을 예를 들자면, 마찰저감과 내마모성 향상이 요구되고 있다. 피스톤 링 소재나 코팅 기술, 폭이 좁은 링

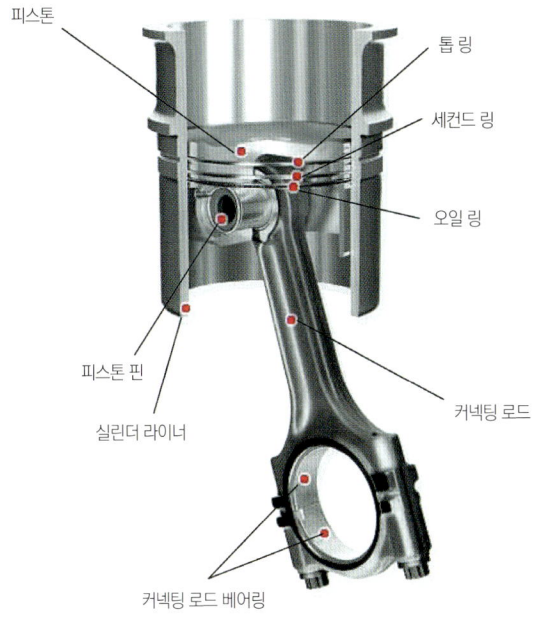

피스톤
톱 링
세컨드 링
오일 링
피스톤 핀
커넥팅 로드
실린더 라이너
커넥팅 로드 베어링

BMW 4기통 엔진

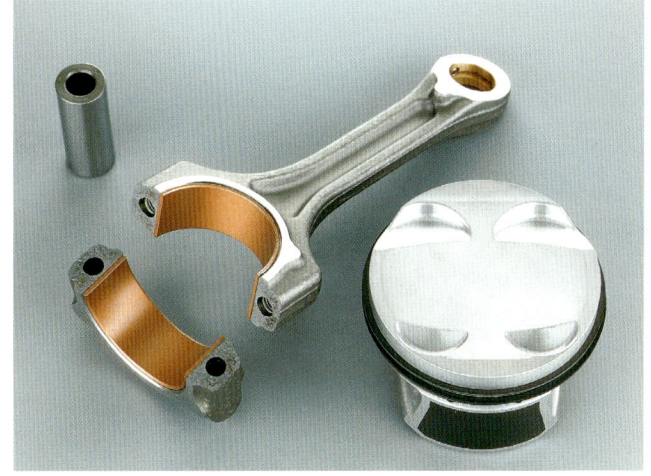

MAZDA MZR 엔진

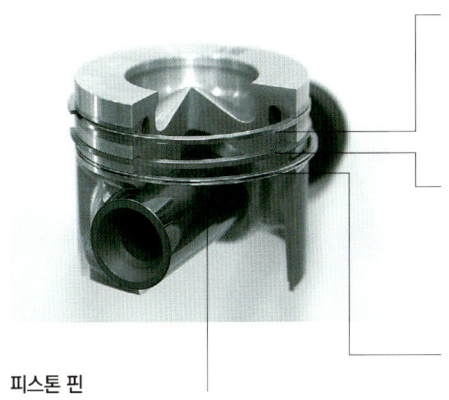

톱 링
이 사진은 디젤 엔진용 피스톤이다. 가장 위에 있는 것이 톱 링. 톱 링과 세컨드 링의 주요 기능은 연소실의 기밀을 유지하는 것이다.

세컨드 링
톱 링의 기능을 보조하면서 오일 컨트롤 역할도 한다. 압력 링으로써 가스 밀봉 기능을 하며 아래쪽으로 오일을 훑어 내리는 모양을 하고 있다.

오일 링
일반적인 3피스 오일 링의 경우, 파형 스페이서를 2개의 레일이 감싼 구조로 되어 있다. 필요한 최소한의 오일을 확실하게 유지하는 것이 중요하다.

피스톤 핀
피스톤 핀에도 마찰 저감을 위해 각종 코팅이 가해진다. 모터 스포츠용은 PVD(물리적 증착) 코팅된 질화강(窒化鋼)을 사용한다. DLC로 코팅된 것도 있다.

(위)BMW의 4기통용 피스톤과 커넥팅 로드, (아래) 마쓰다 MZR용. 피스톤은 실린더 벽면에 반해 높은 압력이 가해지는 스러스트 쪽과 보스 쪽의 피스톤 스커트 모양이 바뀌어 있다. 또한 스러스트 쪽에는 저 마찰 가공이 되어 있다. 소결단조(sinter forging) 크랙킹(cracking) 커넥팅 로드를 사용.

GM 2.4L 직렬4 에코텍 (Ecotec) 엔진
항상 고압 연소가스에 노출되는 피스톤 헤드를 냉각하기 위하여 실린더 아랫부분에 장착되는 오일 냉각 제트에서 압력이 가해진 오일을 분사한다. 피스톤 쪽에는 홈 이외에 쿨링 채널이라고 부르는 오일 통로가 있다.

SUBARU WRC(World Rally Car)용
임프레자 WR 카용 피스톤과 커넥팅 로드, 커넥팅 로드는 1개에 575g(베어링&볼트 포함). 피스톤은 경량화를 위해 스커트 부분이 상당히 짧다. 극한의 정밀도를 추구하는 모터 스포츠용 부품은 역시 아름답기까지 하다.

등을 개발하고 있다. 링 장력은 마찰을 낮추기 위해 약하게 되어 있다.

일본 피스톤 링 회사의 자료에 따르면 링 장력은 2000년 전후로 크게 내려가 있다. 장력을 내리면 마찰은 줄어들지만 오일을 훑어 내리는 힘도 약해져 오일 소비가 늘어나게 된다.

장력이 낮으면서도 오일 소비가 적은 링을 개발하고 있다. 크롬도금이었던 표면처리도 질화(窒化)처리한 다음 DLC(Diamond like carbon) 등의 PVD(물리증착) 코팅까지 행하는 방식이 일반화되었다.

피스톤이나 커넥팅 로드에 의한 손실도 결코 무시할 수 없다. 마찰 저감과 더불어 경량화도 중요하다. 위에서 언급한 각 회사의 피스톤이나 커넥팅 로드를 보면 짧은 피스톤 스커트, 두께를 얇게 한 커넥팅 로드 등 예전과 비교해 불필요한 두께를 상당한 수준까지 얇게 했다는 것을 알 수 있다. 예전에는 기계적, 열적으로 상당한 부하가 걸리는 부분일수록 안전율이 높게 설계했지만 시뮬레이션 기술의 진화로 합리화가 가능해진 것이다.

밸브 트레인의 마찰 저감도 큰 과제이다. 가변밸브 기구를 사용하게 되면서 구성부품이 늘어나는 경향이 계속되고 있지만, 마찰을 낮추기 위해 롤러 핑거 팔로워(roller finger follower)를 사용하는 것이 앞으로의 주류가 될 것 같다. 한편 기존 메커니컬 태핏도 코팅 기술 덕분에 상당한 마찰 저감을 달성하고 있다. DLC는 모터 스포츠용 엔진에서 많이 사용되고 있는데, 앞으로는 일반 자동차용 엔진으로도 확대될 것이다.

● 밸브 트레인 시스템의 마찰 저감 기술 | 롤러 핑거 팔로워 사용

밸브 트레인의 기본구조

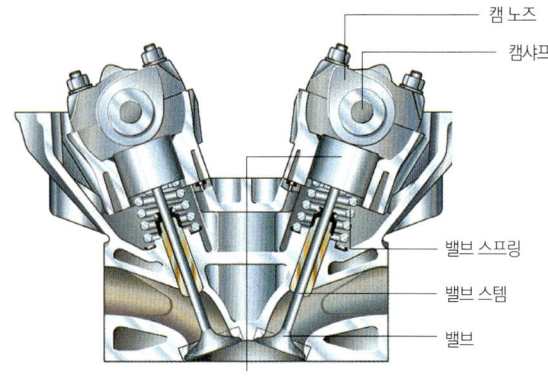

- 캠 노즈
- 캠샤프트
- 밸브 스프링
- 밸브 스템
- 밸브
- 메커니컬 리프터

메커니컬 리프터를 사용한 DOHC 밸브 트레인 구성도. 캠으로 리프터를 직접 누르는 구조로, 현재 가장 일반적인 형식이다. 강성이나 동적 특성 그리고 가격적인 면에서 뛰어나지만, 프릭션과 조립성 측면에서는 우측의 롤러 핑거 팔로워보다 떨어진다.

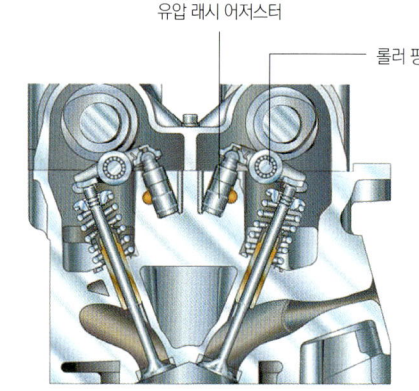

- 유압 래시 어저스터
- 롤러 핑거 팔로워

최근 사용이 증가하고 있는 롤러 핑거 팔로워 + 유압 래시 어저스터를 사용한 DOHC 밸브 트레인 구성도. 롤러 핑거 팔로워의 최대 장점은 마찰이 적다는 점이다. 엔진 회전속도를 불문하고 메커니컬 리프터보다도 마찰이 적다.

▶ 롤러 핑거 팔로워

롤러 핑거 팔로워는 슬립 저항이 회전 저항으로 바뀌기 때문에 리프터 타입과 비교해 밸브를 구동하는데 사용하는 에너지를 저감할 수 있다. 마찰 손실은 메커니컬 리프터의 절반 이하. 코팅을 해주면 마찰을 더 낮출 수 있다. 변환 캠 팔로워는 캠의 리프트 전환이나 기통 일시정지(pause cylinder)에도 사용할 수 있다.

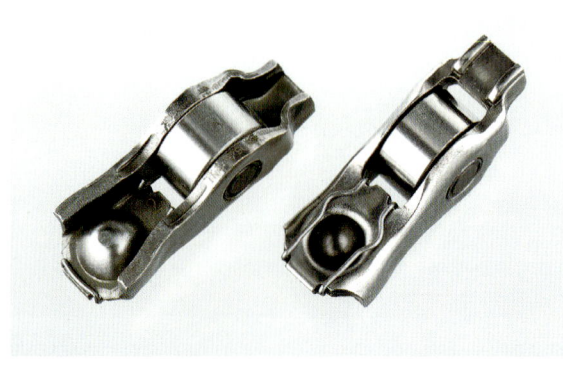

BMW 4기통에 사용하고 있는 롤러 핑거 팔로워. 왼쪽이 위에서 본 사진, 오른쪽이 아랫부분. 아래쪽 움푹 들어간 곳에 래시 어저스터의 톱이 들어간다. 롤러 핑거 팔로워는 지렛대의 원리로 밸브를 누르는데 캠과 접촉하는 부분이 롤러 모양을 하고 있다.

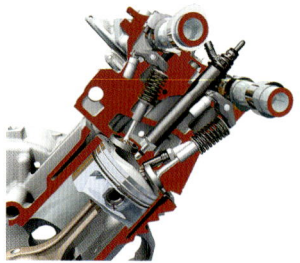

MERCEDES-BENZ 350CGI

메르세데스 벤츠 V6 CGI 엔진의 롤러 핑거 팔로워. 가격면에서는 불리하지만 효율을 추구한 유럽 자동차에서는 많이 사용하고 있다.

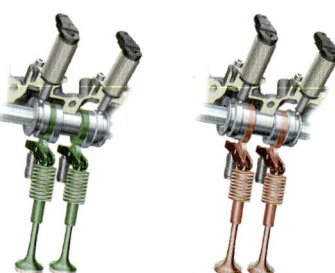

AUDI VALVE LIFT SYSTEM

아우디의 가변 밸브 타이밍 & 리프트 시스템은 단순한 구조로 밸브 리프트를 2단계로 전환한다. 여기서도 롤러 핑거 팔로워가 사용되고 있다.

▶ 메커니컬 리프터

흔히 직동식이라고 하는, 메커니컬 리프터를 사용한 밸브 트레인도 진화를 거듭하고 있다. 리프터 표면의 코팅 기술 덕분에 마찰을 많이 절감할 수 있게 되었다. 강성이 높고 고속회전에 강하다는 장점도 있어서, BMW M5나 포르쉐 카레라 GT 등에도 사용되고 있다.

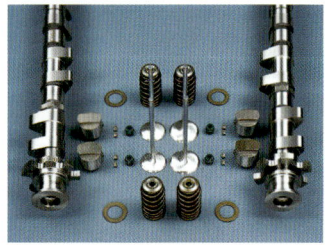

BMW M5 밸브 트레인. 리프터는 세플러 제품. 모양은 세플러가 3CF 리프터라고 하는 형식. 캠과 접촉하는 부분은 저 마찰 코팅으로 되어 있다.

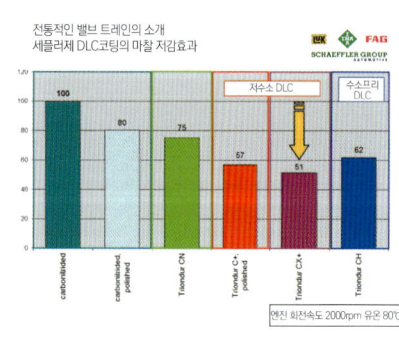

전통적인 밸브 트레인의 소개
세플러제 DLC코팅의 마찰 저감효과

INA | FAG
SCHAEFFLER GROUP

| | | | | 저수소 DLC | 수소프리 DLC |

100 / 80 / 75 / 57 / 51 / 62

carbonitirided / carbonitrided, polished / Triondur ON / Triondur C+ / Triondur C+, polished / Triondur CX+ / Triondur CH

엔진 회전속도 2000rpm 유온 80℃

이것은 세플러제 DLC코팅의 마찰 저감 효과. 우측 3종류가 DLC. 수소 프리 DLC인 경우는 엔진 오일과의 밀착성이 더 높다.

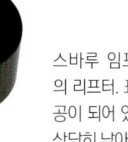

스바루 임프레자 WRC의 리프터. 표면에 DLC가 공이 되어 있어서, 마찰이 상당히 낮아 보인다.

▶ 밸브 경량화

밸브 시스템 부품에서 요구되는 것은 마찰 저감과 고속회전, 그것을 위한 경량화이다. 고속에서 동작하는 밸브 질량을 낮추는 효과는 크다. 밸브가 가벼워지면 밸브 스프링의 스프링율도 낮출 수 있어 마찰 손실의 감소가 가능해진다. 우측은 말레제 금속판을 성형한 경량화 밸브로서, 기존에 비해 40% 정도 경량화되어 있다. 밸브 스템과 밸브 부분도 중공화(中空化)되어 있는 것을 알 수 있다. 중공 부분에 나트륨을 넣어 밸브 냉각도 할 수 있다. 밸브 경량화를 위한 소재(티탄이나 세라믹 등) 연구도 진행 중이다.

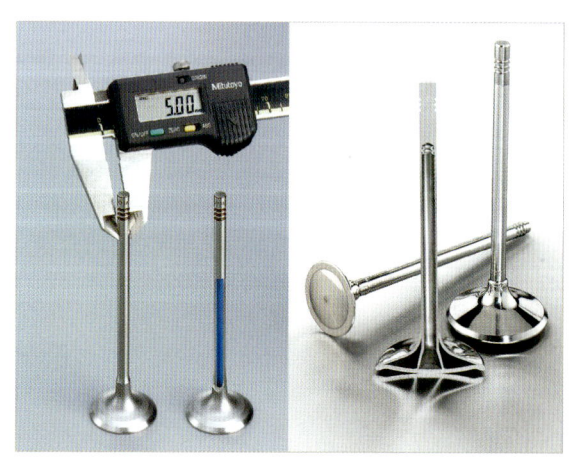

▶ 실린더 일시정지 시스템(Honda) | 운전중 6/4/3기통 운전으로 절환하다

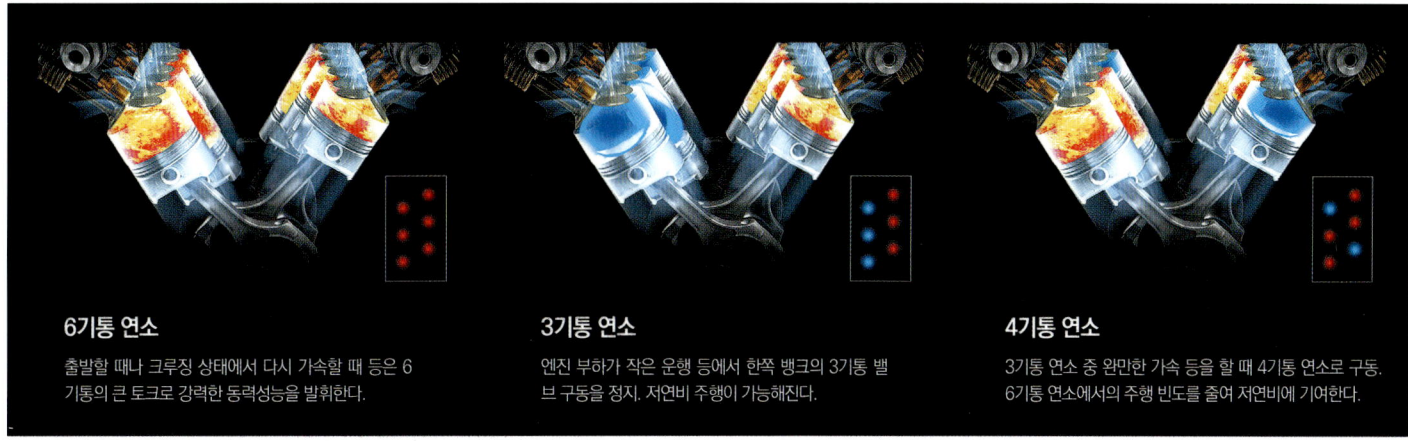

6기통 연소
출발할 때나 크루징 상태에서 다시 가속할 때 등은 6기통의 큰 토크로 강력한 동력성능을 발휘한다.

3기통 연소
엔진 부하가 작은 운행 등에서 한쪽 뱅크의 3기통 밸브 구동을 정지. 저연비 주행이 가능해진다.

4기통 연소
3기통 연소 중 완만한 가속 등을 할 때 4기통 연소로 구동. 6기통 연소에서의 주행 빈도를 줄여 저연비에 기여한다.

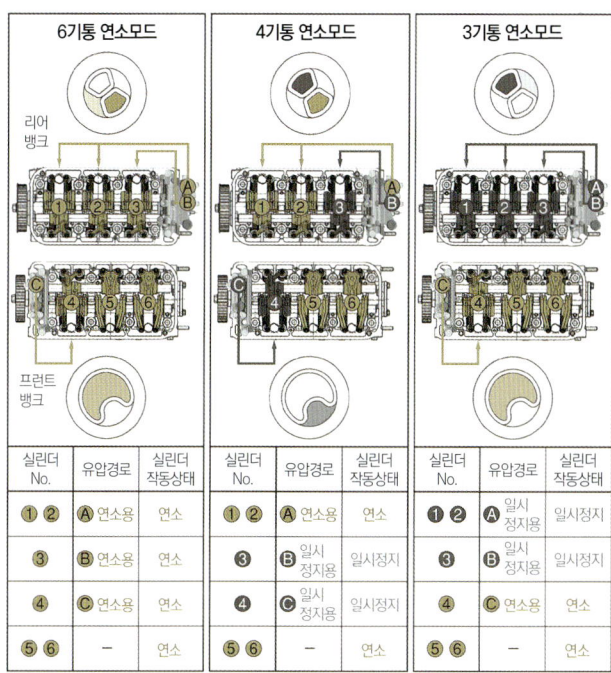

실린더 No.	유압경로	실린더 작동상태	실린더 No.	유압경로	실린더 작동상태	실린더 No.	유압경로	실린더 작동상태
❶❷	Ⓐ 연소용	연소	❶❷	Ⓐ 연소용	연소	❶❷	Ⓐ 일시정지용	일시정지
❸	Ⓑ 연소용	연소	❸	Ⓑ 일시정지용	일시정지	❸	Ⓑ 일시정지용	일시정지
❹	Ⓒ 연소용	연소	❹	Ⓒ 일시정지용	일시정지	❹	Ⓒ 연소용	연소
❺❻	—	연소	❺❻	—	연소	❺❻	—	연소

6기통·4기통·3기통 운전의 3단계 절환을 실현하기 위해 프런트 뱅크의 로커암 샤프트에 2계통, 리어 뱅크에 4계통의 유압경로가 설치되어 있다. 프런트와 리어의 유압경로 수가 다른 것은, 프런트 뱅크에는 3기통 연소와 1기통 일시정지, 2종류의 운전모드밖에 없지만 리어 뱅크에는 「3기통 연소」와 「1기통 일시정지」, 「3기통 일시정지」등 3가지 운전 모드가 있기 때문이다.

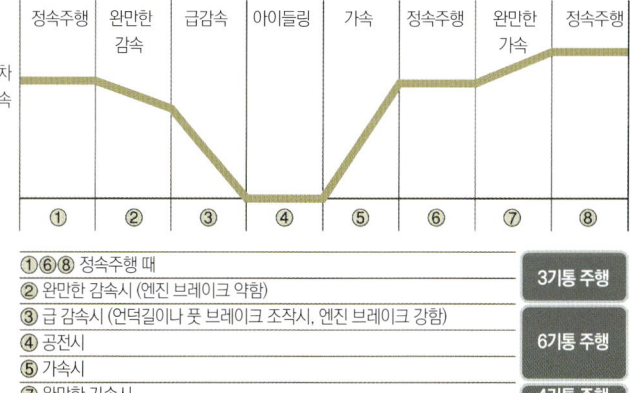

❶❻❽ 정속주행 때	**3기통 주행**
❷ 완만한 감속시 (엔진 브레이크 약함)	
❸ 급 감속시 (언덕길이나 풋 브레이크 조작시, 엔진 브레이크 강함)	**6기통 주행**
❹ 공전시	
❺ 가속시	
❼ 완만한 가속시	**4기통 주행**

종전에는 3기통 정속주행 운전에서 완만한 가속을 하면 6기통 운전으로 복귀했지만, 새로운 VCM에서는 여기에 4기통 운전을 끼워넣는데 성공하고 있다. 4기통 운전을 추가함으로써 고속주행에서 12%, 시내주행에서 8%의 연비개선 효과가 있다.

마찰 저감과는 약간 다르지만, 아이들링 스톱 기구와 같이 불필요한 때는 엔진을 멈추게 한다는 아이디어도 있다. 또한 여기서 소개하는 혼다 VCM(Variable Cylinder Management)과 같이 주행상태에 따라 기통수의 1/3 혹은 반을 일시정지시키는 (pause cylinder) 기술도 있다. 선대 인스파이어에 탑재된 3L V6 엔진은 6기통 운전 → 3기통 운전의 2가지 모드였지만, 현재 모델은 6기통 운전(3.5L) → 4기통 운전(2.33L 상당) → 3기통 운전(1.75L 상당) 등 3가지 모드로 진화하고 있다. 저부하에서는 실린더를 일시정지시켜 흡배기 밸브를 모두 닫히게 하며 펌핑손실이 없어진다. 적은 기통수(=작은 배기량)에서 같은 출력을 얻기 위해서는 스로틀 밸브가 크게 열리기 때문에 펌핑손실이 줄어들고 연비를 향상시킬 수 있다. 또한 일시정지하고 있는 밸브의 구동손실이 적어지기 때문에 효율 향상에도 기여한다. 3기통 운전 때는 종전형과 마찬가지로 리어 뱅크가 일시정지해 직렬3기통 엔진이 된다. 4기통 운전에서는 리어 뱅크의 3번 실린더와 프런트 뱅크의 4번 실린더가 일시정지해 V4 엔진이 되는 것이다. 실린더 일시정지 시스템의 문제점은 실린더를 일시정지한 상태로 얼마나 오랫동안 운전할 수 있는가 하는 것이었는데, 혼다의 대답은 6→3 사이에 4기통 운전을 넣는 것이었다. 또한 이것에 수반되는 진동도 약점인데, 혼다는 액티브 엔진 마운트라는 마운트 기술과 액티브 노이즈 컨트롤 기술로 이것을 해결하고 있다.

배기량 축소와 연비 향상이 기대되는
엔진 마운트의 성능 점프

견본 설계 · 개발 · 생산 · 가격의 효율화를 노리는 모듈 엔진

FF차의 동역학적 품질 향상과 관련해 엔진 마운트를 빼고는 말하기 어렵다.
6기통이 4기통으로, 4기통은 3기통으로. 엔진의 소형화가 진행될 때 엔진 마운트에 요구되는
진동제어와 진동방지 성능은 더욱 더 엄격해진다.

글 : 마키노 시게오 · 일러스트 & 사진 : NISSAN / MFi

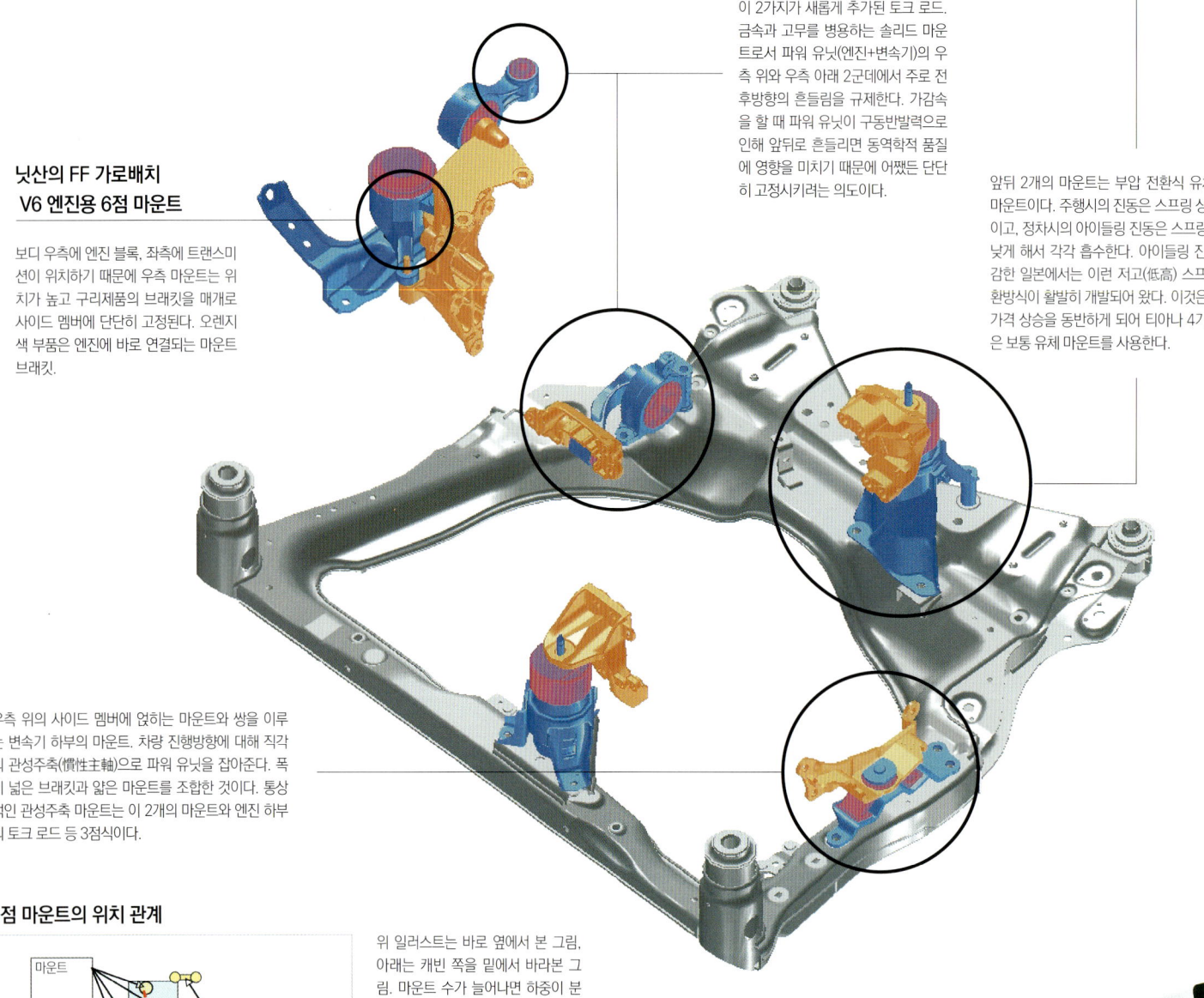

**닛산의 FF 가로배치
V6 엔진용 6점 마운트**

보디 우측에 엔진 블록, 좌측에 트랜스미션이 위치하기 때문에 우측 마운트는 위치가 높고 구리제품의 브래킷을 매개로 사이드 멤버에 단단히 고정된다. 오렌지색 부품은 엔진에 바로 연결되는 마운트 브래킷.

이 2가지가 새롭게 추가된 토크 로드. 금속과 고무를 병용하는 솔리드 마운트로서 파워 유닛(엔진+변속기)의 우측 위와 우측 아래 2군데에서 주로 전후방향의 흔들림을 규제한다. 가감속을 할 때 파워 유닛이 구동반발력으로 인해 앞뒤로 흔들리면 동역학적 품질에 영향을 미치기 때문에 어쨌든 단단히 고정시키려는 의도이다.

앞뒤 2개의 마운트는 부압 전환식 유체(流體) 마운트이다. 주행시의 진동은 스프링 상수를 높이고, 정차시의 아이들링 진동은 스프링 상수를 낮게 해서 각각 흡수한다. 아이들링 진동에 민감한 일본에서는 이런 저고(低高) 스프링의 전환방식이 활발히 개발되어 왔다. 이것은 당연히 가격 상승을 동반하게 되어 티아나 4기통 모델은 보통 유체 마운트를 사용한다.

우측 위의 사이드 멤버에 얹히는 마운트와 쌍을 이루는 변속기 하부의 마운트. 차량 진행방향에 대해 직각의 관성주축(慣性主軸)으로 파워 유닛을 잡아준다. 폭이 넓은 브래킷과 얇은 마운트를 조합한 것이다. 통상적인 관성주축 마운트는 이 2개의 마운트와 엔진 하부의 토크 로드 등 3점식이다.

6점 마운트의 위치 관계

위 일러스트는 바로 옆에서 본 그림. 아래는 캐빈 쪽을 밑에서 바라본 그림. 마운트 수가 늘어나면 하중이 분산되기 때문에 받아들여야 하는 토크 반력(反力)도 분산되는데, 각각의 마운트를 유연하게 설계해도 흔들림이나 진동을 줄일 수 있다. 토크 로드는 전후상하 방향의 요동으로 진동을 분산시키며 앞뒤의 큰 흔들림은 로드 길이로 규제해 준다. 이 6점식은 비용이 많이 드는 마운팅 방식이다.

관성모멘트를 받는 엔진 블록쪽 위쪽 마운트에는 사진과 같은 형상의 제품을 사용한다. 알루미늄 주물 내부에 고무가 있어서 브래킷이 받는 진동을 분산하려는 의도이다. 보디쪽과 엔진쪽에 위치를 각각 어떻게 잡느냐하는 부분도 설계자의 솜씨를 엿볼 수 있는 대목이다.

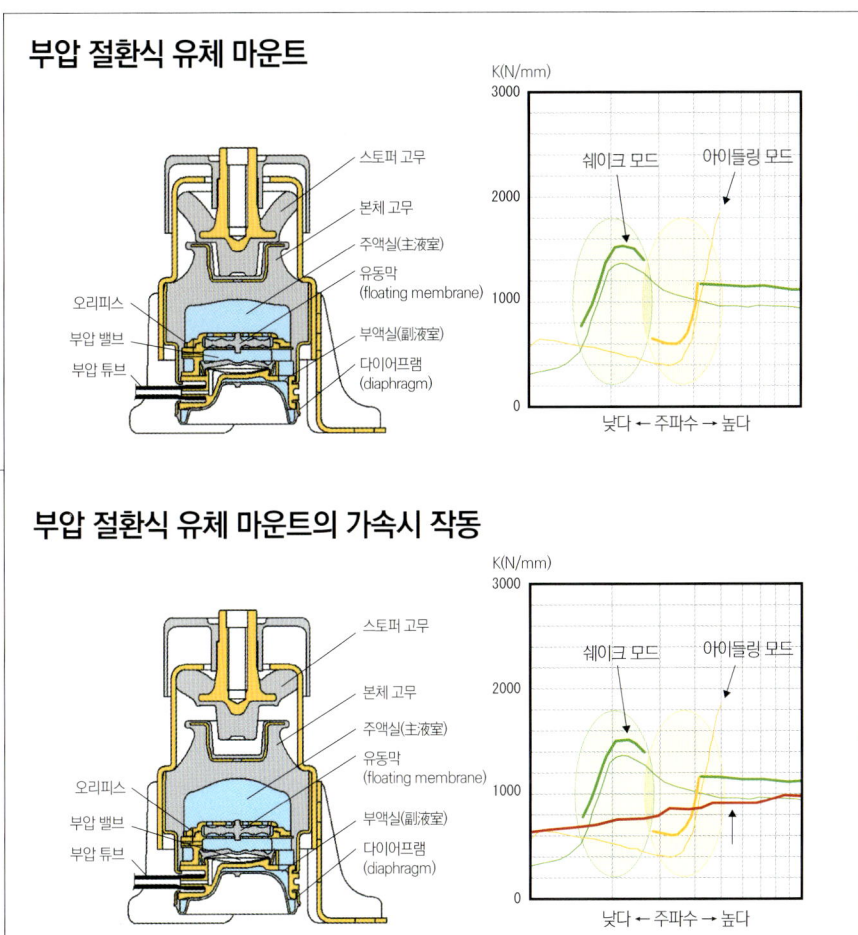

부압 절환식 유체 마운트

스토퍼 고무
본체 고무
주액실(主液室)
유동막
(floating membrane)
오리피스
부액실(副液室)
부압 밸브
다이어프램
부압 튜브
(diaphragm)

K(N/mm)
3000

2000

1000

0

쉐이크 모드
아이들링 모드

낮다 ← 주파수 → 높다

부압 절환식 유체 마운트의 가속시 작동

스토퍼 고무
본체 고무
주액실(主液室)
유동막
(floating membrane)
오리피스
부액실(副液室)
부압 밸브
다이어프램
부압 튜브
(diaphragm)

K(N/mm)
3000

2000

1000

0

쉐이크 모드
아이들링 모드

낮다 ← 주파수 → 높다

엔진에서 부압을 튜브로 흡수함으로써 오리피스쪽 통로를 변경해 스프링 상수를 바꾼다. 통로를 규제하는 막은 유동적이며, 이「유동」의 정도가 스프링을 약하게 하는데 효과가 있다. 또한 가속시에는 스토퍼 고무 부분이 분리되어 순간적으로 엔진이 크게 흔들리는 것을 보디에 잘 전달되지 않게 한다. 이 마운트에 토크 로드 2개를 추가해 관성주축식과 펜듈럼 방식의 장점만 따온 것이 닛산의 티아나, 무라노, 알티마 등 FF계열의 V6탑재 모델이다.

엔진 마운트의 역할은 크게 3가지로 나눌 수 있다. 우선 지지(支持)기능은 엔진과 변속기로 구성된 파워 유닛을 지탱하는 것을 말한다. 파워 유닛을 보디에 고정하고 구동반력 등에 따른 변화를 규제하는 것이다. 두 번째는 방진(防振)기능으로 파워 유닛의 진동이 그대로 보디에 전달되는 것을 방지하는 기능이다. 그리고 세 번째는 제진(制振)기능으로 구동반력이나 노면에서 파워 유닛으로 전달되는 진동을 억제하는 것이다.

이 세 가지 기능을 잘 조화시키는 것이 양산차의 엔진 마운트의 역할이다. 조화시켜야 하는 이유는, 방진과 방음을 위해 마운트를 유연하게 하면 파워 유닛의 지지성이 악화되는 이율배반적인 요소가 있기 때문이다. 통상 엔진 마운트는 고무계 소재나 우레탄 등 강성이 있는 소재와 동이나 알루미늄 등 금속으로 구성되는데, 세기(부드러움)의 정도는 설계자가 의도하기 나름이다.

이어서 엔진 마운트의 종류를 알아 보자. 엔진에 바로 연결된 변속기를 장착하고 이것을 세로로 배치하는 FR차나 미드십 차량의 경우는 엔진 블록 앞쪽에서 좌우로 연장된 아래에 마운트를 두고, 뒤쪽은 변속기 아래에서 잡아주는 방식이 일반적이다. 엔진 블록 부분의 마운트는 엔진 룸을 가로지르는 사이드 멤버 또는 그것과 직각으로 교차하는 서브 프레임에 설치되는 경우가 많다.

파워 유닛을 가로로 배치한 FF차는 엔진을 가로나 세로로 배치(직렬이든 V형이든)하는 방식에 따라 선택이 나뉜다. 엔진 블록 및 변속기 위쪽에서 체결부를 연장시켜 좌우 사이드 멤버 위에 연결하고 엔진 하부를 토크 로드로 잡아주는 펜듈럼(Pendulum, 진자) 형식이 일반적이다. 파워 유닛을 캠 커버 아래 위치에서 좌우로 잡아주고 그 축을 중심으로 파워 유닛 아래쪽이 앞뒤로 진자와 같이 흔들리는 상태로 만들어, 이 축에서 가장 먼 파워 플랜트 아래에 토크 로드를 설치해 앞뒤 상하의 요동을 규제하는 3점식이 일반적이다. 직렬4기통 같이 가로로 긴 파워 유닛에서 많이 채택하고 있다.

또 하나의 대표적인 예는 파워 플랜트를 롤 관성주축 위(통상은 연소실~크랭크축~변속기라는 출력축에 거의 가깝다)에서 좌우를 보디에 연결하고, 앞뒤 방향의 요동은 파워 유닛의 앞뒤에 있는 마운트로 잡아주는 4점 십자 타입의 관성주축 마운트이다. V형 6기통과 같이 위에서 봤을 때 가로세로가 사각에 가까운 엔진에서 많이 사용한다. 서브 프레임에 엔진을 얹고 서스펜션도 연결하는 구조에서는 레이아웃 상 궁합이 좋은 방식이라고 할 수 있다.

최근에는 펜듈럼식에서도 복수의 토크 로드를 높이를 달리해 배치한 것이나, 펜듈럼과 관성주축의 절충안, 서브 프레임과 보디의 접합부분을 엔진 마운트처럼 이용하는 것 등의 몇 가지 형식을 볼 수 있다. 엔진 룸 용적은 작아지는 경향이며 더구나 엔진 룸 앞쪽은 충돌시에 충격을 흡수

하도록 크래쉬블 존으로 만들어야 한다. 엔진 마운트를 배려할 공간과 우선순위가 반드시 일치하지는 않는다. 파워 유닛을 가로로 배치한 FF차의 엔진 마운트는 이렇게 여러 가지 제약 속에서 설계되어 있는 것이다.

원래 엔진 마운트는 보디 골격의 설계단계에서 중시되어야 한다. 가속 페달과 브레이크 조작으로 파워 유닛이 크게 흔들리면 자동차 운동성능에도 악영향을 미친다. 또한 보디 전체의 벤딩 모드(bending mode)나 공진(共振)과 엔진 마운트 관계도 중요하다. 그리고 무엇보다 보디 자체가 충분한 강도와 강성을 가지고 있어야 한다. 가속 페달과 브레이크로 자세를 제어하는 드라이버를 상정할 경우, 엔진의 흔들림과 변화는 제한되며 그것은 우선 보디의 성질에 영향을 미친다.

왼쪽 페이지 그림은 닛산이「티아나」V6 엔진 차량에 사용한 새로운 6점 마운트이다. 관성주축 마운트에 2개의 토크 블록을 추가한 6점 타입으로, 전후좌우 방향으로 튼튼하게 파워 유닛을 지탱해주는 배치이다. 더구나 전후 마운트는 상하방향의 움직임까지 이용한 것이다. 또한 닛산의 EV「리프」에서는 모터 특성에 맞춘 마운트가 개발되었다.

과급 다운 사이징, 기통수 감소, 아이들링 스톱 기구의 사용이라고 하는 최근 경향으로 인해 엔진의 진동은 증가 추세에 있다. 즉 엔진 마운트의 중요도가 급격하게 높아진 것이다. 이것은 엔진 마운트를 재조명할 아주 좋은 기회이기도 하다. 어쨌든 엔진 마운트를 유연하게 하려는 경향이 있지만, 엔진 마운트는 소음 억제보다도 우선 운동성과 조종안정성 차원에서 바라봐야 하지 않을까.

설계 · 개발 · 생산 · 가격의 효율화를 노린
모듈 엔진 설계의 콘셉트

블록의 아키텍처 공용화가 미래의 대응을 원활하게 한다

엔진의 "기본설계"를 정확히 정해 두면, 사회적인 변화나 고객의 요구가 바뀌어도
그때마다 새로운 기술을 투입해 적절하게 대응할 수 있다.

글 : 세라 코타 · 사진 : BMW

⊙ 4 cylinder diesel | 2 ℓ

⊙ 6 cylinder gasoline NA | 2.5–3 ℓ

⊙ 4 cylinder gasloine NA | 2 ℓ

⊙ 6 cylinder gasoline turbo | 3 ℓ

⊙ 6 cylinder diesel | 3 ℓ

▶ BMW | 직렬4기통 / 직렬6기통 엔진 시리즈

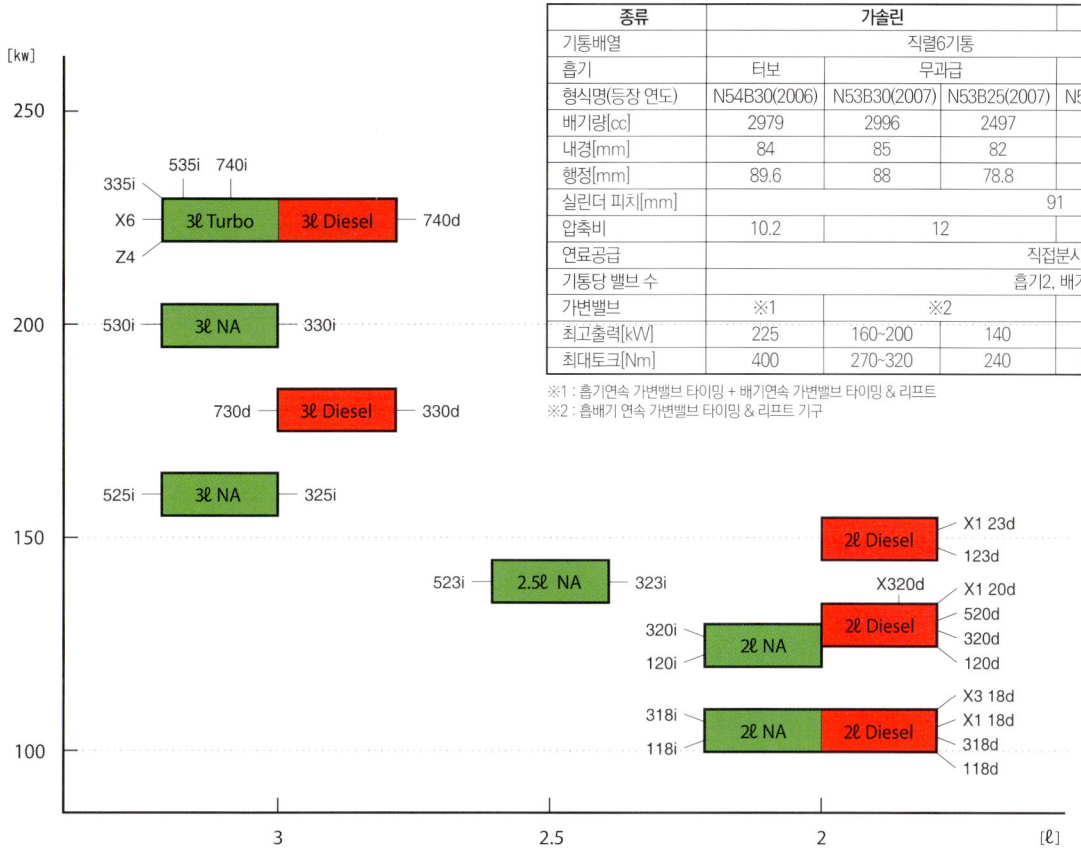

종류	가솔린			디젤	가솔린	디젤
기통배열	직렬6기통				직렬4기통	
흡기	터보	무과급		터보	무과급	터보
형식명(등장 연도)	N54B30(2006)	N53B30(2007)	N53B25(2007)	N57D30(2008)	N43B20(2006)	N47D20(2007)
배기량[cc]	2979	2996	2497	2993	1995	
내경[mm]	84	85	82	84		
행정[mm]	89.6	88	78.8	90		
실린더 피치[mm]	91					
압축비	10.2	12		16.5	12	16
연료공급	직접분사					
기통당 밸브 수	흡기2, 배기2					
가변밸브	※1	※2			※1	
최고출력[kW]	225	160~200	140	180~225	105~125	105~150
최대토크[Nm]	400	270~320	240	520~600	190~210	300~400

※1 : 흡기연속 가변밸브 타이밍 + 배기연속 가변밸브 타이밍 & 리프트
※2 : 흡배기 연속 가변밸브 타이밍 & 리프트 기구

모듈설계 엔진의 예로서 2004년부터 개발이 시작된 BMW 직렬4/직렬6 엔진의 라인업을 표로 정리했다(최신 사양으로 이루어지지는 않았다). 배기량은 2L, 2.5L, 3L의 3종류. 디젤과 가솔린이 있지만 설계의 "기본"은 배기량 2996cc 직렬6 엔진이다. 실린더 피치는 양쪽 다 91mm. 개발 부담을 줄이기 위해 91mm 치수를 앞 시리즈에서 계승했다. 3L 가솔린 터보와 2.5L 가솔린 이외에는 출력이 복수이며, 합계 11종류의 라인업을 갖추었다. 수출국에 따라 달라지는 배출가스 대응을 반영하면 라인업은 더 증가한다. 1시리즈에서 7시리즈까지 Z4, SUV를 포함해 BMW의 거의 모든 모델이 직렬4/직렬6 시리즈 가운데 하나를 장착한다. 데뷔초부터 제2세대 밸브트로닉을 채택했고 2007년에는 6기통 NA에 스프레이 가이디드식 연료분사를 추가했다. 밸브트로닉과 직접분사는 병용하지 않았지만 2009년부터 터보 사양에 양쪽 기술이 같이 사용됨으로써, 트윈 터보나 싱글 트윈 스크롤 터보로 변경되었다

설계의 기본(=모듈을 정해 배기량이나 출력 라인업을 효율적으로 늘려갈 생각이다. 생산도 효율적이다. V12는 직렬6×2이라고 생각했지만 실린더 피치가 98mm인 V8을 토대로 하고 있다.

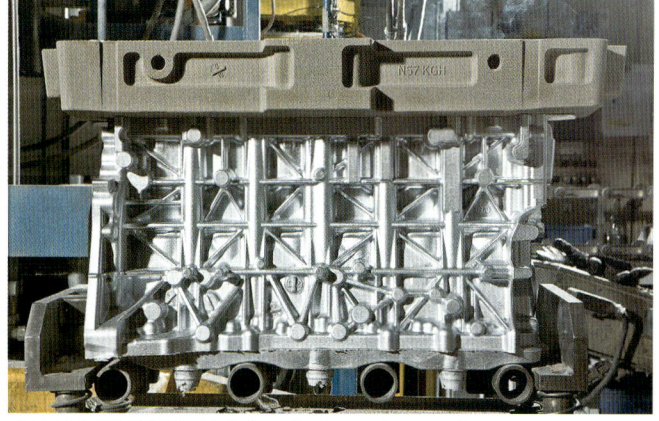

직렬6 NA만 실린더 블록에 알루미늄/마그네슘 합금의 복합재료를 사용하고 있다. 다른 시리즈의 엔진은 알루미늄 합금제를 사용. 가공~조립은 공통 라인에서 이루어진다.

12세대에 해당하는 BMW의 6기통 엔진은 경량화를 달성하기 위해 마그네슘 합금이 알루미늄 합금을 감싸는 복합구조 블록을 사용했다. BMW는 이 블록을 생산하기 위해 란츠후트의 주물공장에 연면적 10,000㎡의 별도 공장을 건설했다. 하지만 다음 가공공정에서는 특별한 조치를 필요로 하지 않는다.

란츠후트 남서쪽에 위치하는 뮌헨 공장에서는 직렬6과 V8, V12 가솔린 엔진을 생산하고 있다. 영국의 햄즈홀 공장에서는 직렬4 엔진을 생산. 연간 100만 개가 생산되는 BMW 엔진 가운데 60%를 담당하는 오스트리아 슈타이어 공장에서는 직렬4, 직렬6 디젤과 직렬6 가솔린 엔진을 생산하고 있다.

슈타이어 공장은 신세대 6기통 엔진 등장에 맞춰 개수를 하면서 생산이 근대화되었고 효율이 증가했다. 주조공장에서 블록이나 헤드, 크랭크샤프트, 커넥팅 로드가 도착하면 최신 공작기계로 선반에 올려서 깎고 구멍을 내고 연마한다. 100가지가 넘는 이 공정은 탄력적인 제조라인에서 이루어진다. 수작업으로 공구를 바꿀 필요가 없다.

BMW의 직렬4, 직렬6 엔진 블록은 전부 91mm의 실린더 피치를 갖는다. 즉 엔진 설계에 모듈 콘셉트를 도입하고 있는 것이다. 핵심인 설계를 하고 그것을 토대로 공용부품을 이용하면서 라인업을 늘려가는 방식이다. 배기량 라인업뿐만 아니라 밸브 시스템이나 과급/비과급, 흡기 시스템에서도 라인업을 만들기 쉽다. 생산 효율화를 도모할 수 있는 점도 장점으로, 내경이 같으면 연소해석에 관한 노하우를 응용할 수 있다.

포드도 현재 직렬4와 V8/V10에 모듈 설계 콘셉트를 도입해 자동차 특성에 맞춰 많은 라인업을 마련하고 있다. 특별한 신기술은 아니지만 자동차 회사에 따라 대응하는 자세에 특색이 있는 분야이다.

모드시험은 배기가스 측정이 목적
「연비」전용모드는 아직 존재하지 않는다

JC08모드 연비의 측정 방법

가솔린 차량의 배기가스 성분 가운데 세계적으로 규제되는 것은
CO(일산화탄소), HC(탄화수소), NOx(질소산화물)의 3종류
유럽, 미국, 일본의 모드시험은 배기가스 성분의 측정이 목적으로, 연비는 부수적으로 계산될 뿐이다.

글 : 마키노 시게오

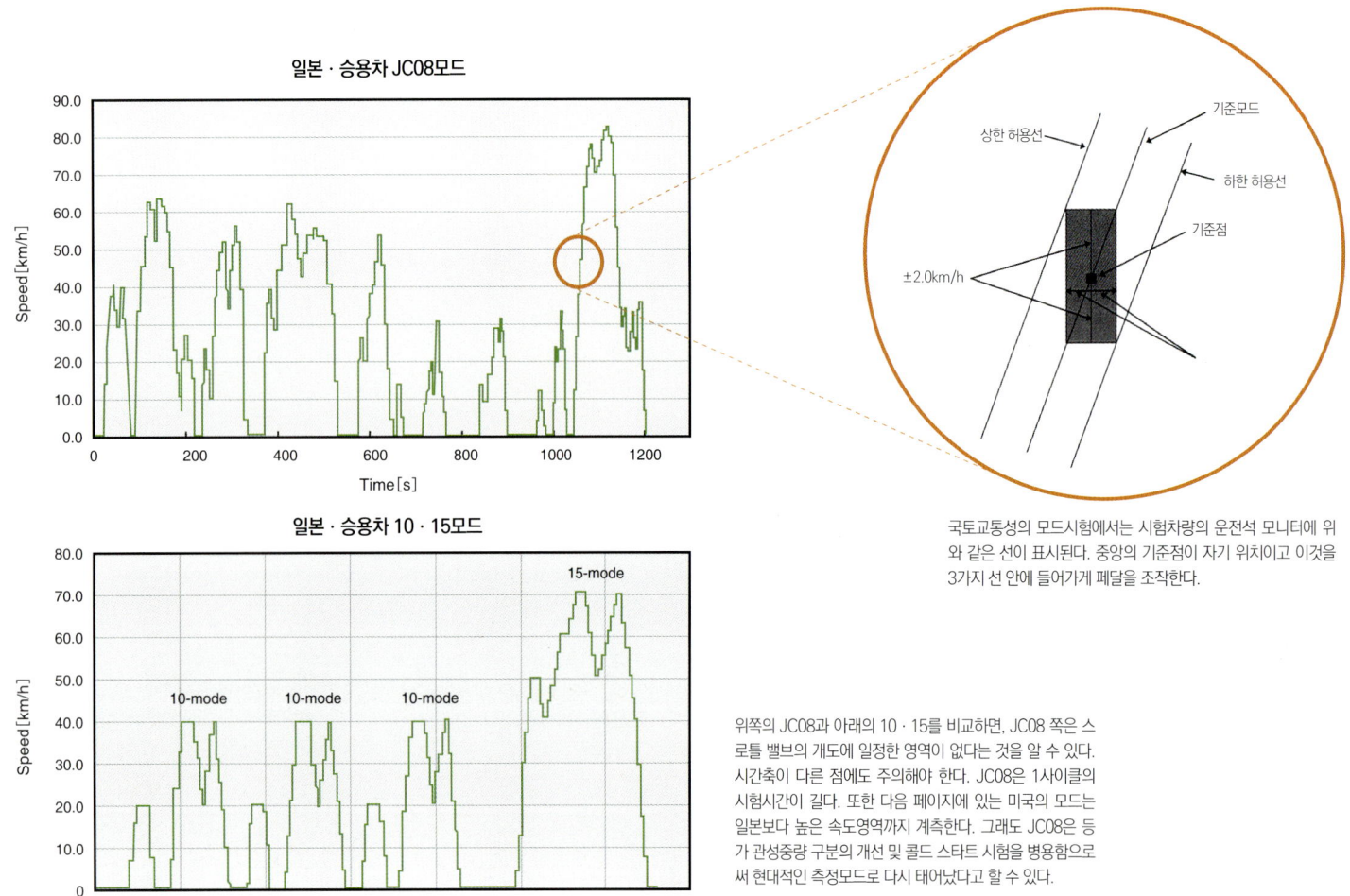

일본·승용차 JC08모드

일본·승용차 10·15모드

국토교통성의 모드시험에서는 시험차량의 운전석 모니터에 위와 같은 선이 표시된다. 중앙의 기준점이 자기 위치이고 이것을 3가지 선 안에 들어가게 페달을 조작한다.

위쪽의 JC08과 아래의 10·15를 비교하면, JC08 쪽은 스로틀 밸브의 개도에 일정한 영역이 없다는 것을 알 수 있다. 시간축이 다른 점에도 주의해야 한다. JC08은 1사이클의 시험시간이 길다. 또한 다음 페이지에 있는 미국의 모드는 일본보다 높은 속도영역까지 계측한다. 그래도 JC08은 등가 관성중량 구분의 개선 및 콜드 스타트 시험을 병용함으로써 현대적인 측정모드로 다시 태어났다고 할 수 있다.

일본에서 판매되고 있는 자동차 제원표에는 「연료소비율」이라는 항목이 있다. 여기에는 10·15모드 또는 JC08모드에서의 연료소비율=연비가 기입되어 있다. 2011년 4월 이후에는 JC08로 단일화되도록 2007년에 결정되었다. 국토교통성과 산업경제성이 10·15모드를 대신할 새로운 연비모드 책정 작업에 들어간 것은 2001년 무렵이었다. JC08모드 개요가 확정된 것은 2003년으로, 최종적으로는 2005년 7월에 채택이 결정되었다.

유럽, 미국, 일본의 모드 시험방법은 제각각 다르지만, 공통점은 「배기가스 내의 유해성분을 측정하는 것이 목적」「시험은 섀시다이너모미터로 이루어져 배기가스가 모두 수집된다」「연비는 배기가스 내의 탄소량에서 카본 밸런스 방법으로 역산된다」, 이 3가지이다. 배기가스 규제의

효과를 담보하기 위해 공통된 운전방법을 정한 것으로, 연비측정은 부수적이다.

일본의 10·15모드는 1973년에 도입된 10모드가 시조. 「1970년대에 토라노몬에서 카스가미세키의 운수성까지 평일 낮시간에 달렸을 때의 주행을 패턴화한 것」으로, 아이들링/시속20km까지 가속/거기서 정속주행/감속/아이들링/시속40km까지 가속/거기서 정속주행/시속20km까지 감속/바로 시속40km까지 가속/바로 감속해서 정지... 이런 10가지 동작을 각각의 동작마다 정해진 시간 안에 하기 때문에 10모드라고 한다. 너무 구태의연한 방식이었던 관계로 1991년에 「도시고속도로를 상정한 최고시속 70km 모드」인 15모드를 추가해 10·15모드가 되었다. 그래도 실제 운전에는 적합하지 않은 측면이 많아

자동차 사용실태를 고려한 모드로써 10·15모드를 재설정하는 형태로 JC08이 탄생했다.

JC08과 10·15모드를 비교해 보면, JC08은 주행 패턴의 상승과 하강이 반영되어 있다. 이것은 랜덤으로 하는 주행이 아니라 10·15모드와 마찬가지로 동작 내용과 한 동작의 시간이 모두 정해져 있다. 10·15모드에는 스로틀 밸브의 개도가 일정한 시간이 있었지만, JC08에는 없다. 즉 「과도 모드」시험인 것이다. 또한 JC08은 시험 1사이클이 1,204초로 길게 설정되어 있는데, 이것을 엔진 워밍업없이 실시하는 콜드 스타트와 워밍업이 끝난 상태에서 실시하는 핫 모드가 있으며, 양쪽을 핫3대 콜드1, 비율로 합산해 시험결과가 나오게 된다.

JC08에서 중요한 점은 한 가지 더 있다. 등가관성 중량

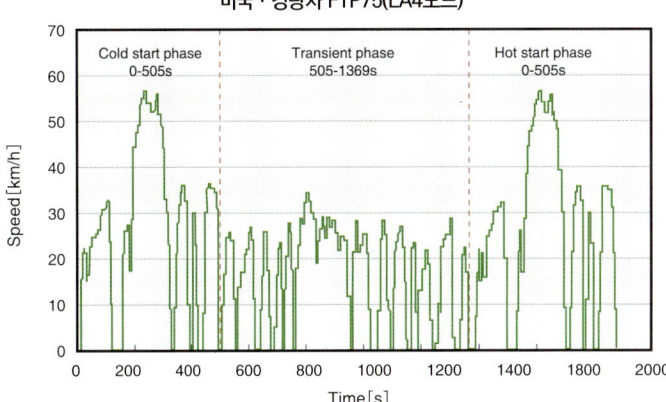

미국 · 경량차 FTP75(LA4모드)

최고속도는 56.7mph(91.2km/h)로 도시고속도로의 현실을 반영하고 있다. 시험 개시후 1400초 도달 직전에 600초의 엔진정지 모드를 넣는 경우도 있다. LA는 로스엔젤레스를 의미하며, 선정 후보 가운데 4번째 모드였던 것에서 이름지어졌다. LA의 다운타운을 아침 통근시간에 달린다는 것을 상정.

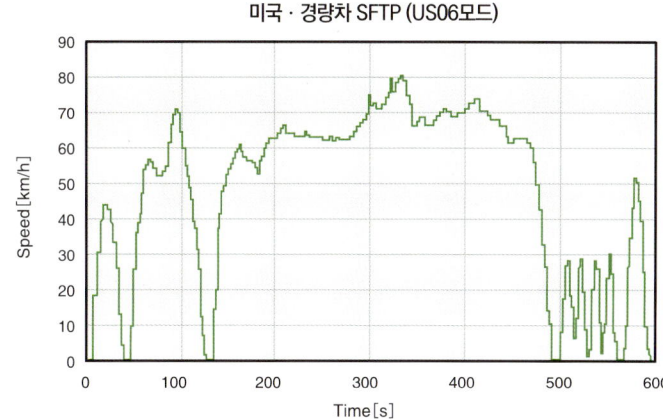

미국 · 경량차 SFTP (US06모드)

LA4는 FTP=Federal Test Procedure(연방시험 방법)이지만, SFTP는 Supplemental(보조)로서, 캘리포니아주에서의 고속 · 고가속시의 테스트에 이용되는데 미국에서 판매되는 모델의 대부분이 이 시험방법에 대응. 최고속도는 80.3mph(129.2km/h)로 전세계 어느 모드보다도 높다.

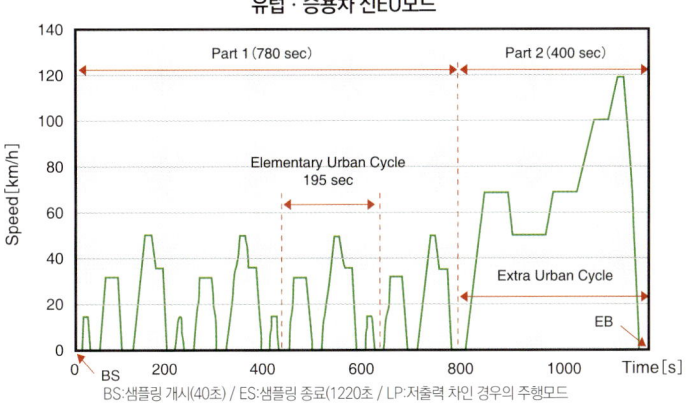

유럽 · 승용차 신EU모드

1991년에 유로1 및 유로2 배기가스 규제가 도입되었을 때에 정해진 EU모드를 2000년 이후의 유로 3/4 도입시에 업데이트 한 것. 일본의 10 · 15 모드를 닮았으며 과도 모드는 아니다. 시가지 사이클을 4회 반복하고 도시간 고속도로 현실을 반영한 최고속도 120km/h의 파트2를 달린다.

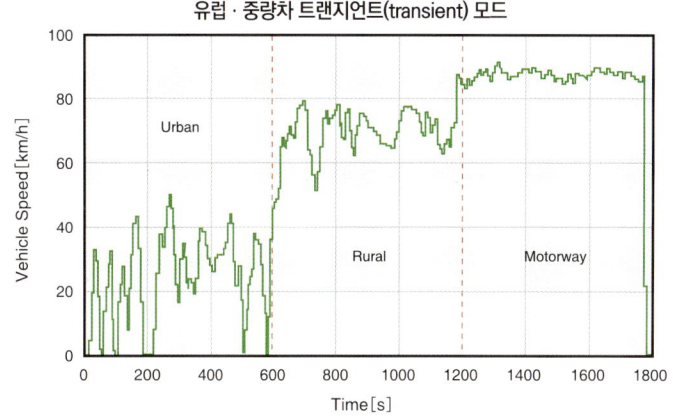

유럽 · 중량차 트랜지언트(transient) 모드

ETC=European Transient Cycle / ESC=European Stationaly Cycle)는 2000년에 채택된 과도모드로서 중량차에 적용된다. Urban(시가지)/Rural(교외)/Motorway(도시간 고속도로) 3가지로 구분되며, 교통실태를 연구해 도입한 현실적인 모드라고 할 수 있다. 장래에는 일본에서도 대형차에 채택될 예정.

구분이 세분화된 것이다. 일본 국토교통성이 자동차 형식지정을 위해 배기가스 시험을 할 때는 자동차 중량을 몇 가지로 구분한 다음, 구분된 자동차는 모두 「같은 중량」으로 간주한다. 그런 전제로 모드시험을 하는 카본밸런스 방법으로 연비를 산출한다. 이 중량구분을 「등가관성중량」이라고 부른다. 10 · 15모드 시대의 일본은 250kg으로, EU는 110kg, 미국은 60kg 단위였다. JC08은 EU와 똑같은 110kg 단위였다. 구분을 세분화함으로써 경량화 노력을 촉진시키려는 목적이 있다.

JC08모드의 요점을 정리하면, 「과도(過渡) 모드화」「콜드 스타트 실시」「등가관성 중량구분의 세분화」의 3가지이다. 10 · 15모드가 안고 있던 문제점을 해소하는 동시에 배기가스 기준의 국제공조라는 측면을 갖고 있다. 일본은 자동차 안전과 환경에 관한 기준을 국제적으로 통일하려는 입장에서 1980년대부터 활동해 왔다. 지금 브레이크나 램프류의 기준을 통일하고 있는데, 장래에는 배기가스에 대해서도 국제기준을 만들려는 목표를 갖고 있다. 다만 현재 상태에서는 유럽, 미국, 일본의 모드에서 측정된 데이터를 나란히 비교할 수는 없다.

실제 모드시험의 진행 방식을 보면, 자동차 메이커 또는 수입원이 시험차를 일본 국토교통성 시설로 보내고 시험관이 아니라 차량을 투입한 쪽에서 운전자를 준비한 뒤 정해진 기준을 밟는 식으로 실시되었다. 섀시다이너모미터에 올려서 시험을 하기 때문에 운전자는 모니터에 나타나는 「코스」에서 자동차가 벗어나지 않도록 가속 페달과 브레이크 페달을 조작한다. 단, 스티어링은 조작하지 않는다. 「코스」는 왼쪽 페이지의 모드 그래프의 일부분을 확대한 것으로, 가속을 하면 우측이 올라가고 감속을 하면 우측이 내려가는 코스가 그려진다. 코스는 모니터 위에 「선」으로 표시되며 양쪽에도 선이 있다. 합계 3선 안쪽에 자차 위치인 점에 머물도록 드라이버는 차속을 제어해야 한다.

이 3선은 시험기준속도 ±2km를 표시하고 있다. JC08모드에서는 이 범위를 일탈해도 허용되는 시간이 합계 2초이며 1회당 일탈허용 시간은 1초이다. 불필요하게 가속 페달을 밟으면 연료가 소비되기 때문에 모드시험의 숙련된 운전자는 「-2km」와 「+2km」를 잘 이용한다. 나아가 사용하는 연료는 JIS의 형질(形質)범위라면 무엇이든 상관없다. 오일은 배기가스에 영향을 주지 않는 성분이지만 모드시험 속도영역에서 저항을 일으키지 않도록 엄선해 사용하는 것 같다. 드러나는 문제를 알고 치르는 시험이기 때문에 대책을 세우기 쉽다.

엔진에서 동력을 받기 위해 저항이 되는 유압 펌프 등은 가능한 작동시키지 않아야 한다. 그래서 전동 파워 스티어링이 유행하고 있으며 CVT도 모드속도영역과 모드내의 가감속에서는 연비를 상승시킨다. 유단 AT보다도 유리하다고 한다. 마찬가지로 회전 저항이 약한 타이어도 도움이 된다. 미국에서도 모드시험에 대한 생각이나 수검대책은 일본과 다르지 않다. 그래도 JC08에서의 측정값과 EU모드 및 LA4모드를 비교하면, 대개 JC08 측정값이 가장 우수한 데이터로 판명된다.

한편, 자동차 회사는 제각각 「사내모드」를 갖고 있다. 개발단계에서는 보다 실주행에 가까운 모드로 제어 세팅이 이루어진다. 흐름이 좋은 시간대에 도시고속도로를 달리는 것을 상정한 모드나, 정체가 심한 상태의 모드 등 회사마다 모드를 연구하고 있다. 그렇다고 해도 어디까지나 「대표 예」에 지나지 않는 점은 법정 모드와 마찬가지이다. 배기가스 측정을 위한 모드는 잠시 제쳐 놓고, 연비 계측에 특화한 엄격한 모드를 설정해 그것을 「국토교통성 참고치」로 공표하는 수단이 있다. 모드시험은 핀포인트(pinpoint) 대책으로 대응해도, 모드가 한 가지 더 있으면 보다 실주행 연비에 가까운 수치를 알 수 있다. 혼란이나 오해를 불러 일으키지 않는 연비계측 모드를 세계 어디보다 앞서서 설정하겠다는 용단을 필자는 기대하고 있다. JC08 모드의 공차 2초는 애초에는 1초였다. 어느 의미에서는 핵심이 흔들린 것이다.

이번에는 「엔진 다운사이징」에 대해 생각해 보겠습니다. 1950년대의 일본에서는 자동차가 상당히 고가였던 이유로 비싸고 대형일수록 신분을 나타낸다고 여겨졌습니다. 그러나 버블경제가 붕괴되고 지구환경문제가 대두되며 자원고갈 문제 등이 점점 부각되자 필요 이상의 대형차는 불필요하게 되었습니다. 「자동차를 신분표현이 아니라 한정된 자원을 최대한으로 활용하는 이동수단으로 삼는다」 이것은 유럽적인 생각으로, 자동차 회사가 성숙해진 증거이기도 합니다. 「다운사이징=배기량이 작은 자동차는 신분하락이 아니다」라는 도식을 세우는 것은 우리들 의식개혁과도 관계되는 중요한 문제입니다.

주역인 엔진은 어느 정도의 일을 하고 있을까요(그림1). 열효율이란 것은 연료를 태운 열에너지 가운데 몇 퍼센트가 크랭크샤프트를 돌리고 얼마가 버려지는지 특정하는 지표입니다. 4행정 가솔린 엔진의 열효율은 대개 30%. 연소시킨 열에너지 중에서 1/3이 출력으로, 나머지 2/3는 밖으로 버려지게 됩니다. 이렇게 효율이 나쁘다는 것을 알고 깜짝 놀라는 분도 있을거라 생각합니다. 그래도 최소한 반 정도는 끄집어내는 것이 선박용 대형 디젤 엔진으로 이것은 2행정 엔진입니다. 40%가 디젤 엔진, 30%가 가솔린 엔진. 그것보다 작은 2행정 가솔린 엔진은 20%가 채 안 됩니다. 이 정도라면 그래도 괜찮은 편이지만 실제는 더 큰일입니다.

지금 이야기한 것은 전부하 영역에서의 효율. 실제로 엔진을 사용하는 영역을 조사하면 대부분이 약 1000~1500rpm으로 최대토크의 20% 정도 영역입니다. 일본의 제한속도인 100km/h라도 대개 2400rpm에서 최대토크의 25% 정도. 실제 엔진은 연비가 나쁜 부분만 사용하는 셈이죠. 가장 좋은 연비영역을 사용하는 것은 언덕길이나 급가속 등 극히 일부에 지나지 않습니다. 그렇게

하타무라 박사의 특별강의

엔진의 다운사이징을 생각한다

왜 필요한가, 무엇이 필요한가 그리고 앞으로 어떻게 될 것인가

「다운사이징」이라는 말을 흔히 접할 수 있다. 이것이 지향하는 바는 「자동차 동력의 효율화」이다.
이것은 어떤 사상을 바탕으로 하고 있으며 어떻게 현실화되고 있는가. 하타무라 박사에게 물어 보았다.

생각하면 대략 열효율은 20% 이하인 셈이죠. 그렇기 때문에 연소한 가솔린의 80%는 열로 버려지는 것이 현실입니다. 자동차는 아무래도 효율이 나쁜 도구라고 할 수 있죠. 이래서 다운사이징이라는 것이 필요해진 겁니다.

그럼 이번에는 디젤과 가솔린의 차이를 생각해 보죠(그림2). 이것은 세로축에 이산화탄소 배출량인 g/kWh-1km당 몇그램이 배출되는지를 유럽 각 차의 공식수치로부터 조사한 것입니다. 가로축은 차량중량을 타나냅니다.

평균을 내려 보면 붉은 파선(破線)이 디젤 엔진, 녹색 파선이 가솔린 엔진의 커브가 됩니다. 이 차이를 보면 가솔린은 디젤에 비해 30%에서 35% 정도 CO_2 배출이 많습니다. CO_2 배출이란 것은 연료 소비량과 마찬가지이기 때문에 연비(km/g. km/ℓ 가 아니라는 점에 주의)와 같다고 생각하면 됩니다. 여기서 조금 전문적인 이야기로 넘어갑니다(그림3). 가로축은 BMEP-1ℓ의 배기량당 토크로 같은 배기량에서의 토크라고 생각하면 됩니다. 세로축은 연료소비율로 이것은 조금 전의 g/kWh입니다. 물론 수치가 적은 쪽이 좋으며 실선 무리의 가솔린 엔진에 비해 파선 무리의 디젤 엔진이 아래쪽에 있는 것을 알 수 있죠. 계산해 보면 대략 15%의 차이가 있습니다. 디젤 엔진은 희박한 공기를 연소한다거나 압축비가 높기 때문에 연비가 좋다고 하는 것은 이 15% 때문입니다. 그런데 실제로 디젤 엔진과 가솔린 엔진에는 30% 이상의 연비 차이가 있기 때문에 15%라는 수치는 좀 이상하다고 생각됩니다. 나머

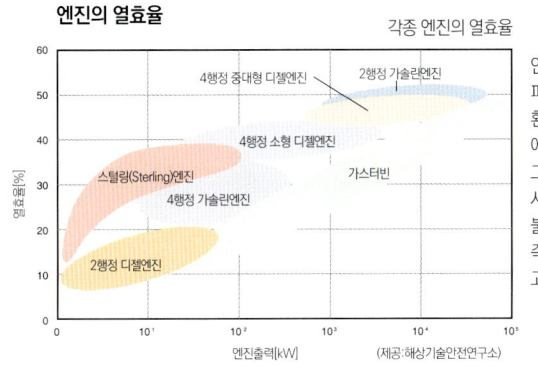

엔진의 열효율

각종 엔진의 열효율

연료를 연소시키면 몇 퍼센트가 출력으로 변환될까. 각종 내연기관에 대해 조사한 것이 이 그림이다. 자동차에서 사용되는 4행정 엔진은 불과 20~30% 정도로, 즉 70~80%는 버려지고 있는 것이다.

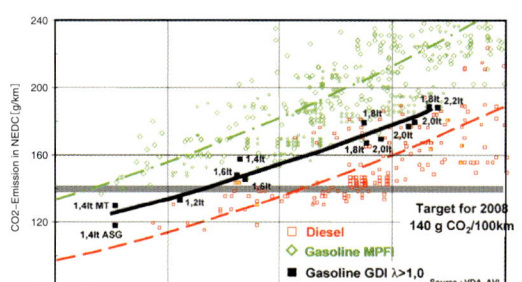

그림2 : 디젤과 가솔린의 실차 주행 연비

디젤과 가솔린에 대해 유럽차 140차종의 CO_2 배출량과 차종 관계를 조사한 것이다. 녹색점(가솔린) 분포에 비해 적색점(디젤) 분포가 아래쪽에 있는 것이 눈에 띈다. CO_2 배출량에 중점을 두는 유럽의 트렌드가 파악된다.

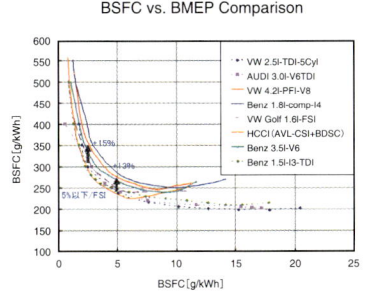
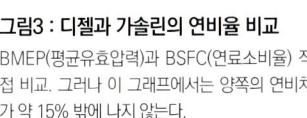

그림3 : 디젤과 가솔린의 연비율 비교
BMEP(평균유효압력)과 BSFC(연료소비율) 직접 비교. 그러나 이 그래프에서는 양쪽의 연비차가 약 15% 밖에 나지 않는다.

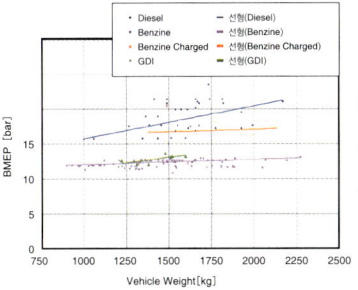

그림4 : 디젤과 가솔린의 최대BMEP비교
BMEP와 차종으로 비교하면, 디젤에 압도적으로 토크가 명확하다. 그러나 실차에서는 어떨까?

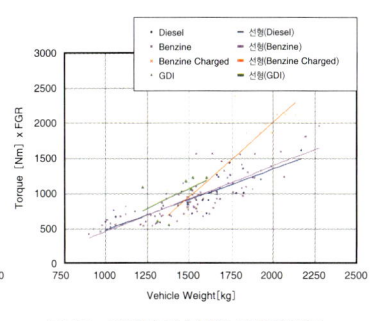

그림5 : 디젤과 가솔린의 구동력 비교
그래서 기어비를 반영하면 엔진 자체만 비교하는 것과 달리 차량으로 비교하는 것이 가능하다.

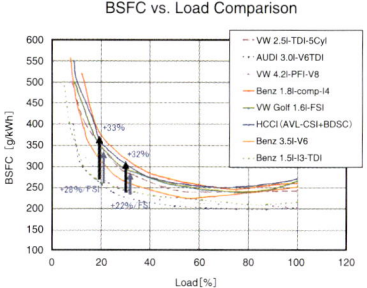

그림6 : 디젤과 가솔린의 실차연비 차이의 고찰
이것들을 감안해 최대 토크치에서 보정하면 양쪽의 연비차가 30%가 되며 실제와 일치한다.

지 15%는 어디로 간 것일까요.

그림4는 세로축에 BMEP, 가로축에 차 중량을 두고, 같은 2000cc에서 어느 만큼의 토크를 낼 수 있는지를 나타낸 그래프입니다. 유럽 차(도요타, 메르세데스, BMW 등 140기종)를 대상으로 조사했습니다. BMEP가 10까지 올라가는 가솔린 엔진(핑크)에 비해 디젤 엔진(블루)은 대략 1.5배, 개중에는 2배에 가까운 토크를 내는 것도 있습니다. 다시 말하면 같은 배기량인 경우 가솔린 엔진보다도 1.5배에서 2배의 회전력을 내는 것이 디젤 엔진입니다. 하지만 그렇다면 디젤 엔진 쪽이 잘 달려야 할 겁니다.

마찬가지로 토크에 기어비를 연결시킨 것이 그림5에 나타나 있으며 이것은 구동력입니다. 그러면 디젤과 가솔린은 거의 같아집니다. 가속 페달을 밟았을 때 똑같은 가속감이 나온다는 것이죠. 한편, 과급한 가솔린은 오렌지 라인으로 제멋대로 달린 것을 알 수 있습니다. 즉 디젤과 가솔린 가운데 디젤이 토크는 크지만, 기어비가 작고 통상 사용하는 회전속도 범위가 디젤이 낮기 때문에 구동력은 같아지게 되는 것입니다.

그럼, 구동력은 같다고 치고, 좀 전의 그림4의 가로축에서 토크가 가장 잘 나오는 값을 100%로 하여 옮겨 봅시다(그림6). 가솔린은 디젤의 2/3 정도 밖에 토크가 나오지 않았기 때문에 전체적으로 왼쪽으로 1.5배 정도 옮겨 있습니다. 그러면 이것이 실차로 달렸을 때의 연비차가 되는 셈이죠. 즉 연비차로 30% 정도 부근에서 달리다가 과감히 가속 페달을 밟았을 때 디젤이나 가솔린 모두 똑같은 가속력이 나오게 됩니다. 그런 설정이 되어 있는 것이죠. 그 때문에 30%의 연비차가 나게 된다는 것으로, 이것이

다운사이징 효과입니다. 같은 속도라도 가솔린이 회전속도가 높기 때문에 공기를 많이 흡입하고 많이 배출하는 겁니다. 많은 일을 하고 있는 것이죠. 그것이 연비 차이의 원인 가운데 하나이며, 흡/배기 저항이 많이 발생되기 때문에 가솔린은 연소 차이 이상으로 연비가 나쁘다는 것을 이걸로 알 수 있습니다.

하타무라
동양공업(현·마츠다)에서 엔진 개발에 종사
하타무라 엔진 연구 사무소

그래서 이번에 「자동차의 배기량」이란 것을 정의했습니다. 엔진 배기량에 상용 변속기 단수 변속비, 최종감속비를 얹고 4행정 엔진인 이유로 1/2 값으로 합니다. 예를 들어 닛산 엑스트레일을 계산해 보면, 엑스트레일 디젤의 배기량은 1995cc로 5단 감속비가 0.723, 최종감속비가 4.266

으로, 계산하면 3.1ℓ. 차가 1회전하는 동안에 3.1ℓ의 공기를 흡입하였다가 배출하는 것이죠. 그에 반해 가솔린은 4.1ℓ가 되는데, 「자동차의 배기량」으로 치면 이 차이가 연비로 나타나게 되는 겁니다. 여러 가지 차량에 대입하여 계산해 보면 차량의 특성을 알게 되어 재미가 있습니다.

그럼 실제 다운사이징과 그효과에 관한 얘기를 해보죠. 엔진은 기계저항의 꼭두각시입니다. 차는 엔진을 끌고 달리는 것이 현실입니다. 3ℓ급의 차에서 공전, 40km/h의 완만한 가속, 60km/h의 일정속도 주행, 100km/h의 일정속도 주행에서, 연소가스가 피스톤을 누르는 일이 어디에 사용되는지를 조사해 보았습니다. 그 결과 40km/h의 완만한 가속에서는 24%, 정상주행인 60km/h에서는 42%, 100km/h에서는 35%, 아이들링에서는 실로 58%(AT를 합치면 100%)가 엔진의 기계저항에 의해 사라지고 있는 것입니다. 그 내역을 더 조사하면 통상적으로 달리고 있을 때의 낮은 rpm에서는 밸브 시스템에서 손실 비율이 높습니다. 30% 정도를 점하고 있는 것이죠. 그래서 여기에 롤러 팔로워나 저항을 절감시키는 새로운 기술을 최근에 투입하고 있습니다. 닛산은 DLC라고 해서 마찰을 줄이는 소재를 사용해 섭동된 상태에서 개선에 힘쓰고 있지만, 언제까지 계속될지는 모르겠습니다. 세계적인 조류는 회전이죠. 롤러 베어링 등을 사용해서 손실을 줄이려 하고 있습니다. 거기에다 펌핑, 피스톤의 섭동, 고속회전에 동반되는 크랭크의 불균형 등, 이러한 저항을 안고 엔진은 열심히 움직이는 겁니다. 이것들을 해결하는 방법은 여러 가지 있지만, 가장 빠른 길은 배기량을 작게 하는 것입니다. 다운사이징 개념과 연결되는 것이죠.

▶ "자동차의 배기량"에 대한 사고

자동차의 배기량=엔진 배기량×상용기어 감속비×최종감속비×1/2

도요타 카롤라
1.5×0.885×4.312×1/2≒2.9

폭스바겐 골프VI
1.4×0.951×3.227×1/2≒2.1

혼다 라이프
0.66×1.097×4.882×1/2≒1.8

도요타 프리우스II
1.5×2.63×1/2≒2.0

다운사이징으로 어느 정도 연비가 좋아질지 조사한 결과가 그림7입니다. 가로축이 다운사이징 비율로, 33%라면 2/3의 크기로, 50%라면 절반 정도가 좋아집니다. 그래서 원래 사이즈에 대해 직접분사와 터보로 2/3 다운사이징을 하게 되면 연비가 15% 좋아집니다. 마찬가지로 1/2이면 연비가 25% 좋아지는 것이죠. 실제로는 1/2로 하면 30%, 2/3로 하면 연비가 15% 좋아진다고 생각하면 될 것 같습니다.

그러나 다운사이징도 만능은 아닙니다. 당연히 과제도 있는데 그중 하나가 가속 구동력의 확보입니다. 다운사이징과 주행연비율 관계로 생각해 봅시다. 그림8은 15kW의 출력으로 100km/h일 때의 정상주행 연비율을 나타낸 것입니다. 가로축이 엔진회전속도이고 세로축이 토크로서, 1000cc의 과급 다운사이징 엔진, 1600cc의 무과급 엔진, 그리고 같은 출력의 1000cc 고속회전 엔진을 고찰

하고 있습니다. 가속 페달을 밟아 순식간에 60kW를 내기 위해서는 녹색의 화살표가 나타내듯이 엔진 각각의 최대 토크 커브와 60kW 커브의 교차점을 향하게 되지만, 무과급엔진 2대의 화살표가 거의 수직으로 이동하는데 비해, 1000cc 과급엔진의 화살표는 우측으로 조금 치우쳐 있는 부분, 즉 회전속도가 상승하고 나서 가속이 시작되는 것에 주목해 주십시오.

다만 15kW에서의 연비율을 따져 보면 무과급1600cc 엔진은 275g의 연료를 소비하지만, 고속회전 1000cc 엔진은 280g을 소비함으로써, 고속회전/소 배기량 엔진이라고 해서 실제로 연비가 좋아지지는 않는다는 것이죠. 감각적으로도 그럴거라 생각하지만, 스포츠카처럼 심하게 달리면 연비는 나빠집니다. 그에 비해 저속을 중시한 다운사이징 과급 엔진은 245g으로 달릴 수 있습니다. 가속성능 문제가 있긴 하지만, 연비로 생각하면 이쪽이 이득이라

는 것을 알 수 있죠.

이제는 실제로 다운사이징하는 방법에 관해 알아보겠습니다. 터보차저, 슈퍼차저 그리고 CVT 같은 것들도 다운사이징 수단이라 할 수 있습니다. 이것들은 응답성이 까다로운데, 예를 들면 정상주행을 하다 가속 페달을 밟는 경우, 종전의 무과급 엔진이라면 바로 구동력이 나와 가속이 시작되죠. 슈퍼차저도 조금 늦긴 하지만 바로 나옵니다. 하지만 터보차저는 터빈 회전속도가 올라갈 때까지 주저주저하면서 겨우 가속이 시작되는데, 이것을 터보 래그라고 합니다. 그리고 CVT도 엔진의 회전속도가 올라갈 때까지 구동력이 나오지 않기 때문에, 서서히 엔진의 회전속도가 상승하면서 구동력이 올라갑니다.

이것은 CVT 래그라고 해서 일반적인 말은 아닙니다만, 내가 이름지었습니다. 이런 특성을 가미해 그림8과 합친 것이 그림9입니다. 15kW@245g/kWh로 달리다가

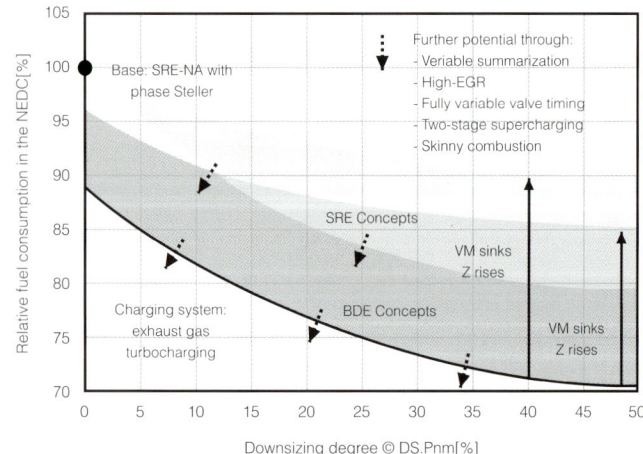

그림7 : 가솔린 엔진의 다운사이징과 연비저감 효과
독일의 하노버대학에서 다운사이징에 따른 연비절감 효과를 조사한 그래프. 무과급(100%에서의 흐린 회색띠) 및 과급시스템(짙은 회색띠)에서의 검토. 2/3 사이즈에서 연비가 15%, 1/2사이즈 +GDI연소로 연비를 25% 저감할 수 있으며, 심지어 저감을 바랄 수 있는 대안을 제시하고 있다.

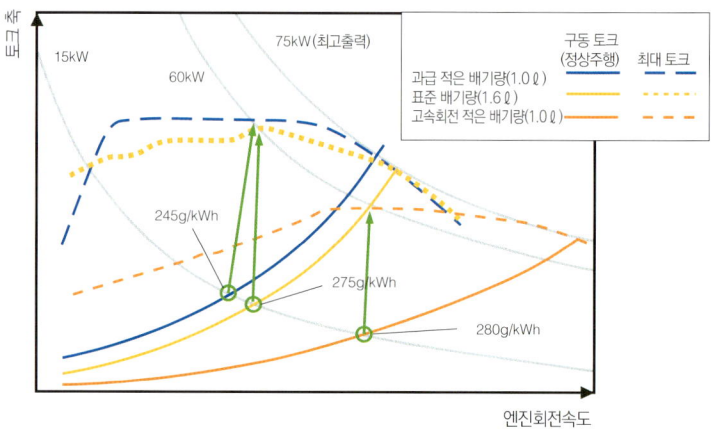

과급의 유무와 배기량 차이가 연비율에 미치는 영향

그림8 : 다운사이징과 주행 연비율의 관계
다운사이징 1000cc, 무과급1600cc 및 고속회전형 1000cc 등 3가지의 연비율과 가속성능을 검토 비교한 그래프. 100km/h를 15kW 출력으로 정상 주행하고 있을 때 다운사이징 1000cc는 245g/kWh로 성적이 좋지만, 60kW로 가속하면 약간의 시간지연이 발생한다.

▶ 다운사이징 실현 방법

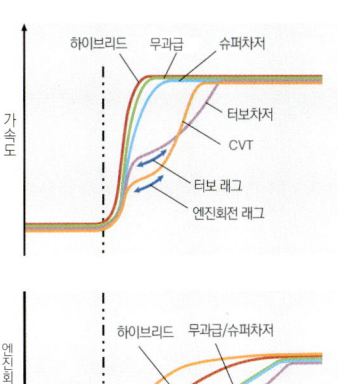

터보차저

슈퍼차저

CVT

엔진을 다운사이징할 때 줄어든 성능을 보충하는 장치 3가지. 배기압력으로 터빈을 돌려 공기를 공급하는 터보차저, 엔진 출력축에서 압축기를 구동하는 슈퍼차저, 구동력을 필요로 할 때 고속회전으로 전환시키는 CVT도 다운사이징 수단 가운데 하나로 들 수 있다.

▶ 다운사이징 방법과 응답성

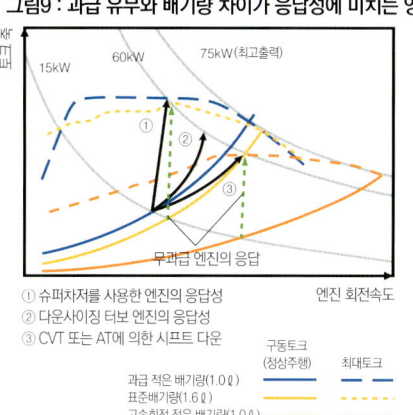

그림9 : 과급 유무와 배기량 차이가 응답성에 미치는 영향

① 슈퍼차저를 사용한 엔진의 응답성
② 다운사이징 터보 엔진의 응답성
③ CVT 또는 AT에 의한 시프트 다운

	구동토크 (정상주행)	최대토크
과급 적은 배기량(1.0ℓ)		
표준배기량(1.6ℓ)		
고속회전 적은 배기량(1.0ℓ)		

3가지 장치에는 제각의 장점과 단점이 있다. 운전자에게 가장 신경쓰이는 것은 응답성. 그래프에서 알 수 있듯이 슈퍼차저의 응답성에 비해 터보차저와 CVT는 시간 지연이 크다. ①~③은 응답성 순서를 표시한 것이 아니지만, 특징은 파악된다고 생각한다.

60kW까지 가속했을 때, 슈퍼차저였다면 ①의 궤적처럼 순식간에 가속할 수 있습니다. 터보차저는 지연이 있기 때문에, ②처럼 조금 늦게 겨우 가속이 되죠. CVT도 지연이 있기 때문에 ③처럼 엔진 회전속도가 올라가야 비로소 가속할 수 있게 됩니다. 경우에 따라 다를 수도 있지만 CVT와 터보 중 어느 쪽이 지연이 적을까요.

터보차저의 응답성을 향상시키는 수단에 대해 알아봅시다. 우선 기본적으로 소형 터보를 사용하여 용적이 적은 흡배기를 사용하는 것이 기본이죠. 그러나 그렇게 되면 출력이 안 나오기 때문에, 4000rpm 이상은 같은 출력으로 토크를 저하시키게 되는 것도 소형을 사용한 결과라 할 수 있겠죠. 다음은 트윈 스크롤 터보로, 터빈을 두 개로 나누고 배기관 두 개를 통해 터보로 가게 하면 배기밸브가 간섭하는 일 없이 전달되어 저속토크가 올라갑니다. 이방식은 최근에 상당히 늘어나고 있습니다. 가격이

저렴하고 더구나 응답성도 뒤지지 않기 때문인데, 이것은 상당히 효과가 있습니다. 또 하나가 VG(가변용량) 터보라고 해서 터빈으로 들어가는 부분에 가변식 날개를 붙여, 넓게 열리면 많이 들어가 고속회전하고 좁게 열리면 저속토크를 내게 되는 구조입니다. 최근 디젤은 거의 이렇게 되어 있습니다.

더 고차원적인 것이 트윈 터보로, 직렬6기통에서 3기통식으로 나눠 작은 터보를 사용하게 됩니다. 조금 전의 트윈 스크롤 터보는 유입통로를 둘로 나눴지만, 별도로 해주면 터보차저가 작기 때문에 간단히 가속을 할 수 있어서 응답성도 좋아집니다. 더 나아가면 작은 터보와 큰 터보를 두 개 붙여서 응답성이 필요한 때는 작은 터보를 돌리고, 고속회전 출력이 필요한 때는 큰 터보를 돌리는 식으로 유로를 전환하는 겁니다. 이것은 상당히 복잡해집니다. 당연히 비싸지만, 디젤 엔진용으로 몇 가지가 나와 있습니다.

여기까지가 공기를 어떻게 빨리 강제로 공급하느냐 하는 것이고, 강제공급이 된 다음에는 가솔린 엔진은 노킹을 일으키게 되므로 노킹을 방지하지 않으면 안 됩니다. 방지 수단으로 트윈 쿨러가 있습니다. 공기는 압축기로 압축하면 120~130℃가 됩니다. 뜨거운 온도 그대로 흡입하면 불꽃점화에서 화염이 전파되고 있을 때 연소실 구석에서 제멋대로 자연발화가 일어나게 됩니다. 이것이 노킹입니다. 그것을 방지하기 위해 뜨거워진 공기를 냉각시키는 것이 인터쿨러입니다. 인터쿨러 속으로 뜨거운 공기를 통과시키고 바깥쪽 주행풍으로 냉각시키는 겁니다.

인터쿨러로 냉각시킨다. 하더라도 외부온도가 20℃라면 아무리 식혀도 20℃. 현실적으로는 40℃ 정도까지도 올라갑니다. 이때 더 냉각시키고 싶은 경우에는 밀러 사이클이 등장합니다. 흡기행정을 넘어 압축하는 도중까지 밸

▶ 터보의 응답성 향상 방법-①

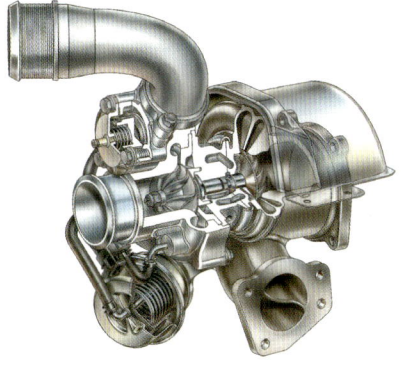

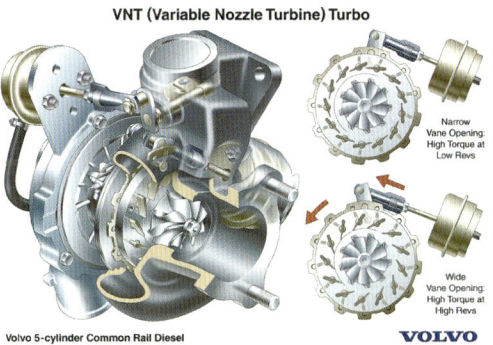

VNT (Variable Nozzle Turbine) Turbo

Narrow Vane Opening: High Torque at Low Revs

Wide Vane Opening: High Torque at High Revs

Volvo 5-cylinder Common Rail Diesel

VOLVO
Volvo Car Corporation

소형 터보 + 콤팩트 흡배기 시스템

응답성을 개선하기 위해서는 어떻게 해야 할까. 터보차저를 소형화해 관성 모멘트를 줄이고, 응답성이 뛰어나게 하면 된다. 이것이 폭스바겐 TSI의 터보차저 시스템. 흡배기 시스템을 포함한 콤팩트한 설계가 특징.

트윈스크롤 터보

배기 통로를 2개로 나눈 구조의 트윈 스크롤 터보. 크랭크 위상을 이용해 배기행정이 서로 간섭하지 않도록 각각의 통로를 통해 배기를 터빈으로 유도함으로써 저속 토크가 향상되고 터보 래그(lag)를 개선할 수 있다. 그림은 GM의 터보차저.

가변용량 터보

터빈으로 배기를 유도하는 베인(날개)의 각도를 바꿈으로써 급각도=고속회전, 저각도=저속토크로 구분할 수 있게 되었다. 디젤에서는 거의가, 가솔린은 고온에 대응해야 하기 때문에 포르쉐 차종 정도에서만 사용하고 있다. 그림은 볼보의 터보차저.

▶ 터보의 응답성 향상 수단-②

트윈터보

트윈 스크롤보다 고도의 과급시스템으로. 통로가 2개인 경우, 터보차저도 2개로 하여 효과가 더 높아지는 것이 트윈터보. 그림은 BMW의 N54 디젤 엔진. 3기통마다 하나씩 소형 터보차저를 장착하고 있다.

2스테이지 트윈터보

좀 더 복잡한 방식. 크기가 다른 용량의 터보차저를 직렬로 배치해 공기 흐름이 적을 때 는 소형만 작동시킴으로써 터보 래그를 없애고, 흐름이 많을 때는 2개를 다 작동시켜 고 속회전까지 대응하는 시스템. 그림은 BMW 123d에 탑재된 엔진.

브를 열어둠으로써 실질적인 압축행정을 줄여주면 압축비가 낮아집니다. 팽창행정은 완전한 행정으로 이루어지기 때문에 연비는 악화되지 않는 구조입니다.

피스톤은 불필요한 작동을 하지만, 실제 압축비와 팽창비가 바뀌죠. 그렇게 되면 노킹이 일어나지 않고 연비가 좋아집니다. 또 하나는 밀러 사이클 작동시 흡입하는 도중에 밸브를 빨리 닫아버리는 방법도 있습니다. 흡기밸브를 닫으면 흡기가 팽창하기 때문에 온도가 저하됩니다. 그에 따라 압축행정 온도가 낮아지게 되어 노킹이 일어나지 않게 되는 것입니다. 극단적으로 말하면 외기보다도 낮은, 영하 10℃의 공기를 압축한 것과 같은 효과. 「쿨러가 달린 엔진」이 밀러 사이클의 과급엔진입니다.

노킹 대책 다음은 직접분사 이야기입니다. 직접분사라고 하면 미쓰비시의 GDI가 생각납니다. 린번(lean burn) 직접분사, 성층연소, 희박한 공기로 연소시키기 때문에 상당히 연비가 좋다고 하지만, 미쓰비시는 이제 지켜보는 것 같습니다. 여러 가지 문제도 있었고 사연도 많았지요.

결국엔 NOx 규제가 심해져 대응이 불가능해졌기 때문에 린번 직접분사는 없어지고 이론혼합비 직접분사가 되었습니다. 왜 그런가 하면, 대개 가솔린 1에 대해 공기 14.5 정도의 중량비인 경우라면 가솔린이 전부 연소되면 산소가 없어지기 때문입니다. 가솔린은 토크를 내기 위해 일정량을 유지하므로 공기를 많이 넣으면 희박혼합기 되고, 공기를 적게 넣으면 농후혼합기가 되죠.

희박혼합기일 경우는 가솔린이 전부 타버려도 산소가 남게 되고, 농후혼합기일 경우는 다 연소되지 않기 때문에 산소가 없어져 불완전연소 가스가 나오게 되는 상황이 발생하는데, 이때 배기가스 성분을 분석하면 HC와 미연가스가 나옵니다. 일산화탄소는 좀 더 타게 되면 이산화탄소가 되어 인체에 무해하게 되지만 원래는 상당한 유해가스입니다. 이것은 희박혼합기가 되어 산소가 늘어나면 줄어듭니다. 그래서 문제는 이산화질소, 즉 NOx인거죠. 희박한 상태일 때 산소가 많은데 이때 온도가 높아지면 많이 발생하는 것이 NOx의 특징입니다. 희박한 상태

에서는 촉매에서 NOx를 정화하는 것이 큰일이기 때문에 큰 문제죠.

그럼 왜 이론혼합비 직접분사일까. 우선 연료분사에는 두 가지 방법이 있는데 첫 번째가 포트 분사입니다. 이것은 흡기포트에 인젝터가 있어서 밸브 가까이 연료를 분사하는 방법입니다. 그에 반해 실린더 안에 직접 분사하는 것이 실린더 내 분사입니다. 포트분사는 흡기 밸브가 열리기 전에 포트 내에 연료를 분사합니다. 때문에 연료가 기화해도 포트 벽이나 밸브 뒤쪽에 차가워질 뿐으로 혼합기 온도는 그다지 떨어지지 않게 되죠. 그리고 피스톤이 내려가 밸브가 열리면 혼합기로서 빨려들어가게 되는데, 혼합기 중에서 연료의 용적이 전체 혼합기 용적의 2%정도를 차지합니다. 즉 공기는 98%만 흡입하는 셈이 되죠.

실린더 내 분사의 경우는 공기를 더 흡입하기 위해 밸브를 닫고 나서 실린더 내에 연료를 분사. 그렇게 하면 공기가 2% 더 들어가게 되므로 출력이 2% 더 나오게 되는 겁니다. 이에 비해 흡기밸브를 열고 있을 때 분사하는 것이

▶ 노킹 방지책 : 인터쿨러

아우디 4.2ℓ-FSI

세로로 배치한 엔진의 좌우 끝에 설치된 아우디 4.2ℓ-FSI 엔진의 인터쿨러. V8에만 각 뱅크마다 터보차저를 장착하고 인터쿨러에서 흡기 시스템까지도 좌우 뱅크가 독립된 구조를 하고 있다.

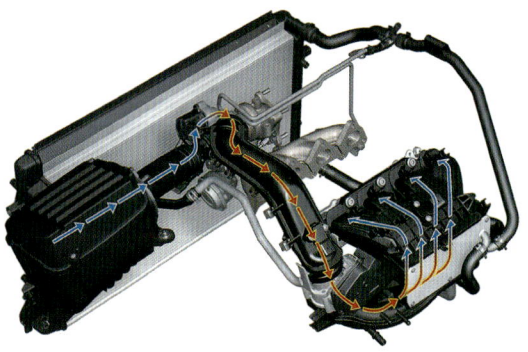

폭스바겐 1.4ℓ-TSI

폭스바겐 TSI 싱글차저의 수냉식 인터쿨러. 흡기 매니폴드와 일체화시킴으로써 냉각된 공기의 통로를 극단적으로 짧게 해 리스폰스를 향상시킨 것이 특징. 냉각수는 라디에이터에서 들어오고 있다.

아우디 1.8ℓ-TFSI

아우디 1.8ℓ-TFSI엔진. 거대한 인터쿨러는 라디에이터보다 앞에 배치된다. 또한 상당히 짧은 흡기관도 특징. 2009년 말 일본 유일의 직접분사 터보를 가졌던 마쓰다는 어떤 이유에서인지 인터쿨러를 엔진 위에 배치해 놓았다.

노킹 방지책:밀러 사이클 엔진

유노스800의 2.3ℓ 밀러 사이클 과급엔진. V뱅크 안에 리숄므식 슈퍼차저(기계식 슈퍼차저의 일종)를 장착하고 있다. 밀러 사이클에는 압축행정 일부를 과급기에 담당시키는 구조로 인터쿨러에서 냉각한 공기를 충전할 수 있는 것이 특징.

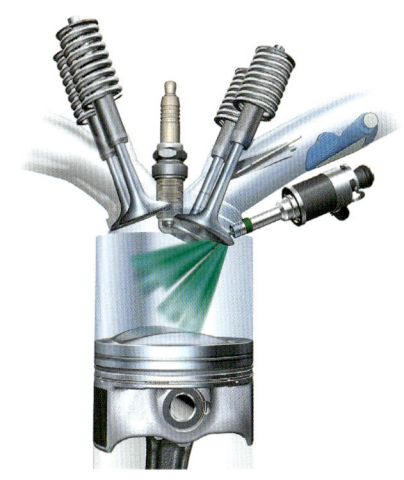

노킹 개선 : 실린더 내 직접분사

흡기포트 안에서만 냉각이 완료되는 포트분사에 비해 실린더 내 직접분사는 특히 흡기행정 후반에 연료를 분사함으로써 혼합기 온도를 현격히 낮추는 것이 가능하다. 그 결과 노킹 방지에 기여한다.

이론혼합비 직접분사의 특징입니다. 이렇듯 공기를 흡입하면서 분사하면 공기 중에 가솔린이 증가함으로써 혼합기 온도가 열26℃ 내려갑니다. 26℃라면 온도(절대온도)가 8% 정도 내려가는 것이죠. 온도가 8% 내려가면 기체 체적이 8% 작아지기 때문에 공기를 8% 더 흡입할 수 있죠. 그러면 출력이 8% 더 나오게 되고요. 그것 뿐만 아니라 26℃나 내려가면 외기보다 온도가 더 낮아져 노킹에 상당히 유리해지기 때문에 이방법이 최근 사용되고 있는 이유입니다.

그럼 실린더 내 직접분사와 과급을 봅시다. 이것은 상당히 좋은 조합입니다. 밀러 사이클을 사용하지 않아도 차가워지기 때문에 노킹이 일어나지 않으며 높은 압축비 그대로 과급할 수 있다는 장점으로 인해 점점 늘어나는 추세입니다. 폭스바겐의 1.4ℓ-TSI의 트윈차저는 BMEP22/압축비10에서도 노킹 문제를 피할 수 있습니다. 이 정도면 BMEP22를 내도 응답성에 문제가 없습니다. 싱글차저는 BMEP18.1/압축비10이었지만, 응답성 문제로 대개 억제했었죠. 그러나

출력을 올리려고 생각하면 과급으로 얼마든지 올릴 수 있죠. 이것이 가장 뛰어난 점으로 여겨지고 있습니다.

장래의 엔진은 어떨까요. 결국 메르세데스가 BMEP30 디젤 엔진을 출시하게 되었습니다. 이것은 정말 대단한 일입니다. 한편 응답성 문제도 있어서 2스테이지 터보의 큰 것과 작은 것을 사용하고 있습니다. 출력만 떨어뜨린 것, 싱글 터보로 한 것, 토크를 떨어뜨린 것 등 다양한 형태로 여러 차에 장착하고 있습니다. 과급을 전제로 생각하면, 한 가지 엔진으로 여러 단계의 출력을 낼 수가 있는 것이죠. 가격적으로 상당한 이점이 있습니다.

다음으로 폭스바겐이 3기통 1.2ℓ TDI 엔진을 출시했습니다. 엔진을 3기통으로 하는 것은 장점이 아주 많은데, 밸브가 열리고 닫히기까지는 크랭크 각도로 240도입니다. 그렇게 되면 1사이클이 720도이므로, 그것을 3으로 나누면 240도가 되죠. 1회마다 정확히 완결되어 간섭을 하지 않게 되는 것이죠. 이런 이유로 터보를 붙여도 응답성이 상당히 좋습니다. 문제는 진동인데, 일차 밸런서를

장착하면 4기통과 거의 같아집니다. 이 때문에 3기통이 증가하고 있다고 생각합니다.

다음으로는 HCCI. 이것이 최신형이며 저의 최대 테마입니다. 디젤 엔진은 공기만 흡입하여 압축해 고온으로 만들고 거기에 연료를 분사하여 공기 열로 불꽃을 붙이게 되죠. 가솔린 엔진은 공기와 가솔린을 함께 흡입하여 압축상사점에 전기불꽃으로 불을 붙이게 되고요. HCCI는 그러한 가운데 공기와 가솔린을 혼합한 상태에서 흡입하여 압축한 온도로 불을 붙이는 것입니다. 다만 온도가 상당히 높지 않으면 불이 붙지 않기 때문에 뜨거운 배기가스를 한 번 더 빨아들여 온도를 높여서 불을 붙입니다. 그렇게 되면 연료가 진하지 않아도 불이 붙기 때문에 스로틀도 필요없게 되죠. 디젤 연비로 배기가스는 NOx가 거의 나오지 않기 때문에 가솔린과 맞먹을 정도로 이상적인 연소가 되는 것입니다.

이런 여러 이유로 앞서 다운사이징에 대한 이야기를 나눠봤습니다. 다운사이징이 왜 필요한가, 어떻게 다운사이징하고 있는가, 앞으로도 흥미를 갖고 봐 주시기 바랍니다.

▶ **「실린더 내 직접분사 + 과급」엔진**

저속회전 영역에서는 슈퍼차저로 과급해 터보 래그를 줄이고, 중고속회전 영역에서는 클러치를 끊어 슈퍼차저 작동을 정지시켜 부하를 저감하면서 터보차저에 의한 과급으로 전환. 심지어는 DSG(트윈클러치 트랜스미션)로 엔진의 최대효율을 더욱 추구한다. 폭스바겐의 TSI 트윈차저는 매우 빈틈이 없는 시스템으로서, 2009년 말 시점에서 최상의 솔루션이라고 할 수 있는 다운사이징 엔진 가운데 하나였다.

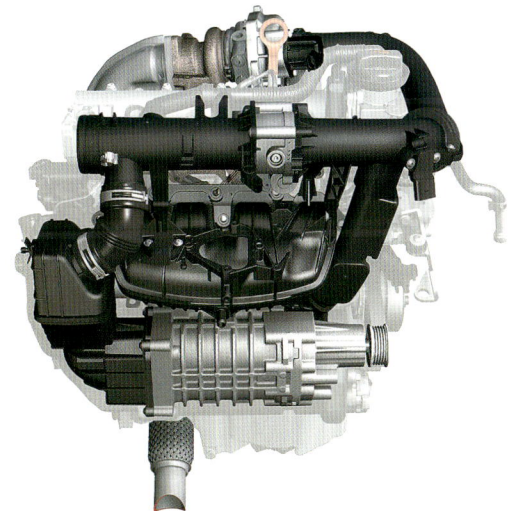

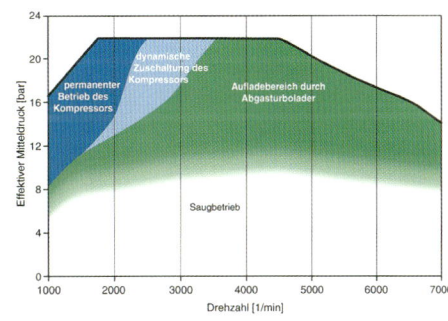

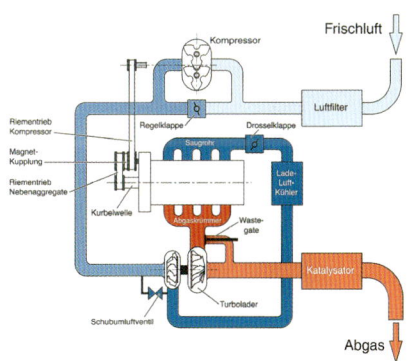

MFi Engine Project

Designed by Dr. Koichi HATAMURA

차세대 시판차에 소형 엔진 장착을 기대

기통수가 적고 배기향이 작은 엔진이야말로 요즘 가장 중요한 범주가 아닐까.
그런 생각을 한 본지 편집부는 하타무라엔진연구사무소 대표인 하타무라 코이치 박사에게 기본 개념 입안을 의뢰했다.
의뢰를 받은 하타무라 박사가 제안해 온 것은 3기통 1.2ℓ 및 2기통 1ℓ 였다.

엔진디자인 : 히타무라 코이치 박사 · 글 : 마키노 시게오 · 일러스트 : 쿠마가이 토시나오 · 사진 : MFi

작은 배기량 가솔린 엔진의 개념

- 어쨌든 고효율을 노린다
- 장래의 발전성을 고려해 장기간 대량생산으로 가격을 흡수한다
- 멀티 실린더가 아니라 적은 실린더

—— 이런 전제라면 ——

- 과급 직접분사 엔진
- 1기통당 용적은 400~500cc 정도
- 장행정 엔진으로 고속회전을 추구하지 않는다

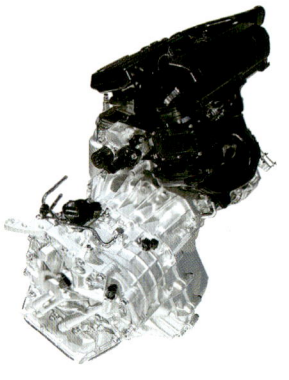

다이하쓰가 도쿄모터쇼에 참고 출품한 3기통 엔진. 일반 방문객의 반응은 뜨겁지 않았지만 상당히 주목할 만한 엔진이다. 이제 「배기량」으로 엔진을 평가하는 시대는 지났다. 보다 작은 배기량과 기통수를 다투어 개발하는 시대이다.

시판되고 있는 다이하쓰 3기통은 내경71.0×행정83.9의 장행정으로 설계되어 있다. 옵셋 크랭크나 흡기 가변밸브 타이밍 등 최신 설계이다. 기통당 332cc인데, 이런 발상의 3기통 1200cc를 기대한다.

장착한 엔진 배기량으로 자동차를 평가하는 시대는 이미 끝났다

앞으로는 단기통당 400~500cc 실린더를 2개 또는 3개 배치한 소형 엔진이 주목을 받게 될 것이다. 배기량이라는 척도를 버리고 흡기량을 새로운 척도로 세워야 한다는 것은 모터팬 『엔진테크놀로지』의 101페이지에서 다뤘는데, 그때와 상황은 거의 변함이 없다. 그래서 2기통/3기통 엔진의 기본 디자인(설계)를 생각해 봤다.

개념은 위에 표시한 대로이다. 효율 최우선의 작은 배기량 리스실린더로 20세기에 진행된 멀티 실린더화의 흐름을 멈추게 하고 싶다. 앞으로는 작고(small), 간편하며(easy), 아름다워(beautiful)야 한다.

3기통 엔진은 배기량 1.2ℓ로 생각해 봤다. 내경 75mm×행정 90mm이다. 실제 엔진 설계에서는 먼저 행정을 정한다.

이것은 회전속도 상한을 어느 정도로 할 것인가, 라는 의미이다. 우선 피스톤 속도를 정한다. 다음으로 실린더 하나의 용적을 정하는데, 기통당 500cc 정도가 S/V비와 화염전파 거리 관계상 적당하다. 내경이 작아지면 연소실 중앙에 배치한 플러그에서 실린더 벽까지가 가까워 화염전파에는 유리하지만, 여기서는 연소해석 실적 때문에 비교적 설계하기 쉬운 내경 75mm로 결정했다.

흔히 단행정 엔진은 스포츠 엔진이고 장행정 엔진은 실용 엔진이라고 하지만 내정, 행정, 압축비 등과 같은 치수로 성격을 규정하는 것은 그다지 의미가 없다. F1엔진은 피스톤 속도를 19m/s로 하려고 하기 때문에 20,000rpm으로 회전하기 위해서는 극단적인 단행정으로 할 수 밖에 없는 것이다. 20세기의 엔진개발은 출력을 내기 위해 고속회전을 노리며 점점 단행정으로 바뀌었다. 그러나 너무 짧게 하면 연소가 나빠져 연비가 악화된다. 그래서 행정을 조금 길게 하기도 하면서 이 과정을 반복해 왔다. 결국은 피스톤 속도로 정해진다.

직렬3기통 1.2ℓ | 터보과급 엔진 개념

Concept making of 1.2 litter in-line 3-cylinder turbocharged engine

제원

목표 최대출력 : 90kW(75kW/ℓ)@4500~6000rpm

목표 최대토크 : 200Nm(BMEP 20.9bar)@1500~4000rpm

내경×행정 : 75×90mm(피스톤 속도 18m/s@6000rpm)

총배기량 : 1192cc

압축비 : 10.0(95RON일 때/91RON사용가능)

연소실 형상 : 얕은 펜트루프형 연소실 & 공 모양의 얕은 접시형 피스톤 헤드

연료공급 : 실린더 내 직접분사(흡기쪽 사이드 배치 인젝터)

밸브 시스템 기구 : 흡기쪽에 가변 밸브 타이밍 & 밸브양정 제어

과급기 : 웨이스트 게이트가 장착된 소형 터보차저

비고 : 전영역 이론공연비 운전 · 수랭식 EGR과 소형 터보차저 사용
인터쿨러는 공명과급 리저버를 겸용한 수랭식
엔진 자체에만 사용하는 것이 아니라 발전 겸용 모터와 함께 사용하는
마일드 하이브리드도 감안

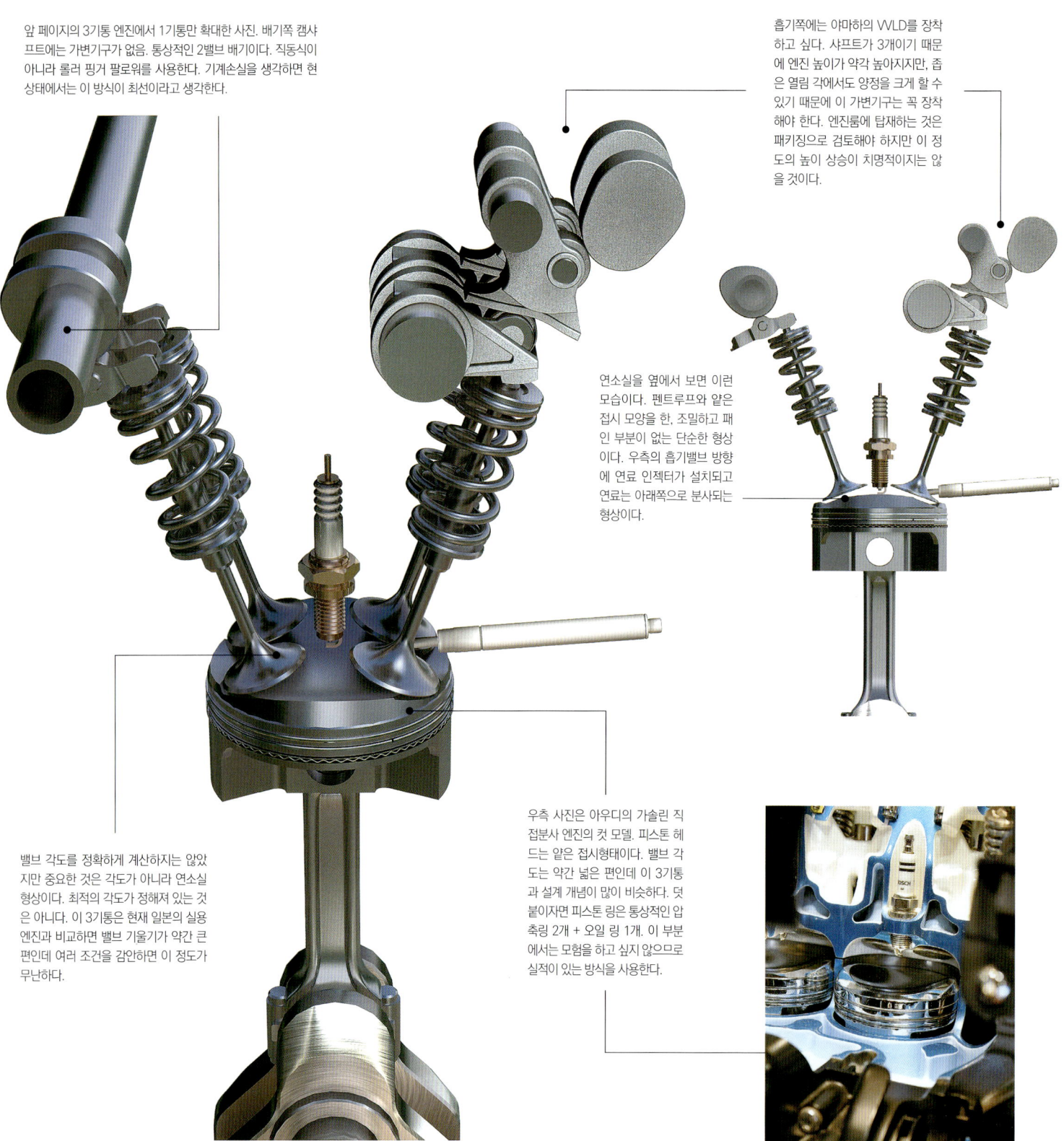

앞 페이지의 3기통 엔진에서 1기통만 확대한 사진. 배기쪽 캠샤프트에는 가변기구가 없음. 통상적인 2밸브 배기이다. 직동식이 아니라 롤러 핑거 팔로워를 사용한다. 기계손실을 생각하면 현 상태에서는 이 방식이 최선이라고 생각한다.

흡기쪽에는 야마하의 VVLD를 장착하고 싶다. 샤프트가 3개이기 때문에 엔진 높이가 약간 높아지지만, 좁은 열림 각에서도 양정을 크게 할 수 있기 때문에 이 가변기구는 꼭 장착해야 한다. 엔진룸에 탑재하는 것은 패키징으로 검토해야 하지만 이 정도의 높이 상승이 치명적이지는 않을 것이다.

연소실을 옆에서 보면 이런 모습이다. 펜트루프와 얕은 접시 모양을 한, 조밀하고 패인 부분이 없는 단순한 형상이다. 우측의 흡기밸브 방향에 연료 인젝터가 설치되고 연료는 아래쪽으로 분사되는 형상이다.

밸브 각도를 정확하게 계산하지는 않았지만 중요한 것은 각도가 아니라 연소실 형상이다. 최적의 각도가 정해져 있는 것은 아니다. 이 3기통은 현재 일본의 실용 엔진과 비교하면 밸브 기울기가 약간 큰 편인데 여러 조건을 감안하면 이 정도가 무난하다.

우측 사진은 아우디의 가솔린 직접분사 엔진의 컷 모델. 피스톤 헤드는 얕은 접시형태이다. 밸브 각도는 약간 넓은 편인데 이 3기통과 설계 개념이 많이 비슷하다. 덧붙이자면 피스톤 링은 통상적인 압축링 2개 + 오일 링 1개. 이 부분에서는 모험을 하고 싶지 않으므로 실적이 있는 방식을 사용한다.

이 엔진의 경우 고속회전 영역은 필요하지 않다. 최고출력은 4500rpm이 한계라도 무방하다. 회전속도를 더 높이면 마찰이 늘어나 효율이 떨어진다. 고속회전영역의 마찰은 2차곡선으로 상승하기 때문에 회전속도를 더 높이고 싶지 않다. 그대신 터보차저 과급으로 단위 질량당 토크를 높이면 된다. 작은 배기량의 낮은 출력을 과급으로 보완한다. 배기량은 1.2 ℓ 라도 흡기량은 더 많다. 따라서 목표 토크를 1500rpm부터 낸다.

덧붙이자면 1500부터 4000rpm까지 최대토크가 계속 나온다는 것은, 원래는 토크가 더 나오는 것을 엔진과 변속기의 강도 관계 때문에 축소시켰다는 의미이다. 토크목표는 200Nm이지만 노킹과 Pmax(최대연소압)로 규제되는 토크는 더 크다. 거기서 토크가 한계에 봉착하여 열부하로 인해 수치가 떨어진다. 그런 부분을 깨끗이 버리고 1500에서 4000rpm 사이에서 200Nm을 충분히 낸다. 연소실은 밸브 쪽이 얕은 펜트루프(pent-roof)로 피스톤 윗면은 얕은 접시 모양. 밸브구동은 체인으로 하기 때문에 톱니 벨트(cogged belt)처럼 끊어질 걱정은 없으며, 따라

서 밸브 리세스(valve recess)가 필요없다. 연소실 전체는 공을 짓누른 형상을 하고 있다. 이 연소실 중앙에 점화 플러그를 배치한다. 밸브 각도는 합계 30도 정도가 좋을 것이다. 밸브를 너무 세우면 밸브 지름이 작아져 펜트루프가 평평해지기 때문에 좋은 연소를 위해 연소실 형상을 우선시한 결과로 밸브 각도를 정하면 된다.

이상적인 연소실은 화염전파로 말하자면 플러그 주위 360도가 공 모양, 즉 구(球) 중심에 불꽃이 튀기는 것이지만, 그것은 무리이다. 또한 열손실 측면에서는 연소실 표

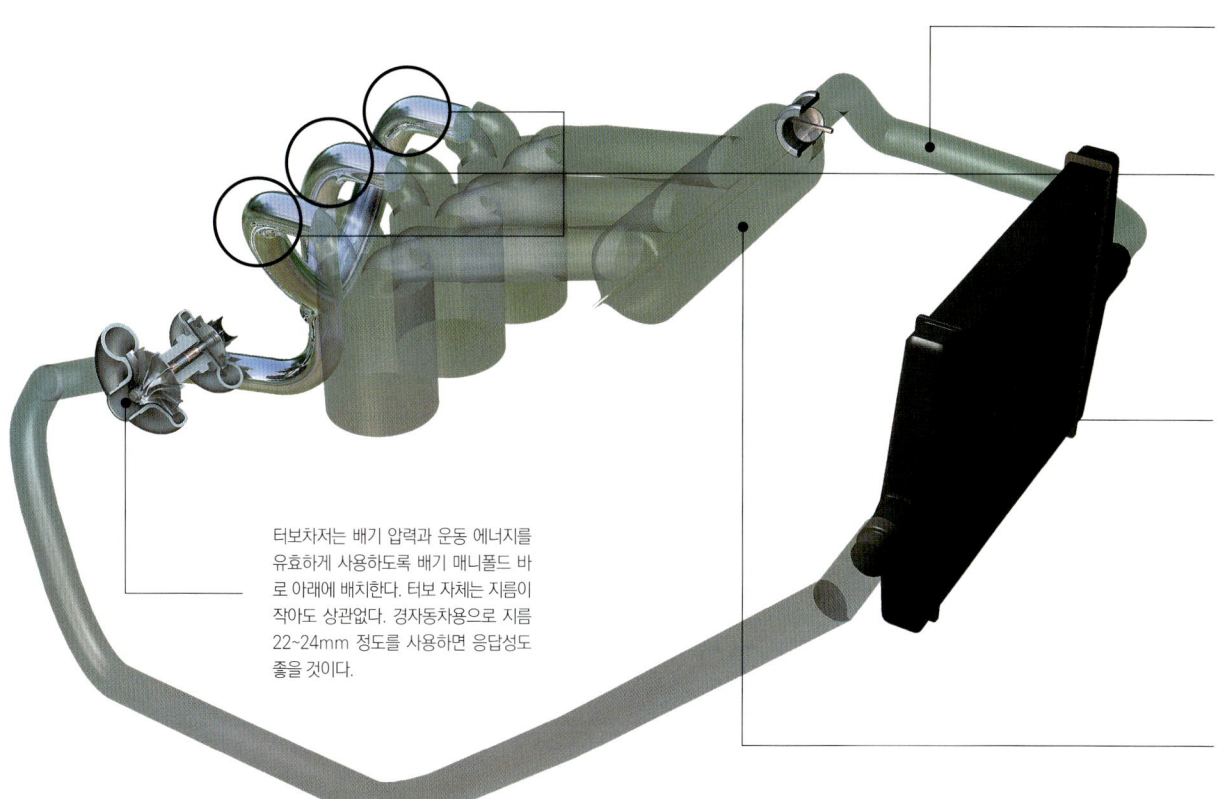

인터쿨러에서 스로틀 밸브까지는 길이 1m 정도를 계획하고 있다. 3기통 엔진은 흡기가 240도 크랭크각으로 계속되기 때문에, 흡기관 내의 에어 코어(air core)가 저속회전에서 공명(共鳴)해 공명과급 효과로 체적효율이 상승하는 길이를 계산하면 된다.

3기통은 배기간섭이 없기 때문에 배기관은 그대로 집합시키면 된다. 3개가 1개로 모아지는 위치 근방에 터보차저를 배치한다.

인터쿨러는 얇은 형(그림보다)으로 큰 사이즈의 냉각성능이 뛰어난 것을 라디에이터 앞에 장착하고 싶다. 자동차 앞쪽이 바람이 가장 잘 들어온다는 사실은 이미 증명되어 있다.

스로틀 밸브와 연결되어 있는 컬렉터는 저속회전 영역에서의 공명과급 효과를 얻기 위해 스로틀 밸브 지름보다도 큰 직경으로 한다. 그러나 용적은 너무 크게 하고 싶지 않다. 컬렉터에서 연소실까지의 흡기 포트는 가능한 짧게 한다. 이것을 길게 하면 무과급엔진에서는 관성과급 효과를 얻을 수 있지만, 과급엔진에서는 관성과급을 사용하면 밀러 사이클의 역효과로 흡기온도가 상승하게 된다. 그래서 과급엔진의 흡기관은 다 짧다.

터보차저는 배기 압력과 운동 에너지를 유효하게 사용하도록 배기 매니폴드 바로 아래에 배치한다. 터보 자체는 지름이 작아도 상관없다. 경자동차용으로 지름 22~24mm 정도를 사용하면 응답성도 좋을 것이다.

3기통이기 때문에 진동은 약간 크다. 그래서 크랭크샤프트로 부터 회전력을 분배 받아 반대로 회전하는 밸런서 샤프트로 해결한다. 크랭크샤프트와 같은 높이로 하고 싶지만, 높이가 어긋난 만큼 짝힘(우력)은 그다지 크지 않다.

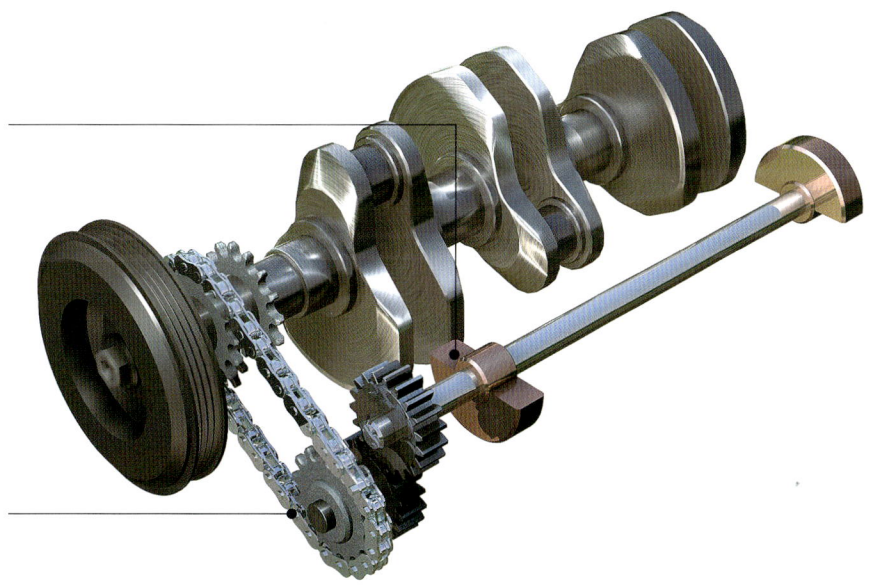

밸런서 샤프트만 돌리기 위한 동력을 받는 것이라 여의치 않다. 낮은 위치에 있으면 오일 펌프로, 높은 위치라면 워터 펌프를 돌리는 동력을 사용한다. 어느 높이에 밸런서 샤프트를 배치할지는 블록 및 주변기구와 균형을 맞추면서 정한다.

밸런서 샤프트로도 제거할 수 없는 진동은 최신 엔진 마운트 기술로 대응하려고 한다. 그런 연계가 어디까지 원활히 가능한지가 자동차 회사의 개발력 차이이다.

면적은 가능한 한 작은 쪽이 좋다. 여기서는 얇은 접시 형태의 연소실로 하고, 피스톤 윗면은 단순한 형상으로 한다. 어느 만큼 피스톤을 파면 좋은지는 설계자의 상상력 안에 있다. 연소 시뮬레이션만으로는 잘 알 수 없는 세계이다. 설계단계에서는 조심스럽게 피스톤 윗면을 조금씩 파내려(凹) 간다. 너무 많이 파면 시장에서 문제를 일으킬 수도 있으므로 어느 정도에서 멈추고 시판한다. 그렇게 해서 시장에서 문제가 일어나지 않으면 점점 더 깊게 판다. 그러다 혹시 문제가 일어나면 요(凹) 부분이 순식간에

얇아진다. 이런 도전부터 반성까지의 사이클은 10년 정도를 주기로 반복. 과거의 엔진은 그렇게 해서 세대를 교체해 왔다.

지금 독일 자동차 회사의 엔진을 보면 연소실 형상은 얇은 접시 모양을 하고 있다. 본인이 생각하고 있던 방향과 유사해 기쁘다. VW의 트윈차지 1.4ℓ 엔진은 데이터만 보면 밸브 각이 크다고 생각되는데 실제 연소실 형상을 보면 밸런스가 잡혀 있어서 그걸로 충분하다고 생각한다. 다만 이번 엔진은 좀 더 밸브를 세워서 펜트루프를 얇게 하고 싶다.

연소실 주위에 관해 말해 보자. 흡기포트의 밸브 개구부는 위로부터 연소실로 내려가듯이 각도를 이루는데, 흡기에 텀블(tumble, 세로 와류)을 만들고 싶기 때문에 실린더 헤드에서의 출구를 향해 비스듬히 되도록 하고 싶다. 배기는 엔진 바로 근처에 터보차저를 두려고 하기 때문에 연소실을 나온 지점에서 가로방향으로 배치시킨다. 그러나 밸브 자체는 각도를 크게 하고 싶지 않다. 이쪽 배치구조는 공기청소의 편리성도 고려해 결정된다.

밸브 지름은 흡기/배기 모두 거의 똑같아도 된다.

직렬2기통 1.0 ℓ | 터보과급 HCCI 엔진 개념

Concept making of 1.0 litter in-line 2-cylinder turbocharged Homogeneous Charge Compression Ignition engine.

제원

목표 최대출력 : 35kw(150km/h의 연속주행 또는 5% 구배(勾配) 100km/h의 연속주행)

목표 최대토크 :

111Nm(BMEP 14bar)@3000rpm, 64~95Nm(BMEP 8~12bar)@1500rpm

내경×행정 : 75×113mm(피스톤 속도 11m/s@3000rpm)

총배기량 : 998cc

압축비 : 12.0(91~96RON사용)

연소실 형상 : 얕은 펜트루프형 연소실 & 공 모양으로 깊게 패인 접시모양 피스톤 헤드

연료공급 : 포트 내 분사

밸브 시스템 기구 : 배기쪽에 가변 밸브 타이밍 제어

과급기 : 웨이스트 게이트 장착된 소형 터보차저

비고 : 인버터 & 컨트롤러 냉각을 수랭식으로 하는 거라면 인터쿨러도 같이 수랭으로 한다
삼원촉매는 냉간 시동시에 전열선으로 가열한다.
블로 다운 과급 HCCI로 운전하고 워밍업과 고지대에서만 통상적인 연소로 전환한다

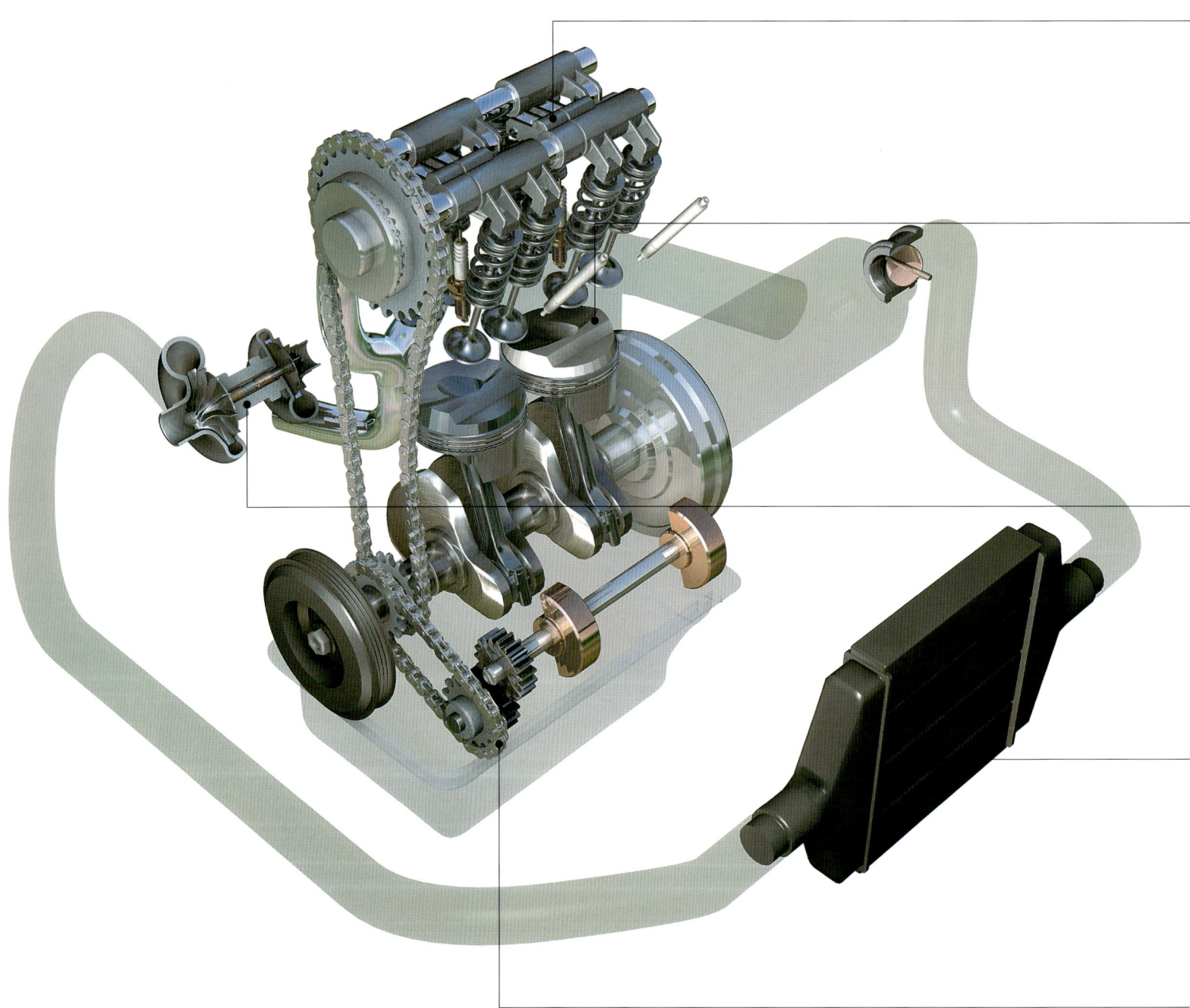

다이하쓰가 도쿄모터쇼에 참고출품한 2기통 660cc 엔진. 차세대 경자동차 엔진에 사용함으로써 3기통으로 하면 990cc, 4기통이면 1320cc로 하려는 구상일까. 경차에 대한 대응을 생각하면 어쩔 수 없지만, 기통당 용적이 큰 2기통이 좋다.

다이하쓰의 차세대 2기통은 이론공연비 직접분사. 사진같은 직접분사 인젝터를 사용하고 있을 것이다. MFi 엔진 프로젝트의 2기통은 HCCI에 도전하기 때문에 포트분사이다.

2기통은 2개 합치면 4기통이 된다. 4기통을 반으로 하면 2기통. 실제로는 그렇게 간단한 이야기가 아니지만, 생산 라인에서는 처킹(chucking) 지그를 공유하는 것만으로도 생산비가 절감된다.

밸브 트레인은 싱글 OHC. 흡기쪽은 제어하지 않고, 배기쪽에 혼다의 VTEC 같은 가변 밸브 시스템을 장착한다.
시리즈 HEV에서만 발전용 엔진으로 사용하는 것이 아깝다면 HCCI영역과의 전환을 잘 조화시키는 모터와 조합시킨 마이크로 HEV도 가능할 것이다.

연소실은 헤드쪽이 얕은 펜트루프지만, 피스톤 헤드는 배기밸브쪽이 파여 있고 흡기쪽이 솟아난 형상을 하고 있다. 그리고 연소실 중앙에 배치한 점화 플러그 바로 아래에 해당하는 피스톤 부분은 공 모양으로 에워싼 듯한 형상이다. 성층연소를 이용하기 위해서이다. 3기통과 다른 점은 2기통은 포트분사를 한다는 점이다. 통상적인 포트분사 엔진과 비슷한 위치에 연료 인젝터를 배치한다.

터보는 작아도 상관없다. 이것이야 말로 경자동차용으로 충분할 것이다. 연소실에서 터보까지의 배기 매니폴드는 3기통만큼 신경쓸 필요가 없어서 2개의 배기관을 집합시켜 그 끝에 터빈을 연결하면 된다. 웨이스트 게이트는 기압조건이 바뀌는 고지대 등에서 필요하지만, 일상적인 사용에서는 거의 필요가 없다고 할 수 있다.

인터쿨러는 이 그림보다 얇고 큰 것을 생각하고 있다. 어쨌든 최대한의 흡기를 냉각시키고 싶다. 설치장소는 당연히 차량 앞쪽이다. 어떤 자동차 회사 랠리팀도 사실은 아래에 인터쿨러를 배치하는 것이 냉각시키기 쉽다고 말했었다. 3기통과 마찬가지로 인터쿨러에서 스로틀 밸브까지는 1m 정도 간격을 두어 공명과급 효과를 노린다.

2기통 엔진인 경우에는 1차 회전 불균형이 있어서 완전하게 없애려면 2개의 밸런서 샤프트가 필요하다. 1개로도 어느 정도는 제거할 수 있기 때문에 나머지는 엔진 마운트로 하면 된다. 크랭크샤프트 부근 높이로 토크 로드를 배치하는 펜듈럼 방식으로 하고, 다른 하나의 토크 로드를 추가하는 형태로 좋지 않을까 한다. 주행용이 아니라 발전 전용 엔진이기 때문이다.

내경이 결정되고 회전속도한계가 정해지면, 밸브 면적도 대개는 정해지는데 지금까지의 엔진에서는 흡기밸브가 배기밸브보다 크다. 이것은 고속회전영역에서 공기를 흡입하려고 해도 좀처럼 흡입되지 않아서 흡기쪽을 크게 했던 것인데, 고리타분한 방법이다. 과급엔진은 고속회전영역에서도 충분히 흡기량을 확보할 수 있다. 터보차저의 터빈 블레이드로 들어오는 배기 에너지는 배기 압력만이 아니다. 배기가 나갈 때 최초의 펄스가 있어서 운동에너지로서 터빈 블레이드에 부딪친다.

같은 지름의 터빈을 사용할 경우에는 어떻게 될까. 배기밸브 지름을 크게 하면 저속회전영역에서의 배기펄스가 커져서 배기밸브가 작을 때와 비교해 과급압이 상승하고 그 결과 토크도 증대된다. 고속회전영역에서는 배기에너지가 충분하기 때문에 전혀 문제가 없다. 어차피 웨이스트 게이트에서 배기를 빼내게 된다.

바꿔 말하면 배기밸브 직경을 크게 해 두면 터빈으로 들어가는 배기에너지가 커지기 때문에 저속회전에서의 과급압이 증가할 뿐만 아니라 상승도 빨라진다. 배기압력을 충분히 이용하기 위해 배기관 3개를 균등하게 합체시켜, 모아진 부분 바로 아래 터보차저를 두고 싶다. 3기통은 원래부터 배기간섭이 없으므로 배기포트를 그대로 집합시키면 될 것이다.

이런 과급엔진을 실린더 내 분사로 운전한다. 연료 인젝터는 흡기밸브의 실린더 헤드쪽 벽에 설치하고, 연료분사 구멍을 아래로 향하게 한다. 아래로 향하게 하면 연료는 실린더 벽쪽으로 잘 달라붙지 않게 된다. 작은 경사의 펜트루프와 얕은 접시 모양의 피스톤 윗면으로 구성되는 연

소실은 흡기행정 분사의 이론공연비 연소에는 잘 맞지만, 차가운 엔진을 시동한 직후에는 성층연소를 사용할 때가 있다. 압축행정 때 분사해 점화 플러그 근방에 농후한 혼합기를 모아서 연소시킨다. 이때 피스톤 헤드에 연료가 부착하지 않도록 플러그 주위만 파낸 것 같은 복잡한 피스톤 형상의 직접분사 엔진도 있다.

배기가스 온도를 높여 촉매를 가능한 빨리 활성화시키기 위해 시동 직후에는 지각(retard)연소를 시킨다. 그러기 위해서는 압축행정 분사가 적당하다. 이번 엔진은 시동 직후의 HC(탄화수소)배출을 억제하기보다 통상적인 운전에서의 효율에 중점을 두었다. 그렇기 때문에 연소실 형상을 단순하게 했다. 실제 개발로 들어가면 여러 시뮬레이션을 거듭해 조금씩 정리할 부분이다.

요즘 엔진이기 때문에 밸브 타이밍은 가변. 흡기쪽에 좁은 열림각이라도 양정이 높은 야마하의 VVLD를 사용한다. 터보차저의 인터쿨러는 가능한 한 큰 것을 라디에이터 앞에 두고 싶다. 보닛 위에 에어 스쿠프(air scoop)를 설치해 엔진 바로 위에 인터쿨러를 배치한 차도 있지만, 그것보다도 가장 공기가 잘 들어오는 라디에이터 바로 앞에 배치해야 한다. 그래서 EGR(배기가스 재순환)도 수냉쿨러를 통해 온도를 낮춰 냉각식 EGR로 한다. 고부하 운전을 할 때 흡입공기량의 최대 20% 정도를 새 공기가 아니라 EGR로 하면 불활성 가스를 연소실에 주입하는 효과로 노킹이 잘 일어나지 않게 된다. EGR되는 양만큼 출력이 떨어지므로 과급압을 높여야 하지만, 어디까지 높일지는 Pmax와의 관계로 정한다. 엔진 블록을 개량하면 연소압력이 상승해도 문제는 없다.

피아트(FPT)가 갑작스럽게 발표한 2기통 「SGE」엔진. 기통당 450cc로, 2기통 가솔린 사양은 멀티 에어 방식의 가변밸브 기구를 탑재해 100ps를 발생시킨다고 한다. 가솔린 뿐만 아니라 복수 연료로 전환하는 방식(바이퓨얼)에도 대응해 같은 실린더로 2/3/4기 통을 제조하는 것 같다. 피아트 중앙연구소는 다양한 자동차 회사 및 제품 회사로부터 위탁연구를 하고 있으며, 디젤 커먼레일 시스템이나 트윈 클러치를 개발한 실적이 있다.

일본에서는 토크 증폭 효과가 있는 토크 컨버터를 거의 유일한 스타팅 디바이스로 이용하고 있는데, 그 공간을 이용해 얇은 형상의 모터 제너레이터를 장착하려는 움직임이 유럽에서 활성화되는 것 같다. 이 사진은 독일 ZF의 다이나스타라고 불리는 유닛. 당연히 실린더 수가 적은 엔진에도 함께 이용할 수 있다.

09년의 IAA에서 VW가 공개한 2기통 엔진에는 왼쪽 사진의 다이나스타 유닛이 장착되어 있다. 변속기와 다이나스타에 비해 2기통 엔진이라고는 하지만 빈약해 보인다. 그러나 앞으로의 엔진은 이런 스타일이 하나의 추세가 될 것이다. 자동차에서 CO_2 배출을 130g으로 낮추는 규제안이 제안되고 있기 때문이다.

터보차저의 유량(流量)을 쓸데없이 늘리고 싶지 않기 때문에 EGR은 터빈 상류에서 잡아서 압축기 하류에 넣는다. 고부하에서 20%의 냉각된 배기가스를 EGR하면 배기가스 온도는 150정도나 내려간다.

그만큼 배기가스의 체적유량이 줄어 고밀도 배기가 된다. 즉 작은 터빈을 사용할 수 있다는 이야기이다. 이 냉각된 EGR 효과와 배기밸브를 기존보다 크게 하는 효과로 터빈 지름이 작은 터보를 사용할 수 있다. 작기 때문에 회전속도 상승이 빠르고 터보 래그가 감소한다.

과급엔진에서 관성과급을 사용하면 밀러 사이클의 역효과로 흡기온도가 상승해 불리해지므로, 최신 터보 과급엔진의 흡기관은 짧게 만들어져 있다. 즉 각 실린더의 흡기관 길이는 짧은 편이 좋다. 3기통의 흡기관이 모아지는 부분에 있는 컬렉터는 저속회전의 공명과급에 맞춰 비교적 크게 한다. 이 컬렉터에 작은 직경의 스로틀 밸브를 설치한다. 스로틀에서 인터쿨러까지는 비교적 가늘고 긴 흡기관을 사용한다. 3기통에서는 흡기밸브가 240도의 크랭크 각도로 연속해서 개폐되기 때문에 그 안의 에어 코어(air core)가 저속회전에서 공진(共振)해 공명과급 효과로 체적효율이 올라간다. 1m 길이 정도로 하면 터빈을 회전시

키는 배기 에너지가 낮은 회전수인 1500rpm정도에서 동조(同調)함으로써 저속 토크가 20% 정도 증가하는 설정도 가능하다.

현재는 고부하 영역에서 웨이스트 게이트로부터 배기가스를 빼내고 있지만, 냉각된 배기가스를 EGR시키면 과급압을 높일 수 있어서 배기 에너지의 버려지는 양도 줄어든다. 저속회전에서는 낮은 압력비가, 고속회전에서는 높은 압력비가 효율이 좋아지는 터보차저의 특성을 잘 사용한 좋은 본보기이다.

내경피치는 다소 여유가 있어도 된다. 나중에 내경을 넓

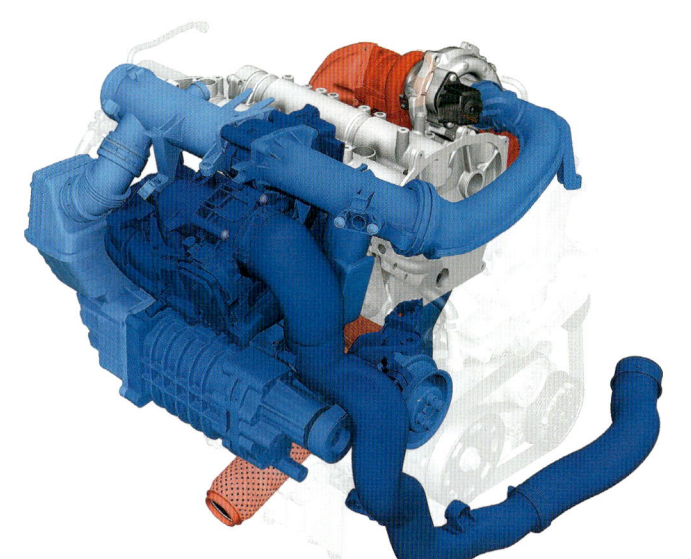

VW의 트윈차지 엔진. 파란 부분은 흡기계이고 S/C를 통과하고 나서 연소실 혹은 터보차저로 유도되는 흡기 시스템이 그려져 있다. 저속회전 영역에서의 토크를 보충하기 위해 슈퍼차저가 장착되어 있지만, 터보만 장착한 사양이 추가되었다. 그 성능은 실주행에서 충분히 체감할 수 있다.

왼쪽 트윈차지 엔진으로 과급 다운사이징을 제창한 VW지만, 현재는 터보로만 된 싱글차지로도 충분히 달릴 수 있게 되었다. 그 요인으로는 건식 7단 트윈클러치와의 조화로운 어울림도 포함되어 있다.

힐 수 있게 해 두면, 설계와 부품을 효율적으로 유용하는 형제 엔진을 만들 수 있다.

앞으로의 파생 엔진을 포함해 대량생산으로 가격을 분산시키겠다는 발상이다. 어쨌든 설계 초기에 행정을 길게 만들려는 결단을 가지고 1실린더를 토대로 직렬 2/3/4/5기통, V형 6기통의 전개를 생각한다. 철저한 모듈 설계이다. 원래는 실린더를 줄이기 위한 연소실 설계지만 실린더 수가 많은 쪽이 좋다는 생각도 아직 남아 있기 때문에 이 때는 같은 연소실 설계 그대로 멀티 실린더 전개가 가능하면 좋을 것이다.

기존에는 작은 배기량 터보엔진을 저/중속회전 영역에서 사용하려는 발상을 하지 않았지만 이로 인해 생기지 않을까 싶다. 저속회전 영역의 응답성이 좋지 못하다고 한다면 소형 모터/제너레이터와 조합시킨 마일드 HEV(Hybrid Electronic Vehicle)로 하면 된다. 브레이크로 전력을 회생하고, 최소한의 전지를 장착한다. 전력은 축전하지 않고 바로 사용한다는 커패시터적인 사용법이다. 이걸로 하면 저속회전 영역용의 슈퍼차저가 불필요하다. VW의 트윈차지 엔진에는 매우 감격했지만, 슈퍼차저는 디젤에서 가동하고 가솔린엔진의 다운사이징에는 모터의 힘을 빌리는 편이 좋지 않을까 하는 생각도 들었다.

다른 한 가지인 2기통. 사실은 이것을 만들고 싶다. 블로 다운(blow down)과급 & 터보과급을 HCCI(Homogeneous Charge Compression Ignition, 예혼합 압축착화)로 한다. 다분히 실험적인 엔진으로써 시리즈HEV(하이브리드 차)에서 발전 전용으로 사용하는 것을 상정했다. 과도영역이 있으면 HCCI는 아직 이르지만, 정상 운전이 대부분이라면 점차 실용화로 나아가도 된다. 연료분사는

포트분사로 충분하다.

요즘 와서 갑자기 새로 설계된 2기통이 많은 화제를 불러 일으키고 있다. 2009년의 IAA(프랑크푸르트 쇼)에서는 VW가 선보였고, 그 후에 피아트도 프로젝트의 존재를 공표했다. 도쿄 모터쇼에는 다이하쓰가 출품했었다. 1기통당 400cc 이상인 2기통은 우선 유럽을 시작으로 중국이나 중남미에서도 유행하지 않을까. 발상은 다르지만 인도의 타타에서 만든 나노에도 유럽에서 새롭게 설계한 2기통이 탑재되어 있다.

HCCI에 관해 상세히 기술할수록 지면이 모자란 점이 아쉽지만, 요지는 NOx가 발생하지 않는 저온연소를 사용하고 노킹도 피하려는 생각이다.

지금 하타무라 엔진 연구사무소에서는 이 연구가 최우선 주제로서, 블로 다운 압력파를 이용한 과급(Blow Down Supercharging)을 제안하고 있다. 360도 크랭크각의 2기통 엔진에서는 1번 기통의 배기 밸브가 열리면, 배기 압력파가 긴 독립 배기관을 통해 2번 기통의 배기포트에 도달한다. 이때 1번 실린더는 흡기 하사점 지점에 있게 되고, 거기서 배기밸브를 한 번 더 열면 압력파에 의해 배기가스가 실린더 안으로 밀려 들어간다. 즉 EGR 과급이다.

이것을 하기 위해 이 2기통 엔진은 배기쪽에 캠 2상(相)전환기구를 설치한다. 혼다의 VTEC과 똑같은 것으로 충분하다. EGR을 하지 않는 플러그 점화로 워밍업한 뒤 HCCI로 전환할 때 캠이 바뀌어 EGR 과급을 개시한다. 고온의 EGR이 들어와 압축착화인 HCCI운전이 시작된다.

HCCI에서 일반적인 연소로 전환하는 것이 어렵다. 전환되는 과정에서는 NOx가 증가하는 희박 연소가 이루어

지기 때문에 여기서 연료가 농후해지고 토크가 과도하게 증가한다. 이 부분이 잘 되려면 그때까지의 HCCI 운전과 같은 토크가 나올 만큼만 연료를 분사해야 한다. 희박연소라면 NOx가 생성되기 때문에 연소행정 중에 한 번 더 연료를 분사해 약간 농후한 상태로 배출한다. 그러나 그때까지의 희박 연소로 인해 촉매 안에는 산소가 남아 있기 때문에 약간 농후해도 HC는 정화된다. 몇 번 회전하는 가운데 이론공연비로 돌아가는 과정에서 부하를 바꾸지 않고 이행시키면 된다.

발전 전용 엔진이기 때문에 운전상태는 거의 일정해진다. 시동 직후와 고지대에서 기압이 내려갔을 때 통상 연소로 돌아온다. 이것으로 발전(發電)해 전력을 2차전지에 저장하고 주행할 때는 모터를 사용한다. 문제는 고가의 전지를 많이 장착하는 경우와의 총효율 차이인데, 발전/송전 손실이 실제로 어느 정도 되는지 정보를 알려 주면 답은 나온다. 참신한 EV에 종합적인 효율로도 충분히 대응할 수 있는 플러그인으로 주행하는 직렬 HEV가 될 것이라고 생각하고 있다.

VW 폴로는 새로운 1.2ℓ 엔진을 기대하고 있었지만 유감스럽게도 최초로 도입된 것은 3기통이 아니고 4기통이었다. TSI는 싱글 차저로 충분하다. 상당히 알려져 있는 트윈 차저와 너무 심하게 바뀌지는 않은 건식 7속 DSG의 느낌이 좋아졌다. 일본에도 이런 엔진이 나오면 좋을 것이다.

최신 엔진 도감

지금까지 살펴본 바와 같이 요즈음 가솔린 엔진에는 다종다양한 최신기술이 투입되어,
배출가스와 성능의 양립을 도모하고 있으며, 지금도 개량과 개발이 계속되고 있다.
그럼 이런 기술을 반영해 제품화된 엔진은 현재 어디까지 와 있을까?
최신 엔진들을 소개해 본다.

DI : 직접분사

TURBO : 터보과급

SC : 슈퍼차저 과급

● MAZDA | SKY-G

2ℓ 직렬4기통 DOHC

글 : 하타무라 토이치
사진 : MAZDA / 스미요시 미치히토

**이상적인 연소를 추구하는
차세대 직접분사 가솔린 엔진**

2009년 봄, 마쓰다의 장래 엔진에 관한 설명회가 개최되었을 때, 엔진 담당자로부터 「실린더 내부를 들여다봤더니 새로운 연소가 발견되었다. 연소를 근본적으로 재검토해 획기적인 고효율, 고출력 엔진을 실현할 목표가 세워졌다」라는 소개가 있었다. 그것이 이 SKY-G인가. 내경×행정 등의 제원은 공표되지 않았지만, 2011년부터 양산차에 장착된다고 한다.

팽창비가 높다든가 가변밸브를 사용한다든가, 하는 소문이 들리지만, 개발 엔지니어와 인터뷰를 해보아도 모든 것이 비밀. 그래서 특허출원 상황을 조사해 봤더니

2006~2007년에 10건 가까이 고압축비 엔진 특허가 출원되어 있었다. 그중에는 SKY-G의 외형 특징인 4개의 배기관에 관한 특허도 포함되어 있다(번역자 주, 4-2-1구조). 제안자는 이전에 마쓰다에서 밀러 사이클 연구에 관여했던 사람이다.

특허 내용을 봤더니, 2008년의 자동차기술회에서 HCCI(균질 예혼합기 압축착화) 연구로 발표되었던 것이었다. HCCI 엔진은 압축착화하기 때문에 고압축비로 하는 것이 보통으로, HCCI 운전을 할 수 없는 풀스로틀 운전 때는 스파크 플러그에 의한 불꽃점화로 전환되지만, 고압축인 경

우 노킹을 피하기 위해 점화시기를 크게 지각시키기 때문에 토크가 상당히 감소한다. 그래서 옥탄가가 다른 가솔린으로 여러 가지 실험을 해 봤더니, 압축비 14와 저옥탄 가솔린을 조합시켜 토크 저하가 작아지는 점을 발견했다고 하는 내용이었다.

특허에 따르면 압축비와 옥탄가가 어느 정도 관계하는 시점에서 압축상사점 온도와 연료 특성이 일치해 점화 전에 발열반응이 일어남으로써 점화시기를 늦춰도 토크 저하가 감소한다고 한다.

환경기술의 사용 확대 전망~2020년

마쓰다가 생각하는, 파워 트레인 기술이 글로벌 시장에서 차지하는 비율 이미지

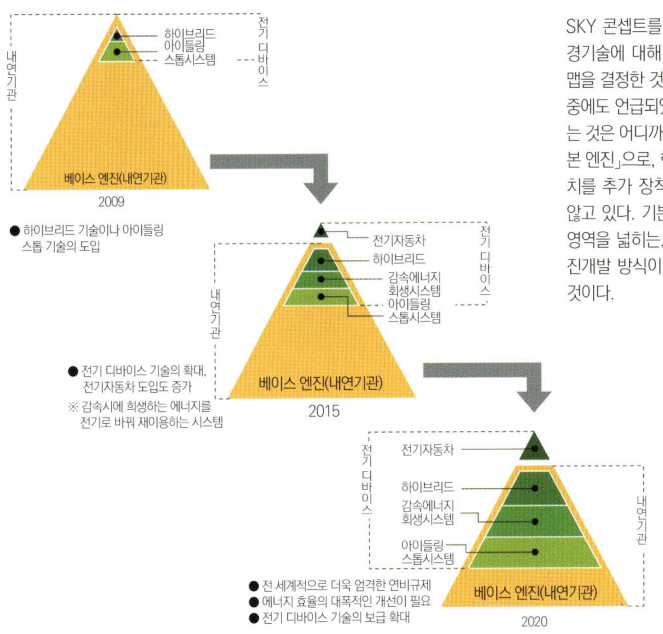

전기 디바이스 / 내연기관
하이브리드
아이들링
스톱시스템
베이스 엔진(내연기관)
2009

● 하이브리드 기술이나 아이들링 스톱 기술의 도입

전기자동차
하이브리드
감속에너지 회생시스템
아이들링 스톱시스템
베이스 엔진(내연기관)
2015

● 전기 디바이스 기술의 확대, 전기자동차 도입도 증가
※ 감속시에 희생하는 에너지를 전기로 바꿔 재이용하는 시스템

전기자동차
하이브리드
감속에너지 회생시스템
아이들링 스톱시스템
베이스 엔진(내연기관)
2020

● 전 세계적으로 더욱 엄격한 연비규제
● 에너지 효율의 대폭적인 개선이 필요
● 전기 디바이스 기술의 보급 확대

SKY 콘셉트를 확정한 마쓰다가 환경기술에 대해 2020년까지의 로드맵을 결정한 것이 이 그림이다. 본문 중에도 언급되었듯이 그들이 생각하는 것은 어디까지나 「바탕이 좋은 기본 엔진」으로, 현시점에서는 각종 장치를 추가 장착하는 것은 계획하지 않고 있다. 기본 엔진에서 과급으로 영역을 넓히는, 다분히 서구적인 엔진개발 방식이라고도 말할 수 있을 것이다.

디바이스의 단계적 실용화

혁신적인 환경성능을 갖는, 기본 엔진에 단계적으로 전기 장치를 조합시켜 환경성능 향상을 더욱 도모한다.

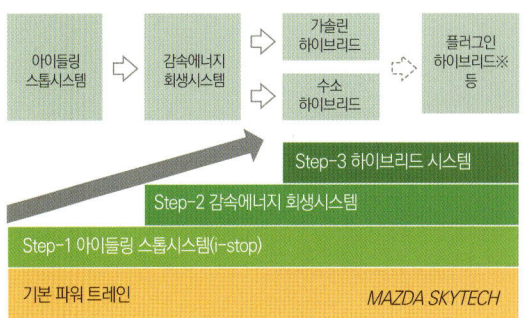

아이들링 스톱시스템 ⇒ 감속에너지 회생시스템 ⇒ 가솔린 하이브리드 / 수소 하이브리드 ⇒ 플러그인 하이브리드※ 등

Step-3 하이브리드 시스템
Step-2 감속에너지 회생시스템
Step-1 아이들링 스톱시스템(i-stop)
기본 파워 트레인 MAZDA SKYTECH

※ 가정용 전원으로 전지를 충전할 수 있는 하이브리드 차

도쿄 모터쇼에서 전시된 상태로는 I-stop 장비나 과급 등은 적용되지 않았다. 다만 「기존 기술을 잘 살려간다」는 취지의 언급은 개발자로부터 있었으며, 장치나 시스템에 의한 기능 부가, 파워 플랜트 전체로서의 성능향상은 앞으로 크게 기대할 수 있을 것이다.

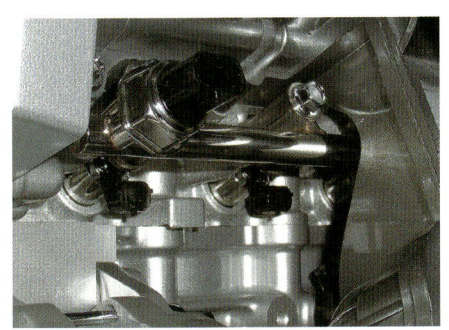

옆쪽에서 실린더 헤드로 삽입되어 있는 연료 인젝터. 가솔린 직접 분사이며, 연료압력은 불분명하지만 200bar 정도가 아닐까 한다. 당연히 무과급 뿐만 아니라 과급도 생각하고 있을 것이다.

4-2-1 구조의 긴 배기관이 눈에 띤다. 삼원촉매는 이 배기관 끝에 연결되는데, 냉간 시동시의 HC배출 대책은 엄격해질 것이다.

변속기쪽에서 본 모양. 직렬4 엔진이지만 변속기를 포함한 외형은 비교적 정사각형이다. 엔진룸에 직선적인 사이드 멤버를 배치하려는 구조 상의 요구인지도 모르겠다.

새로 개발한 AT SKY-Drive. 유성기어와 토크 컨버터를 사용하지만, 운전영역의 80% 이상을 록업해 토크 증가 폭을 억제함으로써 트윈 클러치 같은 느낌을 지향한다고 한다.

은 촉매의 워밍업을 지연시킨다. 그렇게 되면 배출가스 대책이 힘들어져, 고가의 귀금속을 많이 사용하는 호화 삼원 촉매가 필요하게 된다. 또한 워밍업을 빨리 하기 위해 연료를 많이 연소시킴으로써 냉간시동 직후의 연비악화도 무시할 수 없을 것이다.

이러한 폐해를 없애는 결과물이 나올 즈음, 사내 일부에서 「그럼 압축비를 원래대로 돌리면 된다」라는 목소리가 나왔다. 그것이 분명 확실한 해결책일지도 모른다. 또한 가격 상승 운운하는 소리도 당연히 들리게 된다. 그러나 그런 소리에 귀 기울이지 말고 혁명적인 새 엔진이 세상에 나오기를 기대하고 싶다.

여기까지 쓴 시점에서 냉정해졌다. 압축비를 12에서 14로 높이면 연비향상 효과는 이론효율로 3% 정도에 지나지 않는다. 직접분사화로 압축비를 12 정도로 높이고 가변밸브 기구로 스로틀 밸브는 없에는 것만으로 연비향상 효과는 10%를 넘을 것이다. 가솔린 엔진에서 압축비 14는 획기적이지만, 실용화 단계가 되면 효과와 폐해를 저울질하게 된다. 「역전i-stop」과 같은 운명을 가지지 않았으면 하는 바람이다.

하지만 세상이 전기구동에만 신경을 쓰는 가운데 엔진을 착실히 연구하고 있는 마쓰다에 응원을 보내고 싶어졌다. SKY-G는 조합되는 유단AT도 새로 개발되고 거의 동일한 엔진 블록으로 생산 지그를 공유할 수 있는 디젤 엔진도 동시에 병행해 개발되고 있다. 일본에도 새로운 장기 규제에 대응할 수 있는 터보디젤을 투입한다고 한다.

차세대 동력장치로써 마쓰다가 SKY-G로 실현하려고 하는 것은 「저중속 토크 중시」「연소와 기계손실을 감안한 효율향상」이라고 한다. 새 AT는 록업 영역이 확대되어 가속 페달의 조작에 민첩하고 반응을 바로 느끼게 해줄 것으로 예상되므로 기대가 크지 않을 수 없다.

보통 가솔린인 경우는 압축비 14에서 16이 적당하다. 여기까지 파악한 상태에서 후속 실험과 해석을 거듭하며 끈질기게 파악한 결과, 토크 저하가 거의 없는 부분까지 찾아낸 것 같다. 긴 배기관은 흡배기 밸브의 오버랩 기간의 배기압력을 부압으로 삼아 소기(掃氣)효과를 높여 노킹을 방지하는 효과가 있는 것이다. 한편 부분부하에서는 연소효율을 최고로 하기 위해 점화지각은 할 수 없지만, 이 부분은 밀러 사이클의 장점인 부분으로, 가변밸브 기구를 사용해 흡기밸브를 일찍 닫으면 된다. 물론 스로틀은 사용하지 않는다.

이 상상이 맞다고 한다면 2011년에는 레귤러 가솔린 사양으로 압축비 14라고 하는, 경이적인 신엔진이 모습들 드러내게 된다. 출력은 현행 엔진과 같거나 그 이상이고, JC08모드 연비는 15% 정도 향상되리라 예측된다.

다만 고압축비에 동반해 많은 폐해도 발생하기 때문에 그런 것들을 어디까지 억제할 수 있을지, 지금도 마쓰다 기술자는 지독한 산고의 고통을 맛보고 있을 것이다. 현재 엔진은 여러 가지 요구를 균형잡은 가운데 만들어졌기 때문에, 일부를 바꾸면 엔진 전체에 그 영향이 미친다. 예를 들면 고압축비는 필연적으로 HC를 증가시키고 긴 배기관

● DAIHATSU | 차세대 경자동차용 에코 엔진

660cc 직렬2기통 터보

글 : 세라 코타
사진 : 스미요시 미치히토

다이하쓰에서 제안한,
2기통+직접분사+터보+초 대용량 EGR

배기 매니폴드와 터빈 하우징을 일체화한 터보를 장착. 터보는 「강제로 EGR을 시키기 위한」(개발담당자) 장치이기도 하다. 그 밑에 터빈 직하형 촉매가 장착되어 있다. 최신 가솔린 터보 엔진의 유행을 망라하고 있다.

2기통이기 때문에 엔진의 전체 길이는 3기통보다 짧아진다. 높이와 흡배기 방향 사이즈는 현행 KF형과 같다. 사용하는 재료나 장치 관계로 인해 유동적이지만, 무게는 현행 이하가 목표. 현단계에서 밸브는 직동식이지만 롤러 로커암식도 검토하고 있다고 한다.

배기쪽 모습. 외부 EGR가 통과하는 검은 밸브와 수냉식 EGR 쿨러가 장착되어 있다. EGR은 펌프손실 절감과 배기가스 온도를 낮춰 연료가 농후해지는 것을 피하기 위해 사용. 「분명히 말해 개발단계의 완전한 초기 상태」라고 개발담당자는 말한다.

제원

형식 : 미발표
기통수 : 2
기통배열 : 직렬
기통당 밸브수 : 미발표
밸브구동 : 미발표
내경×행정 : 미발표
배기량 : 660cc
압축비 : 미발표
연료공급 : 실린더 내 분사
최고출력 : 47kW/4500rpm
최대토크 : 100Nm/1500~4000rpm

제41회 도쿄모터쇼에 출품된 콘셉트 엔진. 다이하쓰는 경자동차용 파워 트레인의 로드맵에 대해 「전통적인 기술을 진화시켜 최대한 CO_2를 저감하고 연료전지로 CO_2 배출을 제로로 만들겠다」고 선언. 로드맵 제3단계로 귀금속 프리 액체연료(hydrazine hydrate)를 사용하는 연료전지를 계획하고 있다. 제2단계에 있는 것이 이 「2기통+직접분사+대용량 EGR」엔진이다. 무게가 무거운 자동차를 움직이는 것이 목적이 아니라 어디까지나 경자동차용이다. 모터와 같이 사용하는 것은 현시점에서는 생각하지 않고 있다. 660cc라는 배기량으로 여러 성능을 최대한 끌어내면 어떻게 될지 생각한 끝에 도출해낸 것이 「2기통」일 것이다. 현행 FK형 엔진과 비교해 30%의 연비향상을 끌어내는 것이 구체적 목표이다. 개발단계의 초기 상태에 있다. 1기통당 용적이 갖는 잠재력과 냉각손실, 기계손실을 검토한 결과 660cc 배기량으로 FK형과 비교해 30%의 연비향상을 달성하려면 2기통이 최적이라고 판단. 내경×행정은 발표하지 않았지만, KF형(63.0×70.4mm, SB비 1.1)과 똑같은 장행정엔진으로 개발 중. 압축비는 무과급(10.8)보다 높게 계획하고 있다(종래 터보는 9.0). 이것을 실현하기 위해 EGR율을 통상적인 무과급 엔진과 비교해 1.5~2배 높게 하려고 한다.

●DAIHATUS | 제2세대 KF엔진

660cc 직렬3기통 DOHC

궁극적인 3기통
i-GR과 아이들링 스톱을 적용해 고효율화를 달성

> ● Professional **Eye** ········ **Dr. Hatamura**
>
> **눈에 띄지 않는 기술들이지만 착실하게 진화**
>
> 종전의 FK형 엔진을 착실히 개량해 연비향상을 이룩한 엔진. PR은 하지 않지만 가격 절감에도 힘쓰고 있는 것 같다. 세세한 변경이 각 부분에서 이루어졌는데, 가장 큰 부분은 대량 EGR일 것이다. 이온 전류 검출로 연비를 피드백 제어함으로써 대량의 EGR을 시켜도 안정적으로 연소하게 되었다. 눈에 띄지 않는 기술들이지만 착실하게 진화를 달성하고 있다.

현행 FK형 엔진의 발전형. 흡기 시스템은 모두 수지 제품으로 되어 있다. 「경자동차 엔진은 우선 품질이고 거기에 성능이 결합되어야 한다. 성능은 연비와 출력, 또한 가격이 중요한데 이것이 상당히 어렵다. 부품 개수를 늘리지 말 것, 무겁게 하지 말 것 등, 여러 사항을 깊이 새기면서 설계했다」라고 개발담당자는 말한다.

제원

형식 : KF(차세대형)	배기량 : 660cc
기통수 : 3	압축비 : 미발표
기통배열 : 직렬	연료공급 : 포트분사
기통당 밸브수 : 4	최고출력 : 43kW/7200rpm
밸브구동 : DOHC	최대토크 : 65Nm/4000rpm
내경×행정 : 미발표	비고 : 변속기는 CVT「eco IDLE」사양

배기쪽의 매니폴드 직하형(直下型) 촉매가 눈길을 끈다. 언급은 없었지만 팔라듐, 로듐, 백금과 같은 귀금속 모두 자기재생 기능을 갖춘 「슈퍼 인텔리전트 촉매」를 탑재하고 있을거라 생각된다. EGR통로는 헤드에 내장되어 있다.

3단계의 경자동차용 파워 트레인 로드맵 가운데 제1단계에 있는 것이 이 엔진이다. 제41회 도쿄모터쇼에서는 10·15모드 연비 30km/ℓ를 표방하는 콘셉트 카 e:s(이스)에 탑재 계획임을 밝혔다. 현행 KF형 엔진을 토대로 한 직렬3기통에 각각 4밸브·포트분사를 하는 엔진이다. 최대 특징은 「i-EGR」이라고 하는 EGR 시스템을 탑재하고 있다는 것. 다이하쓰는 KF형 엔진에 이온 전류 검출 회로를 사용한 촉매 조기활성화 시스템을 투입하고 있는데, 이 기술을 EGR 제어에 응용. 실화할 때나 토크 변동이 큰 상황에서는 연소의 화학반응이 바뀌어 이온 검출량이 변동된다. 연소시에 발생하는 이온이 전기가 통하는 성질을 갖고 있다는 점에 착안해 화염 중의 이온 발생 형태로부터 실린더 내의 연소상태를 실시간으로 측정. 점화 시기를 치밀하게 제어하는데 활용한다. 이 기술을 EGR량 제어에 활용함으로써 펌핑손실을 저감(=연비향상)하려는 것이다. EGR밸브는 헤드에 내장되어 있으며 헤드 안에 EGR통로를 설치해 EGR쿨러 효과를 얻고 있다. 이미 밀러 사이클에서 실적(2006년)을 보인 아이들링 스톱 시스템을 함께 사용하지만, 정지시에 자사제품인 CVT내의 유압을 유지할 수 있는 기구를 개발해 전동 오일 펌프를 없앤 것도 신선하다.

수지제 스로틀 보디를 처음 사용. 종래의 알루미늄 스로틀 보디는 초저온 상태에서 스로틀이 동결, 고착된다. 이 문제를 수지화로 해결. 밸브 시스템의 스프링 하중이나 피스톤 링 장력을 낮추는 등, 착실한 노력의 성과로 마찰을 감소시켰다.

● VOLKS WAGEN | 1.2MPI

1.2ℓ 직렬3기통

글 : 카와바타 유미
사진: Volkswagen

> 유럽에서 가장
> 잘 보급되는
> 경량 3기통 엔진

제원

형식 : –
기통수 : 3
기통배열 : 직렬
기통당 밸브수 : 4
밸브구동 : DOHC
내경×행정 : 76.5×86.9mm
배기량 : 1198cc
압축비 : 10.5
연료공급 : 포트분사
최고출력 : 51kW/5400rpm
최대토크 : 112Nm/3000rpm
*데이터는 51kW/70마력 사양
배출가스규정 : EU5

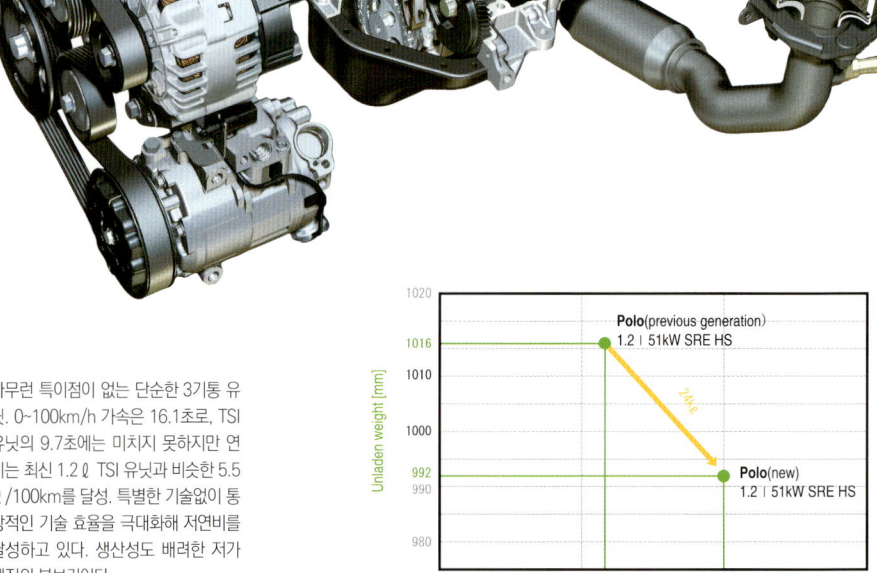

아무런 특이점이 없는 단순한 3기통 유 닛. 0~100km/h 가속은 16.1초로, TSI 유닛의 9.7초에는 미치지 못하지만 연 비는 최신 1.2ℓ TSI 유닛과 비슷한 5.5 ℓ/100km를 달성. 특별한 기술없이 통 상적인 기술 효율을 극대화해 저연비를 달성하고 있다. 생산성도 배려한 저가 엔진의 본보기이다.

세로축이 공차중량, 가로축이 축간거리. 이전 모델과 비교해 축간거리가 넓어졌 지만, 고장력 강판 등을 이용해 차량중량은 24kg이나 경량화하는데 성공했다. 충 돌안전기준이 높아지는데 대응하면서도 1t 이하로 유지한 것은 훌륭한 성과이다.

다운사이징이라는 흐름 가운데 점차 주목을 끄는 것이 3기통 엔진이다. 엔진 설계의 기본에 따르 자면 2기통이나 4기통보다 부드럽고, 4기통보다 마찰손실을 줄일 수 있는 등의 장점이 있다. 독 일을 비롯해 유럽에서 대량으로 만들어지고 있는 것이 폭스바겐의 1.2ℓ 3기통 유닛이다. 폭스바 겐 폴로를 비롯해 슈코다, 세아트와 같은 그룹내 브랜드에도 널리 탑재되고 있다. 독일내에서는 이전 모델에도 최고출력 55ps인 SOHC 엔진과 최고출력 64ps인 DOHC 2기종의 1.2ℓ 3기통 엔진이 탑재되었다. 5세대에서는 이전 모델과 같은 엔진 블록을 사용하지만, 기통당 4밸브를 사 용하고 엔진 매니지먼트를 손 봐 출력이 60ps/108Nm 및 70ps/112Nm으로 향상되었다. 타이 밍 체인과 오일 펌프를 최적화해 3기통 엔진의 단점인 진동이나 소음을 해소했다. 연비는 전 모델 과 비교해 마이너스 0.3ℓ/100km인 5.5ℓ/100km까지 향상되었고, CO_2 배출량은 각각 128 및 138g/km까지 줄어들었다. 같은 폴로에 탑재된 TSI 유닛도 다른 의미에서 주목할 가치가 있는 다 운사이징 제품이다. 4기통 직접분사 터보인 TSI 유닛은 똑같은 1.2ℓ 이면서 105ps/175Nm을 발휘하며, 1.4ℓ나 1.6ℓ처럼 더 큰 배기량을 제치고 최상급 모델로 취급받고 있다.

● Professional Eye ·········· Dr. Hatamura

2기통이나 3기통 모델 TSI에 기대가 간다

기존 3기통 엔진의 진화판으로, 60ps과 70ps 2종류가 있다. 엔진 제어나 보디쪽 개 선 및 소소한 개선을 거듭한 결과 연비를 5.5ℓ/100km로 이전보다 8%나 향상시켰 다. 신형 폴로에는 1.2ℓ TSI 엔진이 추가되었는데, 무슨 이유인지 이 모델에는 4기 통을 얹었다. TSI라고 해도 연비는 3기통과 똑같은 고출력 버전이다. 그 가운데 연비 로 무과급엔진을 능가하는 3기통 TSI 엔진의 등장을 기대하고 싶다. VW는 쇼 모델 로 2기통 디젤을 전시했는데, 2기통의 1.0ℓ TSI도 카드 가운데 하나일지 모르겠다.

▶ FIAT | FIAT FIRE 1.4TB

1.4ℓ 직렬4기통 터보

글 : 카와바타 유미
사진: ALFA ROMEO

흡기밸브의 양정을 아주 섬세하게 컨트롤할 수 있다. 마치 아트킨슨 사이클처럼, 캠샤프트 위상 도중에 양정을 변화시켜 밸브를 빨리 닫거나 늦게 열 수도 있다. 또한 멀티 리프트 등의 응용도 가능하다.

유압 시스템을 배치하는 공간을 확보하기 위해 싱글 캠을 사용. 배기 밸브 위에 장착되는 캠샤프트가 유압 시스템의 피스톤을 누르고, 그 유압 전달에 의해 움직이는 흡기 밸브 구동 피스톤 사이에 솔레노이드 밸브가 설치되어 있다.

제원

형식 : 1.4TB135
기통수 : 4
기통배열 : 직렬
기통당 밸브수 : 4
밸브구동 : SOHC+멀티에어 시스템
내경×행정 : 72.0×84.0mm
배기량 : 1368cc
압축비 : 9.8
연료공급 : 포트분사
최고출력 : 99kW/5000rpm(Normal) / 99kW/5250rpm(Sport)
최대토크 : 180Nm/1750rpm(Normal) / 206Nm/1750rpm(Sport)
배출가스규격 : EU5(ALFA Mito)

멀티 에어를 탑재한 피아트의 최신 다운사이징 엔진

피아트의 롱셀러 엔진인 파이어 엔진은 유럽뿐만 아니라 중국이나 남미에서도 생산되고 있는 글로벌 기종이다. 설계로부터 오랜 세월이 흘러 한물간 엔진의 대명사로도 여겨지고 있지만 2009년 제네바 살롱에서 Mito용으로 탑재되는 1.4ℓ 파이어 엔진에 유압식 가변밸브 타이밍 기구인 「멀티에어」를 탑재한다고 발표되었다. 소위 말하는 논스로틀링 시스템의 일종으로, 캠샤프트와 흡기 밸브 사이에 오일 체임버를 설치하고 용량을 솔레노이드 밸브를 이용한 전자제어 기구로 변화시킴으로써 밸브 양정을 자유롭게 조절할 수 있다. 유압시스템이 파손되었을 경우의 페일 세이프 기능도 갖추고 있다. 유압시스템을 장착할 공간 확보와 경량화를 양립시키기 위해 4밸브 유닛이면서 싱글 캠을 선택. 흡기 캠은 저저항 로커암을 매개로 유압시스템의 피스톤을 누르는 구조이며, 배기 캠 2개에 흡기 캠 1개식으로 1개의 캠 샤프트에 캠이 12개가 나열되어 있다. 펌핑손실의 저감, 밸브 조기 닫힘에 따른 저속 토크 향상, 고속회전형 캠 프로파일 사용에 따른 최고출력 향상이라는 동력성능 향상과 저연비를 양립한다. 연료분사량, 베리에이터 위치, 연소 매니지먼트 등을 감지해 최적의 제어를 하고 있다.

● Professional Eye ········ Dr. Hatamura

유압식 밸브트로닉이지만…

유압을 사용한 가변밸브 기구를 흡기밸브에 사용했다. 흡기밸브를 일찍 닫아 논스로틀 엔진으로 만드는 점 등은 BMW의 밸브트로닉과 마찬가지. 흡기행정을 할 때 흡기밸브를 2번 열 수도 있다는 것인데, 효과는 의문이다. 기계식인 경우는 밸브를 열 때 압축한 밸브 스프링에 모아진 에너지를 닫힐 때 캠으로 되돌릴 수 있지만, 유압식은 그렇게 할 수 없기 때문에 밸브를 여는 에너지가 그대로 기계손실을 일으켜서 연비악화로 이어진다. 15년쯤 전에 많은 자동차 회사가 연구를 했었지만, 펌프 손실을 줄여도 기계손실이 늘어나는 만큼 연비효과가 적어서 대부분 포기했던 기술이다. 그것을 사용해 밸브트로닉 이상인 10%나 연비향상을 했다고 하니 놀라지 않을 수 없다. 어떤 비밀이 숨겨져 있는지 알고 싶은 부분이다.

● AUDI | CEPA 2.5ℓ TFSI

2.5ℓ 직렬5기통 터보

글 : 카와바타 유미
사진 : AUDI

제원

형식 : CEPA	배기량 : 2480cc
기통수 : 5	압축비 : 10.0
기통배열 : 직렬	연료공급 : 직접분사
기통당 밸브수 : 4	최고출력 : 250kW/5400rpm~6500rpm
밸브구동 : DOHC	최대토크 : 450Nm/1600~5300rpm
내경×행정 : 82.5×92.8mm	배출가스규정 : EU5

커먼레일 연료분사 장치를 사용해 연료분사압력을 120bar까지 높였다. 압축비는 10:1로, 과급 엔진으로서는 높게 설정되어 연비를 낮추는데 기여한다. 터보차저의 과급압력은 비교적 낮은 편으로, 최대1.2bar까지로 되어 있다.

다운사이징에 대한 해답으로 플러스 1기통을 선택

전장 49cm에 183kg으로, 조밀하고 가벼운 TFSI 직렬5 터보장착 엔진이다. 보조기기가 엔진 아래에 장착되어 있으며, 터보도 엔진과 보디 사이의 상당히 한정된 공간에 장착되어 있다.

아우디 80/90계열에 탑재되었던 5터보 유닛 이래, 14년 만에 직렬5기통을 부활시킨 아우디. TTRS라는 스포츠 모델의 앞쪽에 가로배치로 탑재하기 위해서는 출력이 크면서 경량, 콤팩트해야 했다. 직접분사화된 2.5ℓ 유닛은 터보차저로 과급됨으로써 최고출력 340ps/최대토크 450Nm를 발휘한다. 90콰트로에 탑재되었던 2.3ℓ 직렬5 유닛의 최고출력이 170ps였던 점을 생각하면 격세지감이 느껴진다. 점화는 144도 간격으로 1-2-3-4-5순으로 이루어지며, 진동대책으로 크랭크샤프트의 앞쪽 끝에 비틀림 진동 댐퍼를 탑재하고 있다. 또한 흡배기의 기하학적 구조를 손봐 특유의 엔진소리가 난다. 엔진 전장은 494mm로 짧은 편이며, 중량도 183kg으로 상당히 가볍다. 크랭크 케이스는 흑연주철제 주조물, 피스톤은 주조 알루미늄제, 배기에는 나트륨 봉입 밸브를 사용하는 등, 고출력 엔진에 필요한 강도를 갖추었으면서도 상당한 경량화가 이루어졌다. 그 결과 출력중량[kg/kW]이 TT의 4.4에 대해 TTRS는 3.4까지 향상시키는데 성공. 0~100km/h를 4.6초에 주파하는 동력성능도 대단하지만, 연료소비도 TT로드스터의 9.5ℓ/100km와 비교해 9.2ℓ/100km까지 향상되었다.

● Professional Eye ········· **Dr. Hatamura**

내부 사정이 반영된(?) 5기통

TTRS용의 고출력 터보과급 엔진. 340마력을 6500rpm에서 끌어내며, 1600~5300rpm에서 최대토크 45.9kgm(BMEP23)을 내는 고출력 버전으로 탈바꿈. 터보가 크기 때문에 터보 래그가 커지는 빅 싱글 터보가 아닌가 생각된다. 5기통을 선택한 이유는 VW그룹의 내부 사정일 것이다. 3.2ℓ V6으로는 너무 무겁고, 터보를 장착할 공간이 없다. 4기통의 기존 내경피치 88mm에서는 2ℓ가 한계. 그래서 1기통을 추가해 5기통 2.5ℓ로 했다. 밸브기구나 피스톤은 그대로 활용할 수 있기 때문에 소량생산으로도 가격면에서 채산을 맞출 수 있다. 5기통 특유의 1차 우력(偶力)의 불균형도 엔진이 내는 북소리라고 생각하면 납득할 수 있을지도 모르겠다.

● PORSCHE | 4.8ℓ V8 Twin Turbo

4.8ℓ V형 8기통 트윈 터보

글 : 카와바타 유미
사진 : PORSCHE

제원

형식 : –
기통수 : 8
기통배열 : V형
기통당 밸브수 : 4
밸브구동 : DOHC
내경×행정 : 96.0×93.0mm
배기량 : 4806cc
압축비 : 10.5
연료공급 : 직접분사
최고출력 : 368kW/6000rpm
최대토크 : 770Nm/2250~4500rpm
*스포츠 크로노 패키지 터보의 스포츠 플러스 모드에서의 수치
배출가스규정 : EU5

스포츠 엔진이면서
아이들링 스톱이 기본 사양

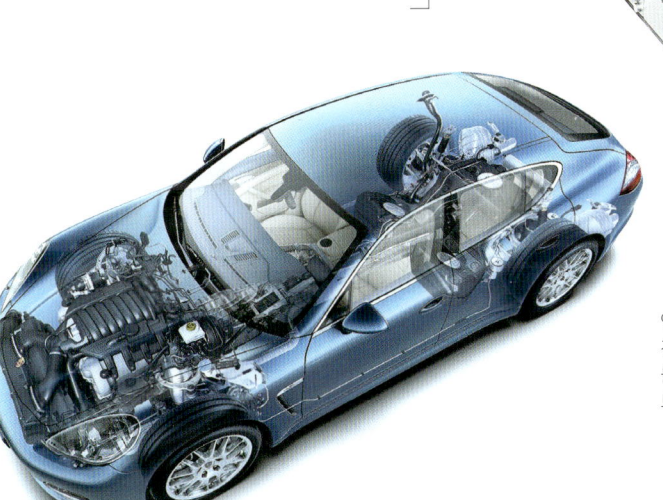

엔진을 앞쪽에 탑재하고 4WD와도 조합하는 파나메라는 엔진이나 보디 경량화와 함께 터보 차량임에도 앞뒤 중량 배분을 52:48로 적정화시켰다. 또한 엔진 탑재위치를 낮춰 프런트 디퍼런셜과 일체화하고 있다.

포르쉐의 터보 유닛은 그 성격상 항상 고출력을 추구해 왔다. 특수한 레이싱 카를 제외하면 최상급으로 간주되는 V8 터보 유닛은 2007년에 페이스 리프트된 카이엔 터보 S에 장착시킨 단계에서 직접분사가 이루어졌으며, 최고출력 500ps/6000rpm, 770Nm의 최대토크를 2250~4500rpm이라는 폭넓은 영역에서 발휘하는 정도로까지 강화되어 있다. 포르쉐 특유의 가변 양정 & 밸브 타이밍은 흡기쪽에만 바리오캠(VarioCam) 플러스를 사용하고 있다. 파나메라에 탑재된 V8 유닛은 더 경량화되어, 알루미늄제 엔진 블록에는 고강도 니카실(NIKASIL) 도금이 되어 있고, 실린더 헤드도 알루미늄제 또는 알루미늄 소재보다 더 가벼운 마그네슘 합금을 부분적으로 사용하는 등, 전체적으로 10kg을 줄이는데 성공했다. 포르쉐 직접분사엔진은 120bar로 가압한 연료를 솔레노이드 연료분사 장치에서 실린더 내로 직접분사하는 방식. 고부하영역에서의 토크를 강화하기 위해 엔진 회전속도 3500rpm까지는 연료분사를 2회로 나눠서 하고 있다. 연료와 공기가 실린더 안에서 혼합기를 생성함으로써 내부냉각 효과를 가져오는 것이 직접분사의 장점이기도 하다. 그런 결과로 압축비도 과급엔진으로는 높은 편인 10.5:1까지 높아져 있다.

● Professional Eye ········· Dr. Hatamura

분명 다운사이징 되었지만…

500마력이라는 괴물 엔진이지만 기술적으로는 평범. 포드의 직렬4 에코 부스트를 2.4ℓ로 해서 2개의 V형으로 연결해 고출력으로 튜닝한 것이라고 생각하면 된다. 압축비 10.6에서 BMEP18, 리터당 104마력을 내는 것도 보통 수치이다. 흡기밸브에 VTEC 같은 가변기구를 장착하고 있는 것이 새로운 정도다. 4.8ℓ이기 때문에 6ℓ급인 V12와 비교하면 이 정도로도 훌륭한 다운사이징이긴 하다. 다만 흡기매니폴드를 보면 터보과급 다운사이징에서는 상식으로 여겨져 온 짧은 흡기관이 아니라, 무과급엔진처럼 긴 흡기관을 사용하고 있는 점은 납득하기 어렵다. 생산량이 적은 포르쉐 입장에서 무과급엔진과 공통화하지 않으면 안 되었기 때문일까.

● BMW | N55B30

3ℓ 직렬6기통 터보

글 : 카와바타 유미
사진 : BMW

제원

형식 : N55B30
기통수 : 6
기통배열 : 직렬
기통당 밸브수 : 4
밸브구동 : DOHC
내경×행정 : 84.0×89.6mm
배기량 : 2979cc
압축비 : 10.2
연료공급 : 실린더 내 직접분사
최고출력 : 225kW/5800rpm
최대토크 : 400Nm/1200rpm~5000rpm
배출가스규정 : EU5(BMW535i)

**BMW의 최신 엔진
직접분사+밸브트로닉+터보**

실린더에 플러그와 나란히 배치된 것이 200bar의 다공 (多孔) 연료분사를 가능하게 하는 피에조 연료분사 인젝터. 과급기관이면서 10.2:1의 높은 압축비로 설정되어 있다. 그런 결과 8기통과 비슷한 최고출력 300ps를 내면서도 CO_2 배출량은 209g/km 정도이다.

가지런히 실린더 6개가 늘어선 3ℓ 직렬6 엔진. BMW가 자랑하는 연속가변 밸브 양정 & 밸브 타이밍 기구가 설치되어 있으며, 직접분사 터보엔진과 조합하기 위해 최적화되어 있다.

새로 개발된 터보차저는 BMW가 PSA와 공동개발한 1.6ℓ 트윈 스크롤 터보와 비슷한 시스템이다. 배기관은 3기통씩 양쪽으로 나눠지다가 최종적으로 터보차저 쪽에서 합쳐져 저속회전 영역에서의 터보 래그를 감소시킨다.

2009년 제네바 쇼에서 발표된 BMW 5시리즈 GT에 탑재되는 2기종의 가솔린 엔진 가운데, 3ℓ 직접분사 6기통 유닛은 세계최초의 연속 가변밸브 양정 & 밸브타이밍 기구인 밸브트로닉를 갖춘 직접분사 터보 가솔린 엔진이다. 바꿔 말하면 가변밸브, 과급, 피에조 연료분사 인젝터에 의한 직접분사라는 "다운사이징 3종 세트"를 갖춘 엔진기술 추세 중의 최첨단이라 할 수 있었다. 터보차저뿐만 아니라 냉각계 장착위치 등도 엔진 설계단계부터 효율을 먼저 고려했다고 한다. 이전 트윈터보 유닛에 사용되었던 과급시스템과는 달리 엔진 배기를 3기통씩 묶어 2개의 배기관을 거쳐 최종적으로는 1개의 터보차저를 회전시키는 트윈 스크롤식을 사용. 밸브트로닉 제어기술과 맞물려 400Nm의 최대토크를 1200rpm 정도의 저속회전 영역에서 끌어내는데 성공하고 있다.

● Professional Eye ········· Dr. Hatamura

좋은 것들만 모아놓은 엔진

BMW가 가까스로 2개의 기술을 통합. 직접분사 터보와 밸브트로닉을 묶으면 스로틀 손실을 없앨 뿐만 아니라 터보 래그 중에 흡기밸브가 닫히는 시간이 최적으로 제어되며, 체적효율이 높아져 토크가 증가되고, 응답성도 향상된다. 과급압이 높아져 노킹이 일어날 것 같으면 밸브가 닫히는 시기를 앞당기면 된다(밀러 사이클). 이 방법은 점화시기 지각처럼 연비악화가 없다. 그런 효과가 있어서인지 보통 가솔린을 사용할 수 있다고 한다. 심지어 1200rpm에서 최대토크(BMEP17)가 나온다 하니 트윈스크롤 터보와의 조합에 큰 기대를 갖게 된다. 같은 출력의 큰 배기량 V8과 비교하면 경량, 조밀할 뿐만 아니라 15% 정도의 연비향상 효과가 있을 것이다.

● FERRAIR | 4.3ℓ 90° V8 Direct Injection

4.3ℓ V형 8기통

글 : 카와바타 유미
사진 : FERRARI / ALFA ROMEO

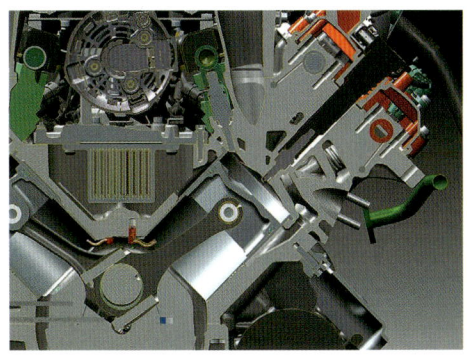
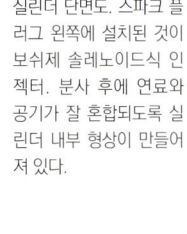

실린더 단면도. 스파크 플러그 왼쪽에 설치된 것이 보쉬제 솔레노이드식 인젝터. 분사 후에 연료와 공기가 잘 혼합되도록 실린더 내부 형상이 만들어져 있다.

페라리=마세라티=알파로메오 관계로 보건데, 기본은 동일하다고 여겨지는 알파로메오 8C에 탑재된 4.7ℓ V8 유닛. 최고출력은 450ps/7000rpm, 470Nm/4750rpm을 발휘한다. 아직 직접분사화는 되어 있지 않다.

캘리포니아에는 앞쪽 중간에 V8직접분사 유닛을 탑재하고 있지만, 458 이탈리아에는 미드십에 탑재된다. DCT(Duel Clutch Transmission)가 어떻게 바뀌는지도 관심을 끄는 부분이다.

제원

형식 : –	압축비 : 12.2
기통수 : 8	연료공급 : 직접분사
기통배열 : V형	최고출력 : 338kW/7750rpm
기통당 밸브수 : 4	최대토크 : 485Nm/5000rpm
밸브구동 : DOHC	*페라리 캘리포니아 NA 데이터 임.
내경×행정 : 94.0×77.37mm	배출가스규정 : ECE
배기량 : 4297cc	*유럽사양차

차 이름에서 알 수 있듯이 배기량 4.5ℓ의 V8 유닛을 탑재하는 페라리의 최신 미드십, 페라리458 이탈리아. 이 엔진의 기본형인, 페라리 최초의 직접분사 엔진으로써 캘리포니아에 탑재된 4.3ℓ V8 유닛은 압축비를 F430의 11.3:1보다 한 단계 높은 12.2:1로 세팅하고 있다(심지어 458 이탈리아는 12.5:1로 높여 127ps/ℓ까지 출력을 향상. 최고출력 557ps/9000rpm, 최대토크 540Nm/6000rpm을 발휘하는 한편, 3000rpm 부근에서도 최대토크의 80% 이상을 발휘한다). 연료분사 장치는 보쉬 시스템을 사용하고 있으며, 커먼레일화해서 솔레노이드 인젝터를 사용해 200bar의 고압으로 분사하고 있다. 0~100km/h 가속을 3.4초에 끊으며, 최고속도 325km/h라는 압도적인 성능을 자랑하는 한편, CO_2 배출량은 320g/km로 클래스 톱을 달성. EU모드에서의 연비는 7.3km/ℓ로 향상되어 있다. 엔진 앞쪽에서 돌아나가는 배기관은 배기음 튜닝을 목적으로 엔진 회전속도에 맞춰 3가지 배기관 중 하나를 지나가게 된다.

● Professional **Eye** ········· **Dr. Hatamura**

출력을 중시한 엔진 사양이지만 환경에도 대응

배기가스 규제, CO_2 배출에 관해서도 대비한 신세대 고성능 스포츠카 엔진이다. 특징은 실린더 내 직접분사의 활용으로, 이 연료계통 개발에 보쉬와 셀이 밀접히 관여되어 있다. 압축비는 12.2이고 7750rpm에서 리터당 107마력인 460마력을 발휘한다. V8은 몇 안 되는 플레인 크랭크(plane crank, 180도 위상)로서, 좌우 뱅크의 4기통이 등간격 폭발을 한다. 이 배치는 흡배기 간섭이 적고 고출력을 얻기 쉽다. 4기통을 2개 붙여놓은 형태로 가로 방향으로 2차 불균형 관성력이 남지만, 밸런스 샤프트는 장착하지 않았다. 출력을 중시한 엔진 사양으로 특징적인 진동소음 특성이 스포츠카다운 배기음을 연출하고 있다.

● MERCEDES BENZ | **M271DE18LA** "Blue EFFICIENCY"

1.8ℓ 직렬4기통 터보

글 : 세라 코타
사진 : Daimler

이제는 예외적인 최신 스펙
"블루 이피션시"란?

제원

형식 : M271DE18LA
기통수 : 4
기통배열 : 직렬
기통당 밸브수 : 4
밸브구동 : DOHC
내경×행정 : 82.0×85.0mm
배기량 : 1795cc
압축비 : 9.3
연료공급 : 실린더 내 직접분사
최고출력 : 150kW/5500rpm
최대토크 : 310Nm/2000~4300rpm
배출가스규정 : EU5

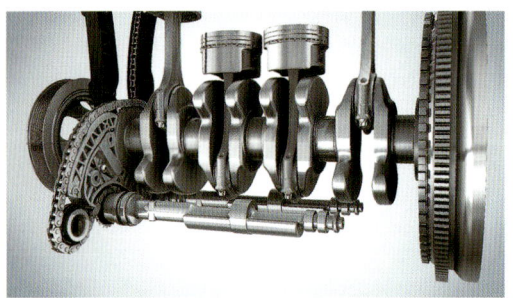

베어링 3개로 고정되는 2개의 밸런서 샤프트가 오일 팬에 설치되며, 크랭크샤프트의 2배 속도로 서로 반대 방향으로 회전한다. 밸런서 샤프트 바로 앞에 보이는 것이 오일펌프 구동 기어이다.

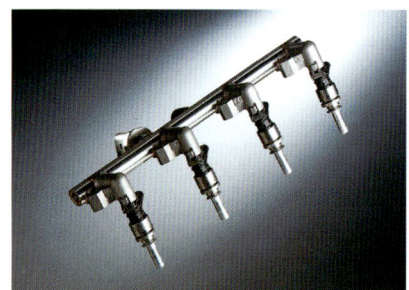

메르세데스 벤츠의 일반적인 포트분사용 인젝터의 분사압력이 3.8bar인데 반해 솔레노이드 인젝터는 최대 140bar로 분사. 전영역 이론혼합비 운전을 가능하게 했다.

흡기2(왼쪽), 배기2가 장착되어 각 기통 4밸브를 이룬다. 흡배기 밸브구동은 래시 어저스터가 장착된 롤러 팔로워. 흡기 포트에 스월 플랩(swirl flap)을 갖추고 있다.

E클래스가 신형으로 바뀌는 시점에 투입된 엔진이다. 일본에 도입된 모델인 E클래스 세단과 쿠페, 거기에 C클래스 세단과 스테이션 왜건에 탑재되었는데, 1.8ℓ 인데도 「250」뱃지를 붙였다. 즉 다운사이징 엔진이다. 메르세데스 벤츠는 예전 1.8ℓ 직렬4 유닛에 슈퍼차저를 조합시킨 과급엔진을 생산했었지만 구동손실이나 중량(약 4kg 가볍다), 소음이나 진동 면에서 터보차저(터빈 하우징은 배기매니폴드에 용접) 쪽이 뛰어났기 때문에 슈퍼차저와는 결별한 경험이 있다. 하지만 방침을 전환했다. 현안인 응답성은 터빈의 기하학적구조 개량으로 개선. 뱃지 표기대로 2.5ℓ · V6을 장착했던 「250」에 비해 토크는 26% 증가. 연비향상도 약속한다. 크랭크 케이스는 알루미늄 주조, 실린더 헤드는 고강도 알루미늄 합금제이다.

● Professional **Eye** ········ **Dr. Hatamura**

직접분사 터보과급 다운사이징의 결정판

수년전부터 슈퍼차저 과급의 1.8ℓ를 사용해 온 메르세데스가 내놓은 최신 엔진. 직접분사 터보과급 다운사이징 엔진의 결정판이라 할 수 있다. SC는 응답성은 좋지만 고속주행 등의 과급운전 때는 구동손실 때문에 연비가 나쁘다. 그 때문에 터보차저로 바뀌어 온 것이다. 압축비는 9.3으로 직접분사 치고는 낮은 편인데, 연소효율보다도 높은 토크를 내서 다운사이징으로 연비향상을 도모한다. 그 결과 BMEP22를 내고 있다. 이 수치는 VW 골프의 TSI 트윈차저와 비슷한 것으로, 싱글차저에서는 터보 래그가 걱정이다.

● NISSAN | VQ37VHR

3.7 ℓ V형 6기통

글 : 세라 코타
사진 : NISSAN

VVEL을 추가해
더 숙성시킨 엔진

제원

형식 : VQ37VHR
기통수 : 6
기통배열 : 60도 V형
기통당 밸브수 : 흡기2 · 배기2
밸브구동 : DOHC
내경×행정 : 95.5×86.0mm
배기량 : 3696cc
압축비 : 11.0
연료공급 : 포트분사
최고출력 : 247kW/7000rpm
최대토크 : 365Nm/5200rpm
*페어레이디Z 로드스터(CBA-HZ34)의 데이터.
배출가스규정 : JC08C

마찰 측면에서는 불리한 줄 알면서 고속회전을 살리기 위해 직동식으로 밸브를 구동한다. 마찰을 줄이기 위해서는 밸브 리프터를 DLC 코팅 처리. VVEL 유무에 따른 연비는 엔진에서만 8~10%(2000rpm, 40~50km/h 상당) 정도라고 한다.

흡기밸브 작동각 · 양정 연속가변 시스템 「VVEL」을 탑재한 엔진. 일본에서는 2007년 10월에 발매된 스카이라인 쿠페에 처음 투입. 이어서 스카이라인 세단, 페어레이디Z(둘다 2008년~)에도 적용되었다. 기본이였던 VQ35HR(2006년)과의 두드러진 차이는 배기량과 VVEL의 유무. 연속 가변밸브 타이밍 컨트롤(CVTC)을 흡배기 양쪽(흡기쪽에는 유압식, 배기쪽은 전자식)에 장착하고 있었던 VQ35HR에 비해, VQ37VHR은 히다치 그룹과 공동으로 개발한 흡기밸브 작동각 · 양정 연속가변 시스템을 탑재(배기쪽은 유압식 CVTC). 흡입공기량 컨트롤은 흡기밸브 작동각과 양정을 연속으로 가변시키는 것이 기본이지만, 아이들링 제어를 위해 스로틀 밸브는 남겨두고 있다. 흡기밸브 양정은 0.7mm(아이들링 시)부터 최대 12.3mm(최고출력 지점)까지이다.

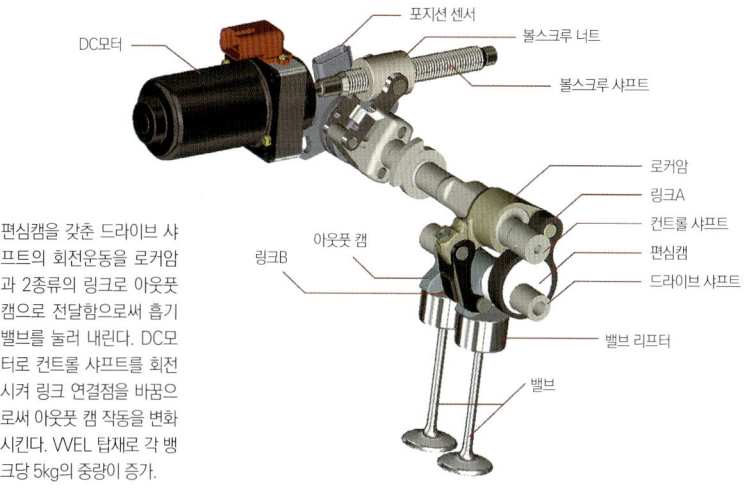

편심캠을 갖춘 드라이브 샤프트의 회전운동을 로커암과 2종류의 링크로 아웃풋 캠으로 전달함으로써 흡기 밸브를 눌러 내린다. DC모터로 컨트롤 샤프트를 회전시켜 링크 연결점을 바꿈으로써 아웃풋 캠 작동을 변화시킨다. VVEL 탑재로 각 뱅크당 5kg의 중량이 증가.

포지션 센서
DC모터
볼스크루 너트
볼스크루 샤프트
로커암
링크A
아웃풋 캠
컨트롤 샤프트
링크B
편심캠
드라이브 샤프트
밸브 리프터
밸브

● Professional Eye ········ Dr. Hatamura

직접분사 터보와의 조합에 기대하고 싶다

VVEL이라고 불리는 밸브 양정 & 열림각 연속가변 밸브기구가 특징인 V6 논스로틀 엔진. BMW보다 늦은 2007년에 닛산이 내놓은 신형 엔진이다. 그러나 밸브트로닉을 능가할 정도는 아니고, 복잡한 기구(부품수, 좌우 헤드의 비공통성)나 응용범위(스월생성 등)을 생각하면 BMW의 그림자를 쫓아가고 있다고 할 수 있다. 그렇기는 하지만 가변밸브 타이밍에 의한 고출력화, 논스로틀에 의한 연비절감 효과를 확실하게 실현하고 있으며, 양쪽 다 직접분사 터보와 조합시키면 BMW 3.0ℓ 터보같은 엔진을 만들 수 있을 거라는 기대를 하고 싶다.

● TOYOTA | **2GR-FSE**

3.5ℓ V형 6기통

글 : 세라 코타
사진 : TOYOTA

2005년에 렉서스GS나 IS와 함께 등장한 엔진. 크라운이나 2009년 10월에 모델이 변경되어 2세대로 옮겨간 마크X에도 탑재. 2.5ℓ 4GR-FSE나 3ℓ 3GR-FSE와 같은 직접분사 엔진이지만, 2GR-FSE는 포트분사도 가능하며 상황에 맞춰 양쪽을 분간해 사용하는 것이 특징(도요타는 「D-4S」라고 부른다). 부하가 클때는 직접분사의 흡기냉각 효과에 따른 충전효율의 향상 및 노킹 개선에 의한 고압축비화로 고성능을 노린다. 한편 저·중 부하일 때는 직접분사과 포트분사를 최적으로 제어해 연비향상, 연소 안정화를 도모한다. 인젝터에는 분사구멍이 2개 있으며, 분무가 실린더 안으로 효율적으로 분산되도록 설계되어 있다. 흡배기 가변연속 밸브 타이밍 기구(듀얼VVT-i)를 갖추었다. 배기 시스템은 좌우 독립으로 되어 있다. 독창성 강한 듀얼 인젝션을 포함하고 있으며, 야마하 발동기가 개발에 관여했다. 생산은 도요타.

2GR-FSE의 컷모델. 듀얼VVT-i 부분이 잘 보인다. 큰 변경 없이 최신 마크X에도 탑재된 것을 보면 얼마나 기본이 잘 되었는지를 증명하고 있다.

같은 GR계열이지만 포트분사를 갖추지 않은 3ℓ·V6인 3GR-FSE의 컷모델. 분사구멍이 2개인 인젝터는 직선으로 뻗은 흡기포트 아래쪽에 배치. 밸브구동은 래시 어저스터가 달린 롤러 팔로워를 매개로 이루어진다.

적절한 전환분사 방식으로 과제에 도전한 엔진

제원

형식 : 2GR-FSE	배기량 : 3456cc
기통수 : 6	압축비 : 11.8
기통배열 : 60도 V형	연료공급 : 실린더 내 직접분사+포트분사
기통당 밸브수 : 흡기2·배기2	최고출력 : 234kW/6400rpm
밸브구동 : DOHC	최대토크 : 380Nm/4800rpm
내경×행정 : 94.0×83.0mm	배출가스규정 : JC08C

● Professional **Eye** ········· **Dr. Hatamura**

포트분사와 실린더 내 직접분사의 장점을 취합

포트분사와 실린더 내 직접분사에 사용하는 인젝터 2개를 갖추었으며, 운전상황에 맞게 분사량 비율을 바꾸는 등, 양쪽의 장점을 살리려 한 엔진. 실린더 내 분사 노즐도 세로 더블 슬릿 분무라고 하는, 부챗살 모양의 분무를 세로 2열로 분무하는 인젝터를 사용하고 있다. 실린더 내 분사는 흡기온도가 내려가 체적효율을 증가시킴으로써 출력을 높일 수 있지만, 가솔린의 기화무화(氣化霧化)는 포트분사에 뒤진다. 그 때문에 실린더 내 분사에서는 스월이나 텀블로 유동을 높여 기화무화를 촉진하는 것이 일반적이다. 저속회전에 맞춰 실린더 내 유동을 높이면 흡기밸브의 흡입저항이 증가해 고속회전에서 출력이 안 나온다. 그래서 포트분사를 병용해 기화무화 문제를 해소함으로써 흡기유동을 높이지 않고 좋아질 정도로, 저속 토크와 고출력을 양립시킬 수 있었던 것이다. 그 외 여러 가지 흥미로운 시도가 가능할 것 같다.

● HONDA | R20A

2.0ℓ 직렬4기통

글 : 세라 코타
사진 : HONDA

VVC

VTEC+가변 흡기량 제어 등
더욱 숙성되어 편리해진 사용

혼다는 VTEC을 다양하게 활용하고 있다. 인스파이어에 장착한 3.5ℓ·V6 SOHC 24밸브는 일부 실린더 일시정지로 3기통/4기통/6기통으로 전환시키며, 인사이트에 장착한 1.3ℓ·직렬4 SOHC 8밸브는 모든 실린더를 일시정지시킬 수 있다. 2009년 10월에 4세대로 바뀐 스탭 왜건은 i-VTEC(가변 밸브 타이밍 & 리프트 기구)의 기능을 응용해 저부하로 주행할 때 흡기밸브(2밸브 가운데 1밸브)가 닫히는 시간을 늦추는 「가변 흡기량 제어」를 사용했다. 즉, 닫는 것을 늦추는 밀러 사이클인 것이다. 또한 스로틀 밸브(와이어로 작동)의 개도를 크게 함으로써 펌핑손실 저감을 노리고 있다. 혼다가 발표한 바에 따르면 최대15%의 펌핑손실을 저감해 연비성능 향상에 기여하고 있다고 한다. 실린더 헤드는 배기 매니폴드 일체형. 배기 매니폴드 직하형 촉매가 보이는 쪽이 차량 전방이다.

제원

형식 : R20A
기통수 : 4
기통배열 : 직렬
기통당 밸브수 : 흡기2·배기2
밸브구동 : SOHC
내경×행정 : 81.0×96.9mm
배기량 : 1997cc
압축비 : 10.6
연료공급 : 포트분사
최고출력 : 110kW/6200rpm
최대토크 : 193Nm/4200rpm
배출가스규정 : JC08C
기타 : 가변 흡기량 제어

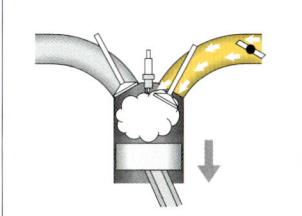

스로틀 밸브 개도를 약간 크게 제어해, 원활하게 흡기

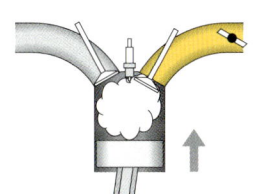

피스톤이 하사점을 지나 상승을 시작해도 흡기밸브를 닫지 않는다

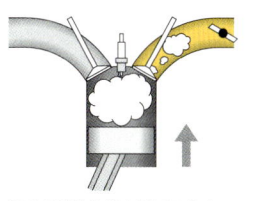

한번 흡입한 혼합기 일부를 흡기포트로 밀어내고 나서 흡기밸브를 닫으면서 필요한 혼합기 양으로 조절

정속 주행 등, 저부하 주행상태에서는 스로틀 밸브 개도가 작아져 흡기통로가 좁아지기 때문에 펌핑손실이 커지게 된다. 이것을 해소하기 위해 드라이브 바이 와이어(drive-by-wire)와 흡기 클로징 지체를 연동시켰다.

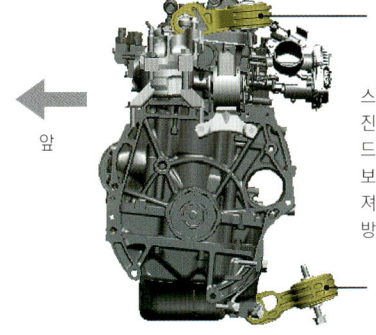

어퍼 토크로드

로워 토크로드

앞

스텝 웨건(2009년 10월~)에서는, 엔진 진동을 전후방향으로 받는 토크 로드 관성 주축 마운트를 채용. 엔진측과 보디측의 양쪽 모두에 고무 부시를 가져, 이중방진효과를 발휘하면서 상하방향의 진동을 효과적으로 흡수.

피스톤 스커트의 표면에는, 벌써 다른 기종에도 투입 실적이 있는 도트 모양의 「패턴 피스톤 코팅」을 하여 오일 보관 유지성 향상을 도모한다. 피스톤 링의 저장력화와 함께 마찰 저감을 실현.

● Professional Eye ········· Dr. Hatamura

과급 다운사이징이 더 좋다

VTEC을 사용해 한 쪽 흡기밸브의 닫는 시기를 늦춰 부분부하 때의 펌프손실을 줄임으로써 연비향상을 도모한다는 것으로, 압축비는 약간 높은 편인 10.6이다. 넓은 의미에서의 밀러 사이클 엔진이다. 이미 시빅에 사용되고 있는 기술로 새로울 것은 없다. 이 엔진은 원래 내경 81mm, 행정 96.1mm의 장행정으로, 고속회전 고출력은 힘들지만 연소가 좋은 것 말고도 밀러 사이클이기 때문에 연비는 크게 기대할 수 있다. 배기 매니폴드가 헤드와 일체인 것도 최근 혼다 엔진의 표준. 촉매의 난기성(暖機性)이 좋기 때문에 시동 직후의 연비 악화가 적다. 주로 가족끼리 이동하는 미니밴 등에 딱다. 다만 유감스러운 것은 저속 토크가 큰 과급 다운사이징 엔진이었다면 더 편하게 달릴 수 있고 연비도 좋아지지 않을까, 하는 생각이다.

GENERAL MOTORS | Ecotec RPO LNF

2.0ℓ 직렬4기통 터보

글 : 세라 코타
사진 : Genral Motors

제원

형식 : RPO LNF
기통수 : 4
기통배열 : 직렬
기통당 밸브수 : 4
밸브구동 : DOHC
내경×행정 : 86.0×86.0mm

배기량 : 1998cc
압축비 : 9.2
연료공급 : 직접분사
최고출력 : 194kW/5300rpm
최대토크 : 353Nm/2000rpm
배출가스규정 : LA-4

세단 보디의 뷰익 라크로스나 SUV인 GMC 테라인에 얹히는 2.4ℓ·직렬4NA. 유압 래시 어저스터가 장착된 롤러 팔로워를 매개로 밸브를 구동. 배기밸브는 나트륨 봉입 타입이다.

「패밀리 O₂」에 속하는 1.4ℓ·직렬4 터보엔진(포트분사). GM은 북미에서 생산하는 엔진 가운데 3분의 1을 4기통으로, 그 가운데 21%를 터보엔진으로 만들 계획을 세우고 있다.

명실공히 제2세대로 널리 퍼져나가는 시리즈 구성

Emissions Control Optimisation TEChnology를 의미하는 ECOTEC(에코텍) 엔진은 2000년에 등장한 이래 종류를 늘려나가, GM 산하의 모든 브랜드에서 사용하고 있다(기술사양이 통일되어 있는 것은 아니다). 실린더 배열은 직렬4기통이 기본. 최신 패키지는 2ℓ 또는 2.4ℓ의 직렬4에 직접분사와 터보를 조합. 2ℓ·직렬4 터보는 GM유럽이 주체적으로 개발해 오펠 벡트라 등에 탑재한 2.2ℓ·직렬4 직접분사 무과급엔진과, GM아메리카가 개발한 2ℓ·직렬4 터보의 기술을 조합한 미국 GM그룹 기술의 결정체라 할 수 있다. 터보는 실린더간 배기간섭을 없애 저속회전부터 터빈의 효율적인 회전을 목적으로 한 트윈스크롤 방식(최대 1.23bar). 흡배기 양쪽에 가변밸브 타이밍 기구를 장비했다. 고압 연료펌프가 생성하는 인젝터 분사압력은 50bar(아이들링 시)~150bar이다.

● Professional Eye ········ Dr. Hatamura

터보 래그가 문제시 될 수도 있다

포드의 에코부스트와 거의 비슷한 개념의 직접분사 터보 과급 다운사이징 엔진이다. 코스트 일변도였던 GM도 연비개선 압력으로 자동차 회사가 취해야 할 자세로 돌아간 것 같다. 포드보다 나중에 나왔을 뿐으로, 흡배기 캠에 위상가변 VVT를 장착하고 배기밸브는 나트륨 봉입 타입으로 고온 배기에 대응하고 있다. 심지어 트윈스크롤 터보를 뽐내고 있다. 출력은 260마력으로 리터당 130마력에 상당하며, 토크 260lb.-ft.는 BMEP로 하면 22나 되는 높은 수치이다. 싱글 터보로 출력을 낸다고 하면 트윈스크롤이라고는 하지만 터보 래그가 문제시 될 것 같다.

FORD | 1.6ℓ / 2.0ℓ EcoBoost I-4

1.6ℓ / 2.0ℓ 직렬4기통 터보

글 : 세라 코타
사진 : FORD

가솔린 직접분사 터보기술을 의미하는 「EcoBoost」엔진의 최신작은 1.6ℓ·직렬4버전으로, 흡배기 양쪽에 가변밸브 타이밍 기구를 갖추고 있다. 2010년 가을에는 유럽, 2011년 후반에는 북미에도 도입되는 신형C-MAX(포커스 베이스의 7시트 크로스오버)부터 탑재될 예정. 개발은 유럽 쪽에서 담당. 「디젤이나 하이브리드보다도 매력적인 선택」이라고 포드는 주장한다. 고압 인젝터의 분사압력은 200bar로, 분사구멍의 직경은 0.02mm. 상세한 제원은 발표되지 않았지만, 1500rpm 또는 그보다 낮은 회전속도에서 최대토크를 낸다고 한다. 1.6ℓ 생산은 영국 공장에서, 2ℓ는 스페인 발렌시아 공장에서 생산. 2012년까지 연간 130만 대를 생산할 예정이다. 150~180ps를 내는 1.6ℓ 외에도 200ps 이상을 내는 2ℓ를 개발 중. 2013년까지는 파워 유닛의 90%를 이들 2종류의 엔진으로 교체할 생각이다.

다운사이징 전략으로 기대되는 차세대 엔진

가레트 터보차저를 배기 매니폴드 바로 아래에 장착. 1500rpm 또는 그 이하의 저속회전에서 최대토크를 내면서, 5000rpm을 넘는 회전영역까지 계속해서 출력을 지속시키는 엔진으로 만들 예정.

고압 인젝터는, V6에서는 흡기쪽에 장착되었지만, I4에서는 점화 플러그 부근에 배치. 밸브구동은 직동식으로, 접촉면의 마찰을 낮추기 위한 코팅을 했다. C-MAX는 효율을 높인 제2세대 DCT(듀얼 클러치 트랜스미션, 독일 게트라그 제품)와 같이 장착해 V6이 메인이 된다.

● Professional Eye

········· **Dr. Hatamura**

직접분사 터보기술로 확실하게 연비를 향상

터보 과급 다운사이징이 이제 미국에서도 퍼져나가기 시작했다. VW의 TSI 싱글차저에 대해서는 설명이 필요없을지도 모르겠다. 흡기행정에서 가솔린을 실린더 안으로 분사하면 흡기 공기의 온도가 기화열로 20~30도 내려간다. 온도가 내려간 공기는 체적이 작아지기 때문에 그만큼 많아진(8% 정도) 새 공기를 흡입할 수 있다. 온도가 내려가면 노킹이 잘 일어나지 않기 때문에 과급을 해도 압축비를 낮추지 않아도 된다. 그런 결과 압축비 10인 에코부스트 엔진이 생겨난 것이다. 5.4ℓ인 V8을 3.5ℓ의 V6로, 3.5ℓ의 V6를 2.3ℓ의 직렬4로 바꾸면 20%의 연비가 향상된다고 한다. 이미 보급되어 있는 직접분사 터보기술을 사용해 뒤늦게나마 확실하게 연비 향상을 시도했다고 할 수 있겠다.

Diesel Climax!

도해특집 :

디젤의 역량

본지가 창간호에서 「디젤 신시대」를 특집으로 다룬 이래 2년이 경과했다.
유럽 메이커의 최신 디젤 엔진을 지면화해서 디젤 엔진의 기초와 최신기술을 망라하려는 의도였다.
그러나 기술의 진화는 상상 이상으로 빠르다.
일본 자동차 회사가 속속 클린 디젤을 개발하는 한편 유럽 메이커도 한층 더 기술혁신을 계속하고 있다.
지금 디젤 엔진은 어떻게 되고 있는가?
그 「진짜 역량」을 기술적 견지에서 자세히 살펴보기 위해 이 특집을 마련했다.
디젤 개발은 더욱 뜨거워지고 있다.

사진 : 스미요시 미치히토

현대적 디젤 엔진의 구성요소

DIESEL ENGINE Basics

오랫동안의 "공백기간"에 종말을 고하고, 일본 회사의 승용차용 디젤이 속속 모습을 드러내고 있다.
「신세대」,「클린」 등으로 불리는 이유와 그것을 가능하게 한 테크놀로지를 요약해 본다.

글 : 마쓰다 유지 사진 : 쿠마가이 토시나오 / AUDI / BOSCH / BMW / GM / RENAULT / VOLVO

BOSCH

● **일반적인 디젤 엔진의 특징**
- 흡입행정시 공기만 흡입하고 실린더 내에 연료를 분사
- 압축자기착화/동시다발점화 · 연소실은 피스톤 안에
- 희박연소가 기본 · 실린더 내 압력이 높아 각 부분에 높은강도가 필요
- 질이 낮은 연료에 대응하기 쉽다

● **클린 디젤이란?**
- 고압연료분사
- 연료방울을 미세화
- 다단계 분사
- 과급기는 불가분의 관계
- 연료제어를 위한 EGR
- 후처리장치에 의한 배기가스 정화
- 산화촉매
- DPF
- NOx흡장(吸藏)/환원촉매
- 요소 SCR

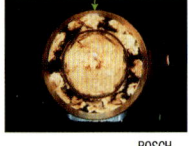

BOSCH

DE의 연소행정을 피스톤쪽에서 촬영한 사진. 상사점 부근에서 연료를 분사한 것이 최상단좌측 사진. 그 오른쪽을 보면 노즐에 있는 6개의 구멍에서 분무된 연료가 6방향으로 연소되어 가고, 이후 연소실 안에 생기는 와류에 의해 화염이 전파되면서 연소가 진행되는 것을 알 수 있다.

닛산 자동차는 2008년 9월 18일, 엑스트레일에 새로 개발한 디젤 엔진(이하 DE로 약칭)을 탑재한 「20GT」 그레이드를 추가 발표했다. 엑스트레일에 탑재되는 M9R형 DE는 2009년 10월 1일 이후로 신규 등록되는 DE차량에 적용되는 일본의 배출가스 기준 「포스트 신장기규제(新長期規制)」에 세계에서 최초로 대응한 엔진이다. 최근 수년 동안 화제가 되어 온 「클린 디젤」의 일본내 투입에 첫 단추를 끼운 것이다.

DE에 주목하는 이유를 한 마디로 간추리면, 「자원 · 환경문제 대책」이라 할 수 있다. 일반론적으로 DE는 가솔린 엔진보다 열효율이 높아서 더 작은 배기량(다운사이징) 혹은 엔진 회전속도(다운스피드)로 같은 출력/토크를 발휘할 수 있다. 즉, 결과적으로 CO₂ 배출량을 저감할 수 있다.

자동차 회사 사정으로는 유럽을 중심으로 해서 세계 각국에서 시작되고 있는, CO₂ 총량규제치에 대한 대응이 급선무이다. 향후 세계 각지에서 CAFE(Corporate Average Fuel Efficiency, 기업평균연비)규제가 강화된다는 것은 모두가 아는 사실이다. 예를 들면 미국운수성은 경트럭을 포함한 CAFE기준을 2015년까지 단계적으로 25% 강화한다는 제안을 발표하고 있다. 기준달성에는 가솔린 엔진 차량의 연비향상과 병행해 연비가 좋은 DE차량의 판매비율을 높이는 것이 유효하다.

사용자 입장에서는 DE만이 갖고 있는 운전 용이성에 대한 기대와 최근 수년 간의 원유가격 상승에 따른 연료비의 부담 경감이 DE에 대한 기대의 대부분을 차지하고 있을 것이다. 유럽에서 DE차가 점유율을 높여간 이유로도 이 2가지와 더불어 세제면에서의 우대조치를 꼽을 수 있다. 일본에서도 교토의정서의 목표달성이 거의 절망적인 현상황이나 에너지 다양성 관점에서 미루어 볼 때 세제를 낮출 가능성은 있다.

앞으로도 각사가 신개발 DE의 일본 투입을 예정하고 있다. 그러나 일반 사용자의 평균 연간주행거리가 거의 1만 km를 초과하는 유럽에 비해 일본에서는 8000km 정도로, 더구나 그마저도 감소 경향에 있다. DE차는 번잡한 배기가스 후처리장치가 필수여서 가격 상승을 가져오기 때문에, 경유와 가솔린의 가격차 정도에 따라 결국 나중에 차를 바꿀 때까지 상쇄할 수 없을 가능성도 있다.

그러한 배경을 바탕으로 깔면서 「DE의 현재」를 대략적으로 이해하기 위한 기본정보를 이 부분에서 정리해 보았다. 언뜻 보면 기초 중의 기초같은 내용이지만, 특집기사 전체의 이해를 높이기 위해 활용되었으면 좋겠다.

● 실린더 헤드 & 피스톤 – Cylinder Head & Piston

「와류」를 발생시켜 연료방울을 교반(攪拌)시키고 화염전파를 촉진

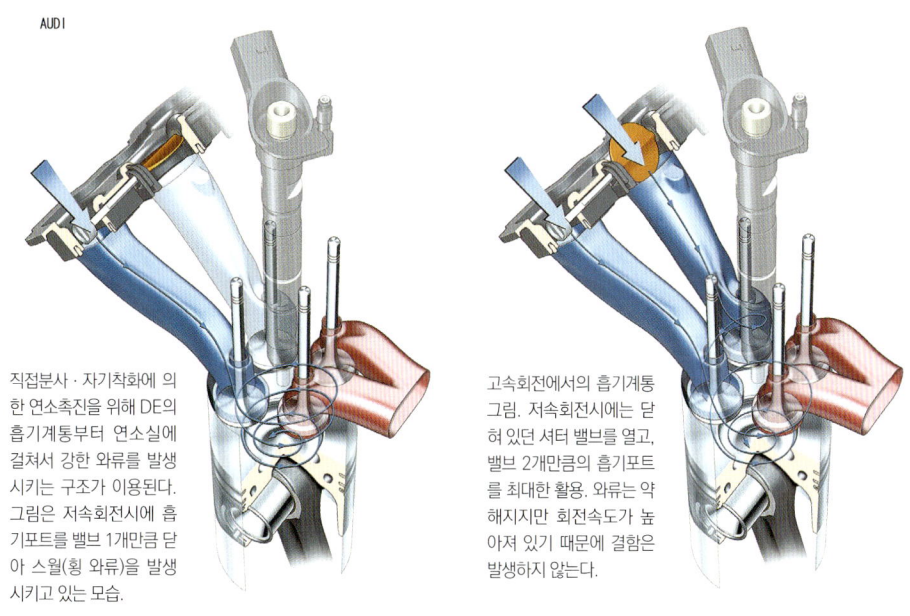

AUDI

직접분사·자기착화에 의한 연소촉진을 위해 DE의 흡기계통부터 연소실에 걸쳐서 강한 와류를 발생시키는 구조가 이용된다. 그림은 저속회전시에 흡기포트를 밸브 1개만큼 닫아 스월(횡 와류)을 발생시키고 있는 모습.

고속회전에서의 흡기계통 그림. 저속회전시에는 닫혀 있던 셔터 밸브를 열고, 밸브 2개만큼의 흡기포트를 최대한 활용. 와류는 약해지지만 회전속도가 높아져 있기 때문에 결함은 발생하지 않는다.

연소실은 피스톤 쪽에 있으며 여기에 연료를 분사한다. 그러면 연소실 중앙부의 돌기에 의해 연료방울이 와류에 섞이면서 공기와 교반되고, 착화 후에 화염이 전파된다.

통상적인 가솔린 엔진은 흡기포트 내부에 인젝터를 배치해 실린더 안으로 유입되는 공기에 연료방울을 혼합시키는, 「예혼합」방식을 이용하고 있다. 또한 실린더 안에서 압축된 혼합기는 점화 플러그의 전기불꽃에 의해 착화되어 연소행정으로 옮겨간다. 출력은 유입되는 혼합기 전체량을 스로틀 밸브 등으로 증감시키는 방식으로 조정한다.

이에 비해 DE는 우선 실린더 안으로 공기만 흡입해 압축행정에서 피스톤이 상사점에 도달하는 도중에 연료를 직접 실린더 내부로 분사, 압축에 의한 온도상승을 이용해 자기착화시켜 연소행정으로 진행한다. 흡입 공기량은 일정해서 출력은 분사하는 연료양으로 조정한다. DE의 연비가 좋은 이유는 부분부하에서 공기 양이 가솔린의 3~5배나 많아 희박연소가 될뿐만 아니라 연소가스의 비열비(比熱比)가 높다는 점과 냉각손실을 줄일 수 있다는 점, 자기착화를 하기 때문에 압축비를 높여 팽창비를 높일 수 있다는 점, 스로틀 밸브가 없기 때문에 펌프손실을 저감시킬 수 있다는 점, 노킹이 없는 것에 따른 과급 다운사이징 효과 때문이다.

이번에는 연소실 내부 모습을 인젝터쪽에서 바라본 모습. 왼쪽은 노즐에서 분사된 연료방울이 착화하고 있는 모습. 원모양의 연소실 내부에서, 분사 노즐이 위치하는 중앙에서 주변을 향해 부채 모양으로 확산되어 가는 것을 알 수 있다. 이 노즐은 구멍이 5개인 것 같다. 오른쪽은 와류에 의해 화염이 전체적으로 전파되어 가는 모습. 중앙부는 분무가 도달하지 않기 때문에 연소온도가 낮은 상태에 머물러 있음을 알 수 있다.

● 크랭크 샤프트 & 실린더 블록 – Crankshaft & Cylinder Block

높은 연소압력과 큰 압력변동에 견딜 수 있는 강성을 확보

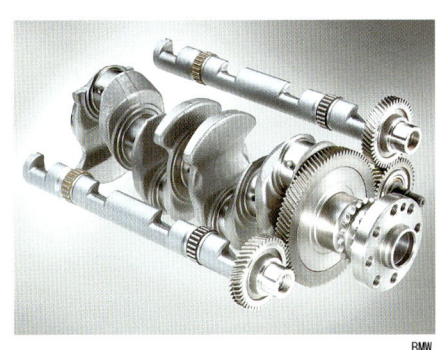

BMW   BMW

자기착화를 위해 압축비를 높게 설정, 팽창비 크기에 따라 열효율이 높아지는 DE. 그러나 그런 반면 고압축 상태에서 연소가 진행되기 때문에 연소할 때 실린더 내 압력이 상당히 높아진다. 조금 극단적으로 말하면 항상 노킹을 일으키면서 작동하고 있다고 할 수 있기 때문에 엔진을 구성하는 모든 부품에는 높은 실린더 내 압력에 견딜 수 있을 만큼의 강도·강성이 요구된다. 예를 들면 피스톤은 주조품을 사용하고 실린더 블록을 클로즈드 데크(closed deck)로 하는 경우도 드물지 않다. 이것이 DE의 제조단가를 높이게 되는 원인 가운데 하나이다. 사진 우측은 BMW의 V형 8기통 DE용 실린더 블록(알루미늄제). 리브(rib) 수, 사이즈 등 가솔린용 블록과는 확연히 구별된다. 또한 고압을 견딜 수 있는 피스톤이나 커넥팅 로드는 질량이 크기 때문에 왕복관성력도 커지는 것에 대한 대책, 즉 진동대책이 필요한데 이것도 중량증가와 가격상승 요인이 되기 쉽다. 사진 좌측은 BMW 4기통 DE에 사용된 밸런스 샤프트이다.

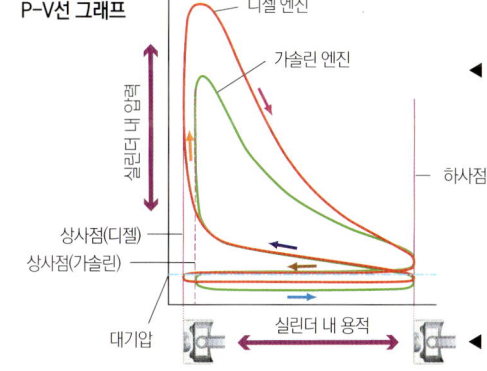

P-V선 그래프

디젤 엔진

가솔린 엔진

연소실 내 압력

상사점(디젤)
상사점(가솔린)

하사점

대기압   실린더 내 용적

P-V선도로 보는 가솔린 엔진과 디젤엔진의 차이

실린더 용적(피스톤 행정에 따라 변화)을 가로축, 실린더 내 압력을 세로축으로 하고 사이클을 표시한 것이 P-V선도(압력:용적 Pressure-Volume선도)이다. 4사이클 엔진은 흡기, 압축, 연소, 배기 4행정으로 한 사이클을 구성하기 때문에 고압과 저압 2개 면적이 생긴다. 큰 고압쪽이 연소작동(출력)이고, 작은 저압 쪽이 펌프작동(손실)을 나타낸다. 여기서 큰 면적에서 작은 면적을 뺀 것이 엔진 1사이클당 작업량을 나타내며, 그 값이 클수록 큰 토크가 발생한다.

이 P-V선도는 DE와 가솔린 엔진의 차이를 이해하기 쉽도록 하기 위해 만든 것이다. DE의 고압에서 저압을 뺀 것, 가솔린의 고압에서 저압을 뺀 것, 각각의 면적이 차별화될 것이다. 이 차이가 열효율 차이로서, DE가 연비성능에 뛰어난 이유 가운데 하나로 볼 수 있다.

● 커먼레일 시스템 – Common Rail fuel injection system

초고압으로 연료를 다단계 분사하는, 신세대 디젤의 중요 장치

커먼레일 시스템의 구성

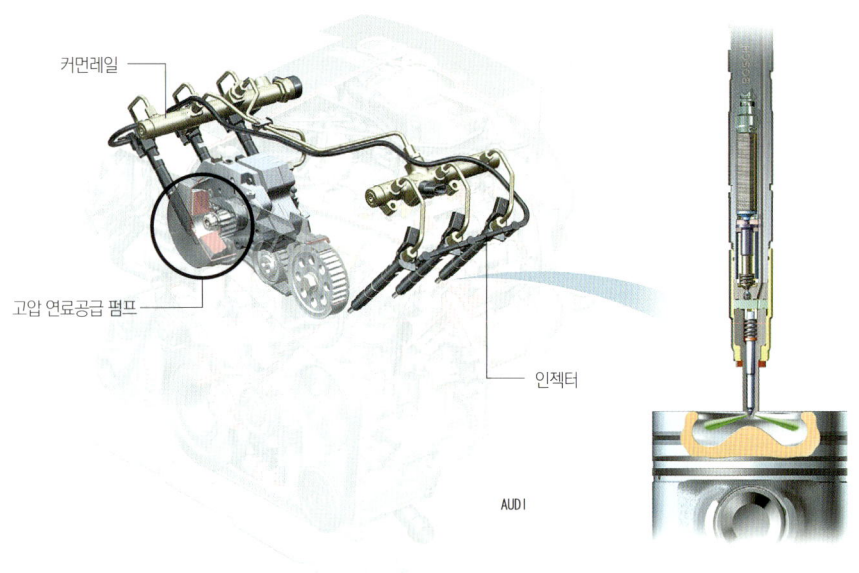

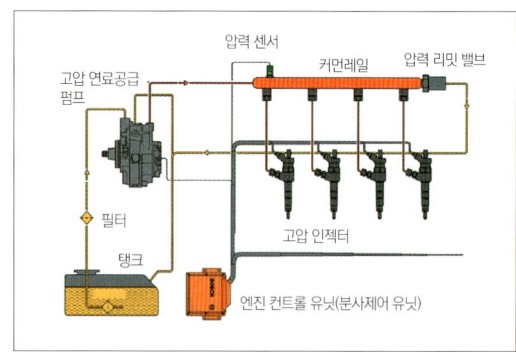

위 그림은 커먼레일 시스템 전체와 인젝터 및 연소실 관계를 나타낸 것이다. 고압 연료공급 펌프는 크랭크축으로 벨트 구동시키며, 딜리버리 파이프를 매개로 커먼레일로 가압시킨 연료를 계속 공급한다. 이 엔진은 V형 6기통이기 때문에 연료를 고압화하면서 축적해 두는 커먼레일은 좌우 뱅크에 1개씩 배치되어 있다. 인젝터는 피스톤 중앙에 위치하며, 고압으로 무화시킨 액적을 연소실 내부로 분사한다.

DE가 「클린 디젤」로 변모해 가는데 있어서 커다란 역할을 한 것이 커먼레일 시스템이다. 옛날 DE는 연료공급을 독립형·분배형 등의 기계식 분사장치로 했었다. 그러나 이런 기계식의 작동은 회전속도에 의존하는 방식이기 때문에, 특히 저속회전에서는 분사압을 높일 수 없다는 문제가 있었다. 기구 자체의 조정에도 훈련이 필요해 정비가 안되어 있으면 연소불량을 일으키고 이것이 큰 소음이나 매연의 원인이 되곤 했었다.

이런 문제들을 해결하기 위해 등장한 것이 1995년에 덴소가 최초로 양산화에 성공한 전자제어식 분사장치인 커먼레일 시스템이다. 고압 연료공급 펌프는 연료에 계속 압력을 가해, 기통 사이에서 공용되는 레일 내부에 비축해 둔다. 고압연료는 분사시간을 단축하고, 압축행정 1회당 3~5회 분사할 수 있다. 또한 분공의 직경을 극소화함으로써 액적을 미세화해 연소를 촉진한다.

커먼레일 시스템 전체 구성도. 커먼레일 내부의 압력은 최신 사양에서 2000bar(200MPa)나 된다. 인젝터 노즐은 1/1000초 단위로, 더구나 항상 정확한 시점에 개폐되지 않으면 안 된다. 제어계의 고도화도 중요한 요소로서, 자동차 회사와 공급자가 하나가 되어 개발에 임하지 않으면, 고성능 DE를 완성하는 것은 불가능하다.

인젝터 보디 & 노즐

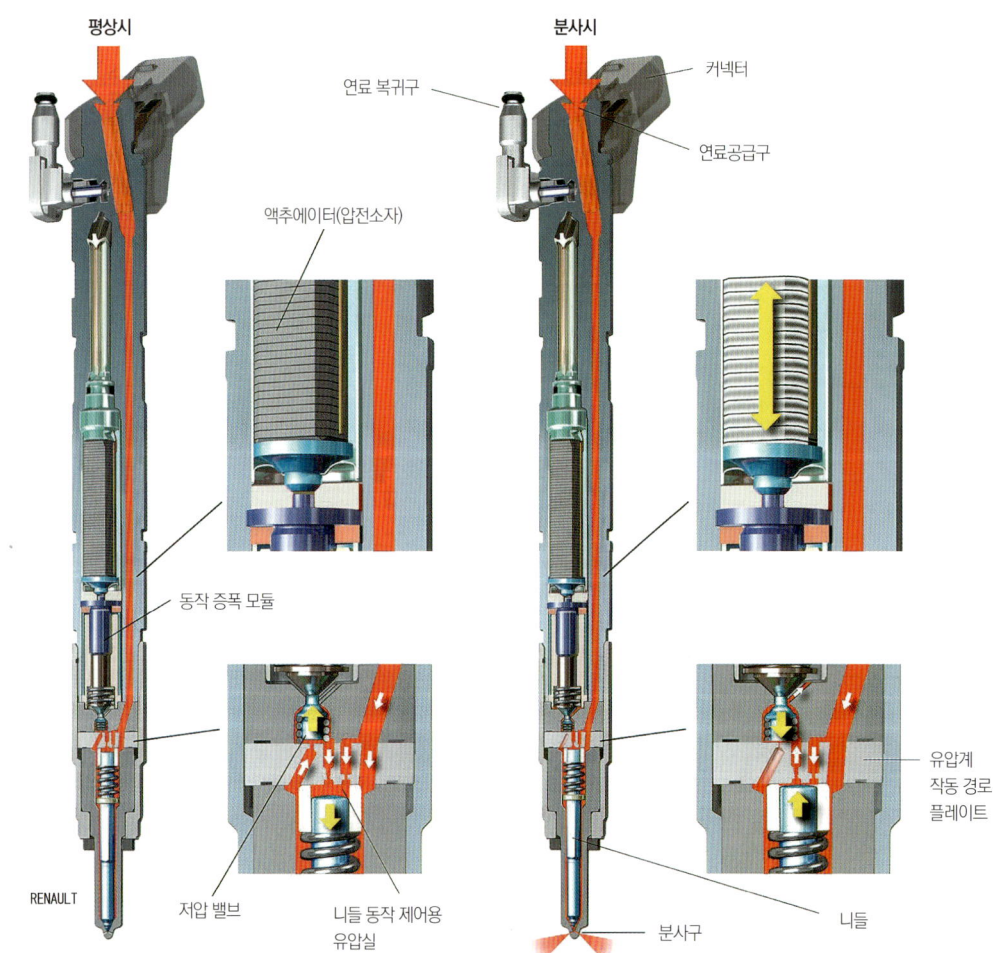

커먼레일 시스템 구성요소 가운데에서도 기술개발의 핵심으로 여겨지는 것이 인젝터이다.

가령 최고속회전속도가 4500rpm이라고 할 때, 4기통 엔진이면 1행정당 소요 시간은 약 6/100초라는 계산이 나온다. 더구나 이것은 상사점에서 하사점까지의 행정에 소요되는 시간으로, 실제로 DE에서 연료분사가 유효한 시간은 이것의 절반 이하이다. 이런 순간적인 시간 동안에 3~5회나 연료를 심지어 각각 다른 양으로 계속 분사 가능한 경이스러운 정밀기계가 커먼레일 시스템 인젝터인 것이다.

현재 개발중인 차세대 모델은 분공수를 늘릴 뿐만 아니라 다단계화해서 효율을 개선하려는 연구 등도 이루어지고 있다. 지름이 다른 분공을, 예를 들면 상하 2열로 배치해 분사 목적에 맞춰 구분해 사용하는 용도를 상정한 것이다.

인젝터 구조는 크게 나눠 2종류가 있다. 노즐 개폐 압전소자를 이용한 것과 전자석(솔레노이드)를 이용한 것이다. 옆 그림은 둘 다 압전소자 방식으로, 왼쪽이 평상시, 오른쪽이 분사할 때이다.

압전 소자는 압전체(壓電體)를 두 전극사이에 끼운 소자를 기본으로 한 구조로, 전압을 가하여 힘을 발생시킨다. 이 힘이 적층된 소자부분 전체를 변형시켜 그 움직임이 니들 작동부에 작용해 연료를 분사한다. 특징은 최단분사 간격이 0.1ms 정도로 반응이 빠르며, 분사 횟수를 늘릴 수 있다는 장점도 있다.

솔레노이드 형식은 가솔린 엔진용 분사장치에도 사용되어 온 구조. 축을 집어넣은 니들에 압력 밸런스를 바꿔 개폐시켜 연료를 분사한다. 솔레노이드에 전기를 공급해 자력이 발생하면 니들이 열리는 구조. 최단분사 간격은 0.4ms 정도이지만, 가격면 등을 포함한 종합적인 밸런스에서는 경쟁력을 갖고 있어서 최신 DE에서도 종종 사용하곤 한다.

고압 연료공급 펌프

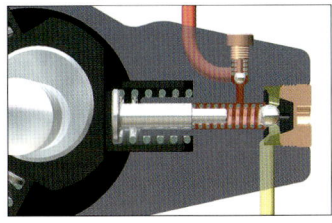
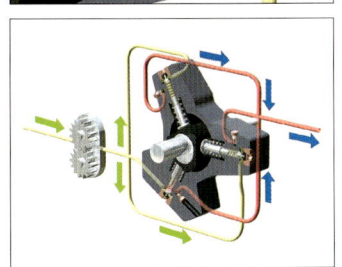

연료에 압력을 가하는 연료공급 펌프의 구성. 위쪽이 연료공급 부분의 단면 그림으로, 캠에 의해 밀린 피스톤의 움직임으로 연료를 가압한다. 피스톤은 3군데에 배치되며, 편심캠에 의해 순서대로 작동한다. 한번 작동으로 생기는 압력은 그리 크지 않지만, 3개가 항상 계속 작동하기 때문에 최종적으로 레일 내부에는 2000bar나 되는 고압이 생성된다.

다단분사

1연소당 행해지는 연료분사의 횟수에는 각각 다른 목적이 있다. 예를 들면 파일럿 분사는 연소 초기단계의 압력상승을 완화하기 위한 미량 분사이다. 미리 조금 연소시켜 연소개시를 원활하게 함으로써 본 연소의 압력상승으로 발생하는 소음을 저감시키는 것이다.

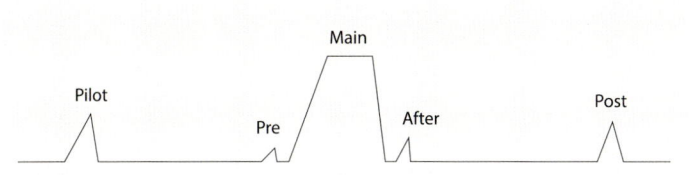

파일럿 분사
사전에 연소실 안에 혼합기를 만들어 둠으로써 착화성을 높이기 위한 분사. 운전 편이성과 연소음 개선에 효과가 있다.

예분사
주 분사전에 연소실 안에 불씨를 만들기 위한 분사. NOx절감과 연비개선에 효과가 있다.

후 분사
타고 남은 연료를 완전 연소시키기 위한 분사. 배기가스 온도를 상승시켜 유해물질의 후처리장치 작동효율을 높이려는 목적으로 사용하는 경우도 있다.

포스트 분사
배기가스 후처리 효율을 높이기 위해 배기온도 상승을 목적으로 한 분사. 출력에는 기여하지 않는다.

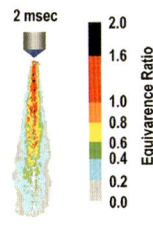

미쓰비시후소

노즐 분공에서 분사된 연료는 급격하게 분산되면서 내부로 공기를 유입시킴으로써 미세한 방울로 만들어진다. 연료방울은 표면부터 증발하면서 공기와 혼합되며, 대체로 이론공연비가 형성된 부분부터 착화되어 주위로 퍼져감으로써 연소가 이루어진다.

🔘 과급 – Supercharging

디젤과의 결합 양호. 다운사이징에 의한 연비향상에도 기여

DE의 높은 연비향상은 사실 열효율이 높다는 것만으로는 설명이 되지 않는다. 똑같은 동력성능을 가진 가솔린 엔진보다 30%나 양호(여기서는 CO₂ 배출량에 비례하는 질량으로 생각한다. 경유는 비중에서 가솔린에 비해 10% 무겁기 때문에, 연비를 km/ℓ로 표시하면 10%나 더 차이가 난다)하지만, 그 가운데 열효율 차이는 15~20% 정도. 나머지 10~15%는 과급에 따른 다운사이징 효과인 것이다.

DE는 노킹이 일어나지 않기 때문에 엔진의 압축비를 낮추지 않고 고압과급을 할 수 있다. 많은 공기와 EGR을 흡입할 수 있기 때문에 같은 양의 연료에 대해 보다 희박한 연소가 가능하다. 그 결과 PM 발생이 감소되고, 심지어 연소온도가 낮아져 NOx도 줄어든다. 터보차저를 사용하면, 그때까지 버려지고 있었던 배기 에너지를 과급에 이용함으로써 연비에 도움이 된다. 더 나아가 인터쿨러를 사용하면 더욱 많은 공기를 흡입할 수 있는 상태에서 연소온도도 낮출 수 있다. 클린 DE와 터보는 이제 뗄레야 뗄 수 없는 관계가 된 것이다.

VG(Variable Geometry) 터보

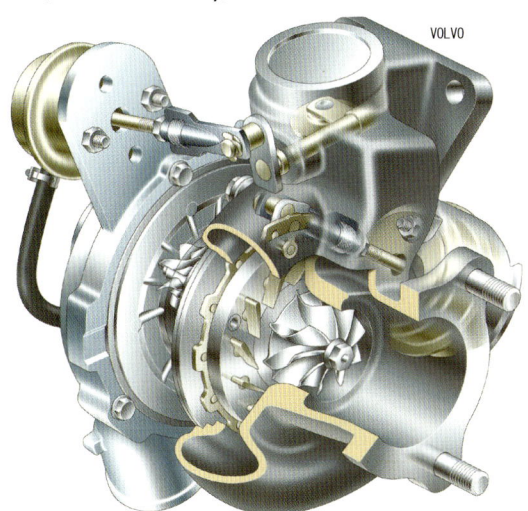

흔히 말하는 터보 래그 해소를 위해 현재의 DE에서 많이 사용되고 있는 것이 가변용량형이라고 불리는 형식. 터보 하우징 내부의 스크롤(와류실)에서 터빈으로 배기가스를 유도하는 노즐 부분에 전동모터 등으로 작동하는 복수의 가변 베인(유도 날개)을 장착해 유속을 제어한다. 과급압력 상승이 빠르기 때문에 DE에서는 가속시 터보 래그 상태에서의 산소량 부족에 의한 PM 발생을 억제하려는 목적 등, 사용 예가 많다.

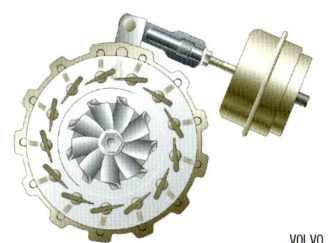
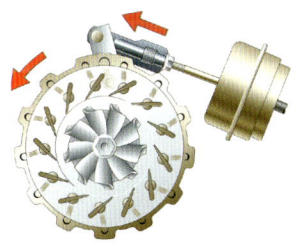

VOLVO

왼쪽이 유량이 적은 상태. 가변 베인은 스크롤 부분에서의 노즐을 조이는 위치와 각도로 고정되어 저속회전에서도 높은 과급압을 얻을 수 있다. 오른쪽이 유량이 많은 상태. 노즐 간격을 넓혀 터빈 블레이드에 효율적으로 배기가스를 유도함으로써 고속회전에서 높은 효율을 발생시킨다.

트윈 스크롤(twin scrol) 터보

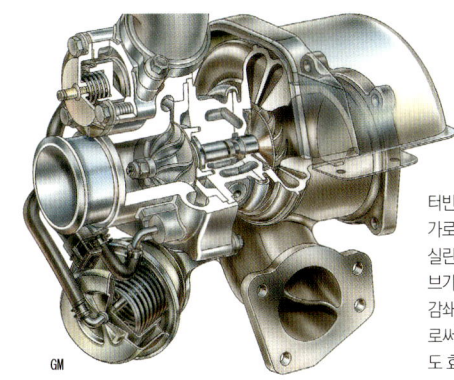

GM

터빈 하우징 내부의 스크롤(와류실)을 가로방향으로 2분할한 구조. 주로 각 실린더 별 배기간섭을 없애며, 배기밸브가 열린 직후의 블로다운 압력파를 감쇄시키지 않고 터빈 휠로 유도함으로써 엔진 회전속도가 낮은 상태에서도 효율적으로 터빈을 구동할 수 있다.

2스테이지(stage) 터보

BMW

향후 많이 사용할 것으로 예상되는 2스테이지(시퀀셜) 터보. 요구 토크 범위가 넓어진 DE에서 용량과 응답성을 양립시키기 위한 대책이다. 용량이 다른 2개의 터빈을 직렬로 배치. 배기 유량이 적은 상태에서는 작은 용량 터빈을, 유량이 많아지면 큰 용량 터빈을 작동시켜 모든 부하에 대응이 가능해진다.

● 후처리장치 - Post-processing systems

배기가스 중의 유해성분을 정화해 세계각국의 규제수준에 맞춘다.

디젤 배기가스에는 어떤 것이 포함되어 있을까?

| 일산화탄소 CO | 탄화수소 HC | 입자상 물질 PM | 질소산화물 NOx |

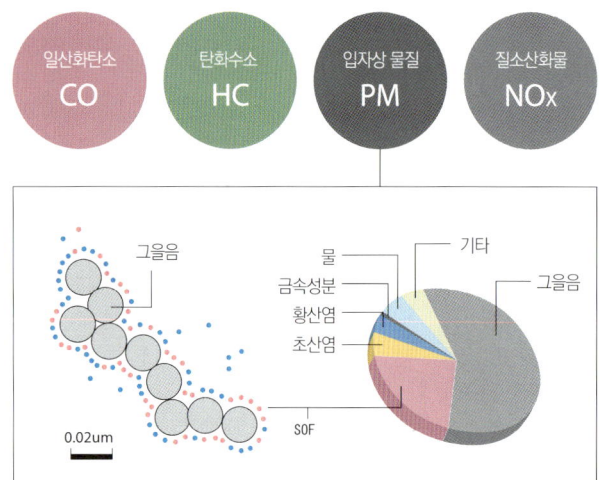

그을음
물
금속성분
황산염
초산염
기타
그을음
SOF
0.02um

일본에서 DE승용차가 쇠퇴한 큰 이유로는 무엇이 있을까. 우선 1989년의 세제 개정에서 자동차세가 가솔린차와 동일한 체계가 된 일. 1994년 경유 거래세 증세, 1996년의 특별석유법 폐지 등으로 인해 가솔린과 경유의 가격차이가 작아진 것. 그리고 결정적인 것이 1999년 8월부터 도쿄에서 시작한 「디젤차 NO작전」이나 2001년의 NOx·PM법 등과 같은 규제 강화이다.

특히 당시의 도쿄도 지사가 페트병에 넣은 그을음을 흔들어대던 퍼포먼스가 여론에 준 나쁜 인상이 컸다고 할 수 있다. 그러나 사실 당시는 악질적인 부정경유가 유통되었던 영향도 있어서 「DE차는 매연을 뿜어내 환경파괴·건강피해를 발생시키는 차」라는 인상이 정착되어 버렸다.

PM과 NOx 배출량의 상반 관계

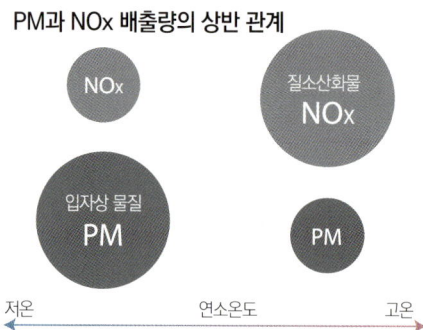

NOx
질소산화물 NOx
입자상 물질 PM
PM

저온 ← 연소온도 → 고온

연소실 내에서 액적에 부분적인 착화가 발생해 가스온도와 압력이 더 높아지는 단계에 이르러서도 노즐에서는 아직 연료가 분사되고 있다. 이 상태의 액적은 공기와 혼합되기 어려워 국부적으로 상당히 농후한(산소가 부족한) 상태에서 연소됨으로써 액적의 중심부가 미연소된, 소위 말하는 「증기구이」상태가 되어 그을음이 발생한다. 이것이 PM(Particulate Matter 입자상 물질)의 정체이다. 연소온도가 충분히 높으면 그을음=PM은 타버리게 되지만, 농후한 상태에서는 산소부족으로 연소온도가 충분히 높아지지 않는다. 그렇다고 당량비(當量比, 다음 페이지 아래 참조)를 1 또는 그 이하로 내리면 연소온도가 높아져 NOx가 생기게 된다.

즉 DE에 있어서는 착화전에 공기와 연료의 혼합이 불충분해지면 당량비 2 이상의 영역이 생겨 PM이 발생하게 되며, 잘 혼합되면 당량비 1 근방의 영역이 증가해 NOx가 발생하게 되는, 교환(trade-off) 관계에 있다.

ⓟ DPF(Diesel Perticurate Filter)

배기 온도 센서
배기 온도 센서로의 배관
정화된 배기 유출
DPF 캐니스터 앞쪽은 산화촉매 부분
엔진으로부터 배기 유입
산화촉매를 통과한 배기 유입

- ● CO   ● C
- ● HC   ● CO₂
- ● O₂   ● NOx   ● H₂O

AUDI

위 그림은 대표적인 DPF 유닛 구성으로, 그 기능을 나타낸 것이다. 이 예시는 세라믹 담체에 의한 「월 플로 타입」이다. 모노리스(monolith)형 촉매 담체의 구멍을 서로 교대로 한 쪽씩 닫고, 나아가 반대쪽 끝부분은 개/폐 관계를 반대로 해 둔다. 한 쪽 끝만 닫은 각관(角管)을 방향이 반대인 것들로 순서대로 늘어놓은 듯한 구조이다. 이렇게 해서 생기는 압력차이를 이용해 옆 구멍들끼리 다공질(porous) 벽의 미세한 연결통로로 배기를 통과시킨다. 이 가느다란 연결통로 부분에서 입자상의 물질을 포집한다. PM 포집효율은 높지만 연결통로가 막히기 전에 부착된 PM을 연소시켜 제거하는 재생을 한다. 일반적으로는 배기온도를 높여 재생을 하지만 가감을 잘못하면 세라믹이라고는 하지만 용손을 일으키기 쉽다. 이를 방지하기 위해서는 재생 타이밍, 온도제어 등, 세세한 조건설정에 따라 실행할 필요가 있다. 전자제어 기술 진보와 더불어 실용화된 기술 중의 하나이다.

RENAULT

DPF는 이름 그대로 물리적인 「여과」를 하는 장치이기 때문에 PM을 계속적으로 포집해 가다 보면 언젠가는 막히게 된다. 이렇게 막히는 것이 부분적으로 일어나면 압력차이에 의해 다른 부분으로 흘러가게 되지만, 전체가 완전하게 막히면 배기통로 자체를 막아버리게 된다. 그런 사태를 막기 위해서는 DPF가 포집한 PM을 어떤 수단으로든 제거해야 한다. 이것을 재생(Regeneration)이라고 한다. 크게 나눠 연속재생, 강제재생이 있으며, 연속재생은 산화방식이다. 산화촉매방식 등에 의해 필터 부분의 PM을 비교적 저온에서 연속적으로 산화, 제거한다. 강제재생은 어떤 수단을 이용하여 필터부분의 온도를 높여 PM을 연소시켜 재생한다. DE는 배기온도가 낮고 연속재생으로 이용하는 화학적 반응 때문에 필요한 온도를 확보하는 것이 곤란하기 때문에, 현재의 DE 대부분은 강제재생을 사용하고 있다. 구체적으로는, 연료를 농후하게 해서 배기온도를 높이는 방식 등으로 처리하고 있다.

ⓝ EGR(Exhaust Gas Recirculation)

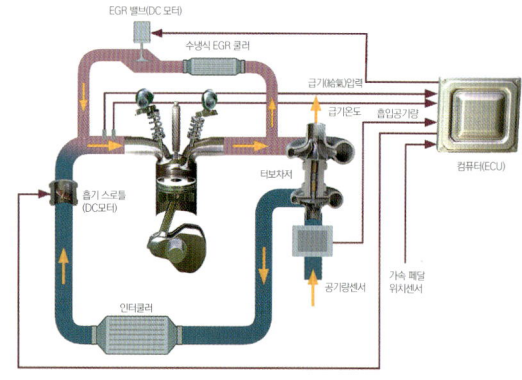

EGR 밸브(DC 모터)
수냉식 EGR 쿨러
급기(給氣)압력
급기온도
흡입공기량
컴퓨터(ECU)
흡기 스로틀(DC모터)
터보차저
인터쿨러
가속 페달
위치센서
공기량센서

NOx 생성을 억제하기 위해 새로운 공기 대신에 연소가스를 흡입, 산소농도를 떨어뜨려 착화까지의 시간을 자연시킴으로써 연료와 공기가 혼합되는 시간을 확보하는 시스템이 EGR(Exhaust Gas Recirculation)이다. 경유에 들어 있는 유황성분의 연소로 발생하는 SOx에 의한 유산(硫酸)이 엔진을 부식시키는 문제를 일으키지만, 연료의 탈황 수준과 재질 개량에 의해 냉각 대량 EGR이 가능해졌다.

고온(高溫) EGR에 의해 새로운 공기의 흡입량이 감소하면 PM이 생성되기 쉬워지고, 한편으로는 혼합기 질량(열용량)의 저하로 인해 연소온도가 높아져 NOx도 증가하게 된다. 이에 대한 대책으로는 엔진 냉각수를 사용해 EGR을 냉각하는 방법이 일반적이다. 심지어 전용 라디에이터를 설치해 온도를 저하시키는 장치도 등장하고 있다.

터보차저의 효율이 높으면 「흡기압력>배기압력」이 되어 그대로는 EGR을 도입할 수 없다. DE에 VG터보를 많이 사용하는 것은 VG로 배기압력을 제어하기 위해서이기도 하다.

NOx흡장/선택적 환원촉매-SCR(Selective Catalytic Reduction system)

NOx를 선택적으로 끌어당기며, 심지어 저장해두었다가 특정 조건이 되면 화학반응에 의해 환원시켜 정화하는 시스템도 실용화되어 있다. 왼쪽에 혼다가 발표한「DE용 NOx촉매」의 개념도이다.

통상적 운전인 희박연소상태에서 생성된 NOx는 촉매의 제1층을 통과해 제2층으로 산화·흡착된다. 소정의 조건이 갖춰지면 연료 분사량을 증가시키고, 농후연소 상태로 만들어 H₂(수소)와 CO(일산화탄소)를 생성. 이것을 제2층에 흡착되어 있는 NOx와 반응시켜 환원반응에 의해 NH₃(암모니아)를 생성한다. 이 NH₃는 제1층으로 이동해 흡착되며, NOx와 반응해 N₂(질소)와 H₂O(물)로 변환된다. 촉매의 제1층은 철 원소나 세륨 원소를 포함한 β제올라이트, 제2층은 귀금속과 산화 세륨계 재료를 이용하고 있는 것 같다. 닛산 엑스트레일 20GT의 M9R형 DE에 사용된「희박 NOx 트랩 촉매」도 거의 동일한 구조에 의해 NOx를 환원하고 있다.

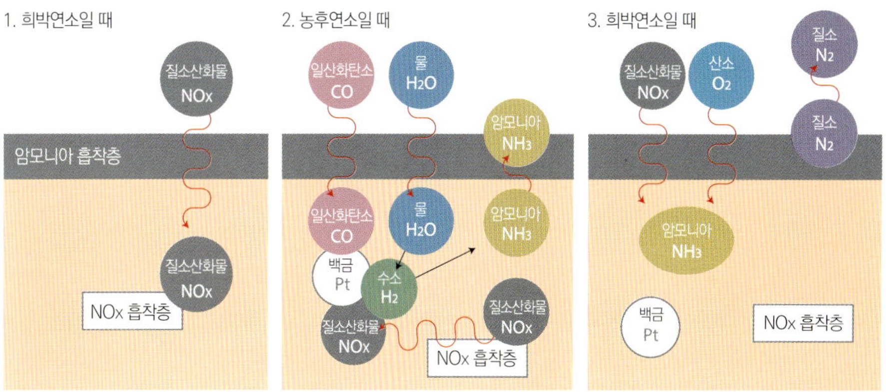

1. 희박연소일 때

혼다「디젤 엔진용 NOx촉매」의 작동 개념도. 담체에 제1층과 제2층이 적층되며, 제1층이 최상층이 된다.

2. 농후연소일 때

제2층은 산화 지르코늄계 재료, 알루미나계 재료, 제올라이트계 재료, 실리카계 재료 등이 사용될 전망이다.

3. 희박연소일 때

고체산촉매인 제1층으로 이동한 NH₃와 NOx를 선택적 촉매환원법에 의해 질소와 물로 변환 후, 대기 중으로 방출한다.

요소 첨가형 SCR촉매

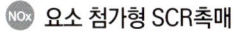

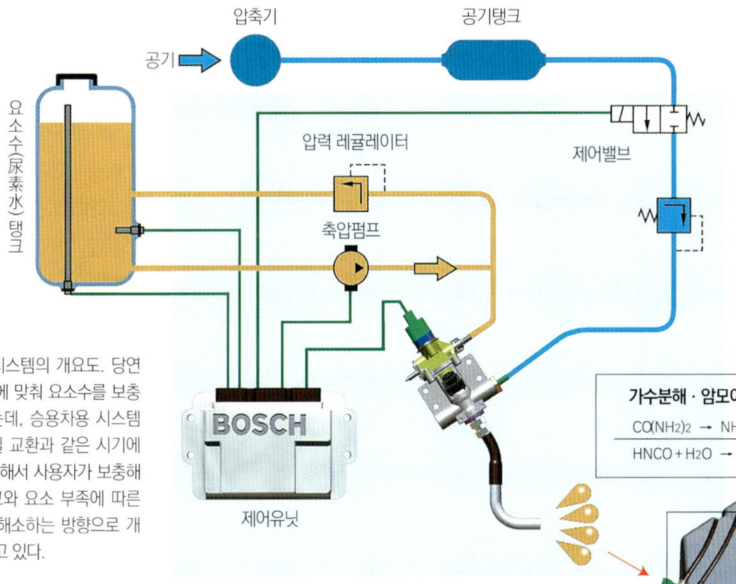

요소 SCR 시스템의 개요도. 당연히 주행거리에 맞춰 요소수를 보충해 줘야 하는데, 승용차용 시스템의 경우 오일 교환과 같은 시기에 바꿔 주도록 해서 사용자가 보충해야 하는 수고와 요소 부족에 따른 기능감소를 해소하는 방향으로 개발이 진행되고 있다.

NOx 제어를 위한 선택적 환원반응 과정은 위 촉매와 같이 암모니아를 이용한 선택적 환원법에 의해 질소로 변환한다. 원래 화력발전소 등의 NOx 처리에 사용되어 왔던 방법으로서, 운용실적이 높다. 자동차의 경우는 만일의 사태를 고려해 암모니아 자체가 아니라 화장품 등에도 이용되고 있으며 안전성이 높은「요소(尿素)」를 물에 섞은「요소수」를 사용해 암모니아를 생성, 거기에 NOx를 반응시키는 구조가 실용화되어 있다. 산화촉매 후에 요소수를 분사해 분산판에 의해 요소수와 배기가스를 잘 접촉시키면서 암모니아로 변환한다. NOx와 반응하지 않고 남겨진 암모니아의 처리가 과제. 그 때문에 SCR 뒤에 산화촉매를 장착하는 대책법이 있다. 또한 분산판을 이용한 방식에서는 요소수를 암모니아로 변환하기 위한 시간이 충분히 확보되지 않기 때문에, 대신에 산화 티탄계의「가수분해촉매」를 사용함으로써 더 적극적인 변환이 가능한 SCR 시스템도 발표되고 있다.

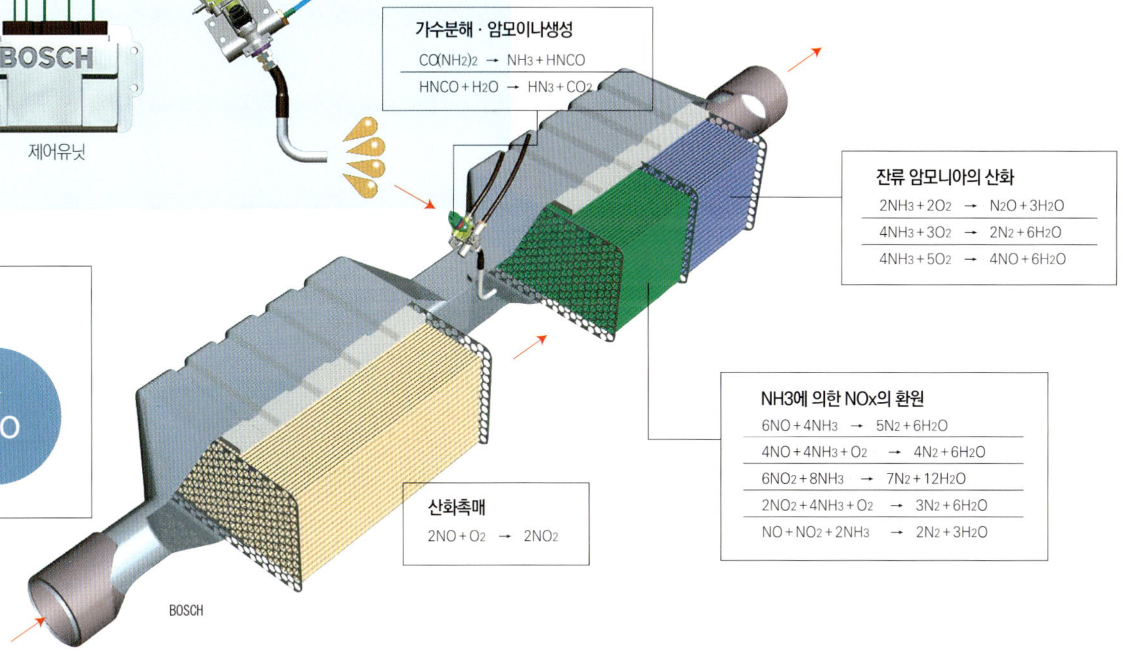

가수분해·암모니아생성

$$CO(NH_2)_2 \rightarrow NH_3 + HNCO$$
$$HNCO + H_2O \rightarrow HN_3 + CO_2$$

잔류 암모니아의 산화

$$2NH_3 + 2O_2 \rightarrow N_2O + 3H_2O$$
$$4NH_3 + 3O_2 \rightarrow 2N_2 + 6H_2O$$
$$4NH_3 + 5O_2 \rightarrow 4NO + 6H_2O$$

NH3에 의한 NOx의 환원

$$6NO + 4NH_3 \rightarrow 5N_2 + 6H_2O$$
$$4NO + 4NH_3 + O_2 \rightarrow 4N_2 + 6H_2O$$
$$6NO_2 + 8NH_3 \rightarrow 7N_2 + 12H_2O$$
$$2NO_2 + 4NH_3 + O_2 \rightarrow 3N_2 + 6H_2O$$
$$NO + NO_2 + 2NH_3 \rightarrow 2N_2 + 3H_2O$$

산화촉매

$$2NO + O_2 \rightarrow 2NO_2$$

요소수

요소 $CO(NH_2)_2$ 물 H_2O

신세대 "그린" 디젤 엔진을 더 잘 이해하기 위한 키워드 모음

■ **BMEP(Brake Mean Effective Pressure)**
엔진의 연소효율을 판단하는 기준 가운데 하나로, "제동평균유효압력"을 말한다. 엔진 작동에서 각종 손실분을 빼고, 실제로 얻어지는 일량을 행정용적으로 나눈 것. 토크를 배기량으로 나눈 값 또는 배기량당 토크에 비례한다.

■ **당량비(當量比)**
실린더 내의 공기량에 대해, 이론공연비의 몇 배나 되는 연료가 존재하는가를 나타낸 수치로,「Ø」로 표시된다. 즉 Ø=1이 이론공연비 상태. Ø가 작을수록 연료의 발열량과 열용량 관계에 의해 연소온도가 낮아진다. 따라서 Ø=1일 때의 연소온도가 가장 높다. Ø=1 이하에서는 산소가 충분하기 때문에 연료는 거의 전부 연소한다. 그 결과 연소온도 상승은 연료의 총발열량을 혼합기 질량으로 나눈 값에 비례한다. 만일 Ø=1 이상인 경우는 산소가 부족하기 때문에 연료는 다 타지 못하게 된다. DE에서 문제가 되는 것은 Ø=1 이상의 영역에서 Ø=2 이상이 되면 그을음이 발생하게 되고, Ø=1 근방에서는 연소온도가 높아져 NOx가 발생한다.

■ **HCCI(Homogeneous-Charge Compression-Ignition)**
1982년에 오펜하임이 제창한 개념으로, "예혼합 압축착화"라고 한다. 가솔린 엔진과 마찬가지로 연소실에서 연료와 공기를 완전하게 혼합시켜 압축 자기착화시키는 방식. 전 영역에서 희박연소가 되기 때문에 PM의 생성 원인인 농후한 액적 습식연소가 되지 않아 PM이 전혀 발생하지 않는다. 또한 연소하는 장소의 당량비가 Ø=0.5 이하에서는 연소온도가 낮기 때문에 NOx도 발생하지 않는다. DE의 경우는 균일혼합이 어렵기 때문에 실현할 수 있는 영역에 제한이 있으므로, PCCI(Partial HCCI)라고도 한다.

■ **다운사이징**
"소형화"라는 의미로 사용되는 경우도 있지만, 본 특집에서는 주로 과급 등을 이용하는 것으로, 동등한 힘을 배기량이 더 작은 엔진에서 (넓게는 더 낮은 회전속도에서) 얻는 것을 가리킨다. 기계손실 저감, 경량화 등의 장점이 있어 연비향상에 기여한다.

최신 커먼레일과 배출가스 후처리

Technical Development On Common Rail, DPF and Catalyst

Common Rail System | DPF | Catalyst

CO_2 배출량 저감과 배기가스 규제에 대응하기 위한 움직임이 가속

글 : 세라 코타 · 사진 : BOSCH / DENSO / DELPHI / 세라 코타

압전소자 인젝터의 고압화가 진행되는 한편
저렴한 솔레노이드 인젝터가 업그레이드 중
Common Rail System

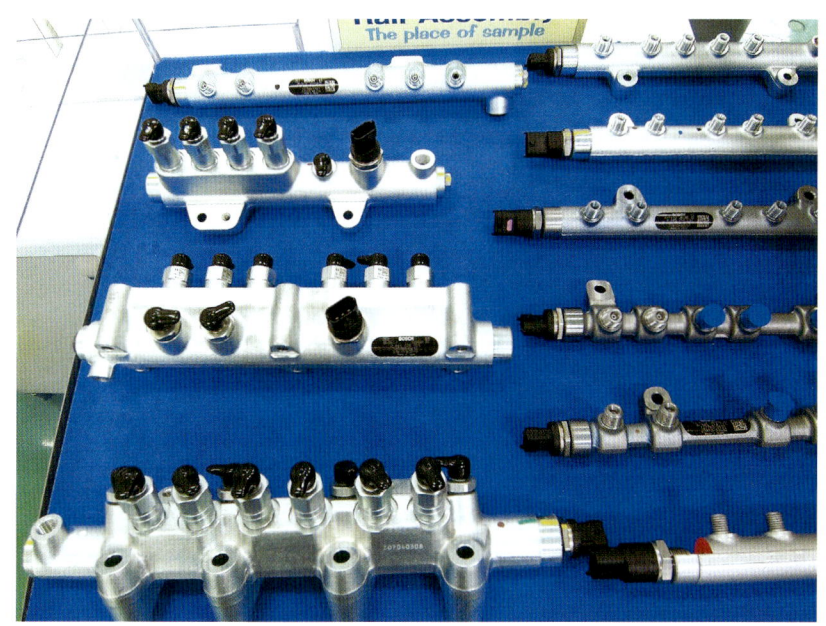

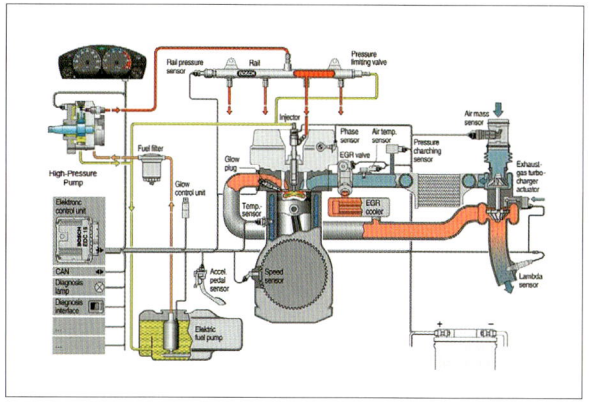

승용차용부터 상용차용까지 다양한 종류의 보쉬제 커먼레일. 우측의 가느다란 커먼레일이 최신식. 부피를 줄여 경량화한 것을 알 수 있다. 2차원 바코드에는 각 커먼레일 사양특성 등이 기록된다.

커먼레일 시스템의 구성요소는 고압 펌프/커먼레일/인젝터/ECU 등 4가지. 인젝터는 압전소자, 솔레노이드 둘 다 고압화가 가능하다. 압전소자 방식의 최고압은 보쉬제의 경우 2000bar이다.

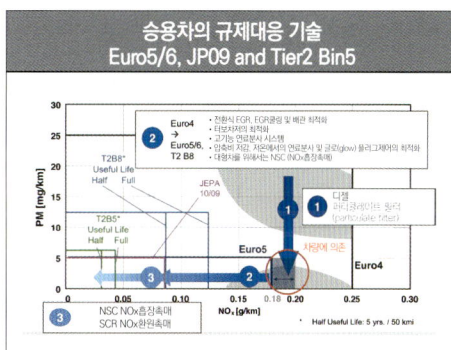

ACEA는 2008년에 140g/km의 CO_2 배출량을 달성하기 위한 목표를 세웠지만, 괴리감이 있었다. 하강선을 그려가고 있던 디젤 엔진 탑재차의 배출량이 상승세로 바뀐 것은 대형차에 대한 적용이 늘어났기 때문이다.

Euro5 상당의 배출가스 규제는 NOx 촉매없이 적합시키는 것이 가시권에 들어와 있다. 그 다음으로 나아가려면 현시점에서는 NOx 환원촉매 또는 요소 SCR이 불가결하다는 생각이다.

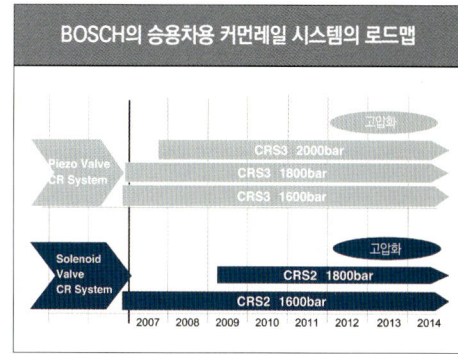

승용차용에서 2000bar 이상의 시스템에 관해서는 연소 측면의 이점, 고압화를 위한 구동손실, 가격과 관련한 밸런스를 고려할 필요가 있는데, 압력을 더 높이는 개발도 시야에 들어와 있다.

"엔진"의 성능향상으로 직결되는 개발영역

1997년에 등장한 승용차용 커먼레일 시스템이 디젤 엔진 성능을 한 차원 성장시킨 것에는 의심의 여지가 없다. 커먼레일 시스템이 기능하고 있는 배경에는 전자제어 시스템, 실린더 내 직접분사, 가변기하학적 터보 등의 기술과 어우러지면서 서로 힘을 합친 결과, 디젤 엔진은 동력원으로서 완성도를 높여 왔던 것이다.

그에 따라 유럽에서의 시장점유율이 증가하여 서유럽에서는 시장의 대략 반 이상을 디젤차가 차지하기에 이르렀다. 미국, 중국 등은 디젤에 있어서 미지의 시장으로(기술면에서 높은 장벽을 해결하는 동시에 세제우대 도입 등이 있으면), 점유율이 높아질 가능성은 있다.

목표는 CO_2 배출량.

ACEA(유럽자동차공업협회)는 2012년까지 CO_2 배출량을 120g/km까지 줄이겠다는 목표를 가시권에 넣고 있다. 동일한 관성중량이라면 디젤이 가솔린보다 CO_2 배출량이 약 25% 적다는 장점이 있긴 하지만, 목표를 달성하기 위해서는 하이브리드화나 배기 후처리 시스템의 개량, 스타트 스톱 시스템 도입 등 어떤 식이든 기술적 접근이 필요하다.

커먼레일 시스템이 세련되어져 가면서 종래보다도 저속 토크를 높일 수 있게 되었기 때문에 디젤 엔진의 다운사이징의 「가능성 증대」를 가져 온 것이 보쉬이다. 2~2.2ℓ 급

엔진을 1.5ℓ로 바꾸려는 계획을 세우고 있는데, 이 경우 10%의 CO_2 배출량 저감을 가져온다고 한다.

인젝터는 정밀 제어가 가능한 압전소자 방식으로 결론날 것이라고 생각했는데, 그렇게 되지 않을 분위기이다. 환경성능을 높이기 위해서 배기 후처리나 터보를 포함한 시스템 전체에서 효율을 올리지 않으면 안 되고, 솔레노이드로 충분하다고 판단할 경우도 있을 수 있다.

완성차 회사는 성능과 가격 측면을 고려해 인젝터를 선택한다. 공급회사는 요구에 대응하는 형태로 저렴한 솔레노이드 인젝터의 개발도 계속하고 있다.

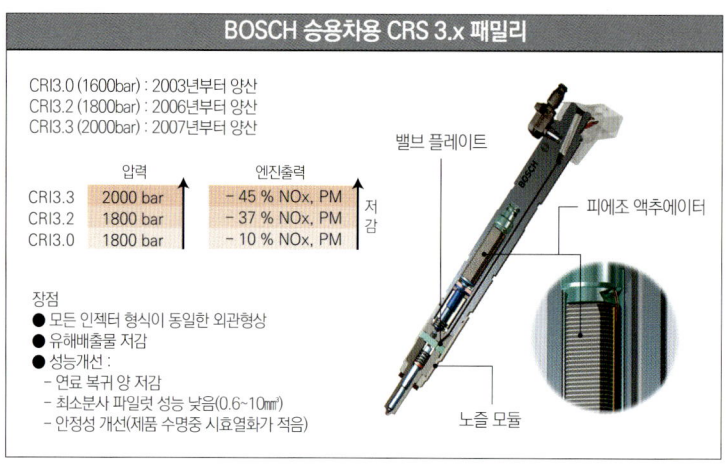

CRI3.0 (1600bar) : 2003년부터 양산
CRI3.2 (1800bar) : 2006년부터 양산
CRI3.3 (2000bar) : 2007년부터 양산

	압력	엔진출력	
CRI3.3	2000 bar	− 45 % NOx, PM	저감
CRI3.2	1800 bar	− 37 % NOx, PM	
CRI3.0	1800 bar	− 10 % NOx, PM	

밸브 플레이트

피에조 액추에이터

노즐 모듈

장점
● 모든 인젝터 형식이 동일한 외관형상
● 유해배출물 저감
● 성능개선
 - 연료 복귀 양 저감
 - 최소분사 파일럿 성능 낮음(0.6~10㎣)
 - 안정성 개선(제품 수명중 시효열화가 적음)

BOSCH 압전소자 방식

압전소자 액추에이터는 소형이기 때문에 보디 내부에 장착할 수가 있어서 노즐 제어밸브 가까이에 배치할 수 있다. 가동부 중량이 가벼워 응답성도 뛰어나기 때문에 솔레노이드의 2배나 되는 제어 속도를 실현할 수 있다. 분사회수의 다단화는 현재 상태에서 8회 정도까지 가능하다.

BOSCH 솔레노이드식

인젝터 상부에 전자 밸브식 액추에이터가 있는 것이 솔레노이드 인젝터. 액추에이터와 제어밸브가 분리되어 있기 때문에 응답성이 불리. 다만 완성차 회사의 개발자에 따라서는 「솔레노이드로 충분」하다고 단언할 정도로 가격 경쟁력은 높다. 사진은 2003년에 발표된 「CRS 2.2」 커먼레일 시스템으로, 최대분사압력은 1600bar. 1사이클당 최고분사 회수는 5회.

특징:
- 플랫없는 개량형 CRI 2.2 솔레노이드 인젝터
- 최소 파일럿 분사량 저감
- 최대압력 1600bar
- 고압펌프 CP3, CP1H

상황:
- 2003년부터 양산 중

장점:
- 최소 파일럿 분사량의 폐루프제어(~1㎣/str)
- 적은 파일럿 분사량으로 다단분사가 가능(노즐 개선)
- 인젝터마다 분사량 조정기능(IQA/IMA)
- 4, 6 및 8 실린더 엔진에 대한 모듈 콘셉트

솔레노이드

밸브 보디

노즐

2개 방식 액추에이터
+
오버 리프트 스톱

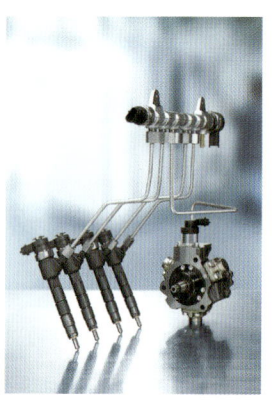

커먼레일의 정밀가공과 계측기술
- 커먼레일 인젝터 밸브의 EDM과 HE가공기술 -

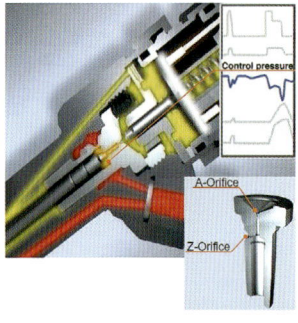

Control pressure

A-Orifice

Z-Orifice

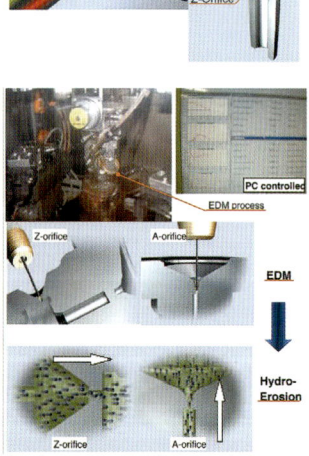

EDM process

PC controlled

Z-orifice   A-orifice

EDM

Hydro-Erosion

Z-orifice   A-orifice

인젝터 분사특성을 최대한 균일화하기 위해 응답에 영향을 주는 불규칙한 밸브 유량을 개선할 필요가 있다. 그 때문에 하이드로 에로시온(erosion) 가공기술이 이용된다.

커먼레일의 정밀가공과 계측기술
- 비정질(非晶質) 카본 코팅 -

1. 요구 및 배경
분사압력의 고압화에 따라 섭동부에는 더 높은 내마모성이 요구된다. 내마모성 향상책으로 비정질 카본코팅을 사용하면 효과가 있다.

2. 제품개요

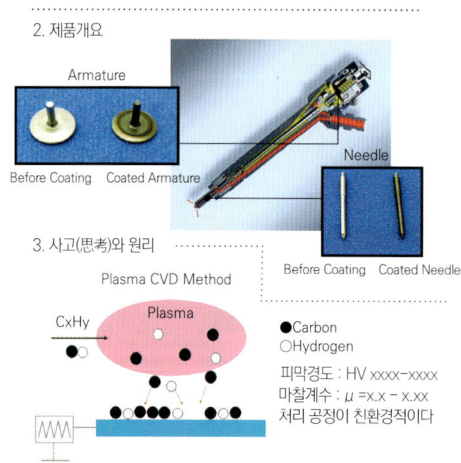

Armature

Before Coating   Coated Armature

Needle

Before Coating   Coated Needle

3. 사고(思考)와 원리

Plasma CVD Method

CxHy → Plasma

●Carbon
○Hydrogen

피막경도 : HV xxxx~xxxx
마찰계수 : μ =x.x - x.xx
처리 공정이 친환경적이다

압력이 1350bar를 넘고 나서 필요성이 대두된 것이 니들의 카본코팅이다. 윤활성을 갖고 있으면서도 흡착성이 적은 것이 장점. 압력이 높아지면서 기계적인 요구가 엄격해진다.

커먼레일의 정밀가공과 계측기술
- 커먼레일 인젝터의 분사량 측정기술 -

1. 요구 및 배경
- 커먼레일 인젝터의 규정조건 하에서의 매회 분사량 측정
- 각 조건 하에서의 분사량 평균치와 불규칙성을 측정해 안정된 인젝터 측정을 가능하게 한다

2. 측정항목

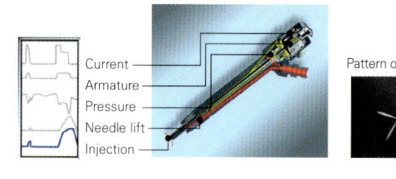

Current
Armature
Pressure
Needle lift
Injection

Pattern of Injection

3. 설비개요와 원리

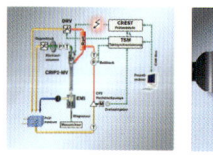

챔버에 50회 분사해 니들 행정을 용적으로 환산. 50회의 평균값과 불규칙성을 산출한다. 불규칙성, 평균값이 설계 규격내에 있는지 확인. 4종류의 대표적인 측정값에 따라 순위를 정하고 그 값을 제품에 각인한다.

정밀가공과 설계기술

하드 쪽에서 하려고 하면 단가 상승을 피할 수 없으므로 소프트 쪽에서 지원하는 개발이 진행되고 있다. 인젝터 특성의 개별적인 사항은 생산단계에서 어떻게든 드러난다. 개개의 인젝터 특성을 제품에 첨부된 2차원 바코드에 기록. 이 기록을 차량 쪽에서 읽어들여 보정하는 것이 그 예다. 공연비를 피드백함으로써 시간경과에 따른 불규칙성을 억제하는 제어도 실용화하고 있다. 인젝터는 정밀가공 부품이다. 고출력과 환경·연비성능을 양립시키려면 노즐 구멍의 정밀한 가공이 필수다. 가공·설계기술이 확립되어 있기 때문에 인젝터가 비로소 제 기능을 발휘할 수 있다. 노즐 구멍은 8~9개까지 늘어날 거라고 보쉬는 예측하고 있다.

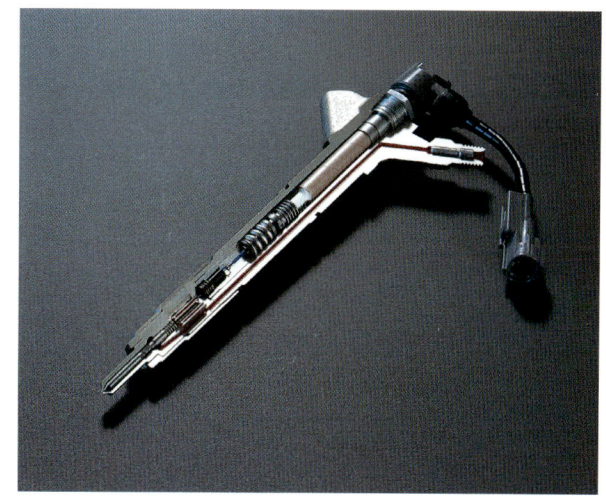

DENSO 압전소자 방식

1995년에 커먼레일 시스템(1200bar, 2회 분사)을 세상에 내놓은 덴소는 2002년에 1800bar 시스템을 시장에 투입한다. 위 사진은 2005년에 투입한 피에조 인젝터로 1사이클당 최대분사회수는 5회. 분사시간은 1800bar 솔레노이드 인젝터의 0.4ms에서 0.1ms로 단축되었다. 도요타 어벤시스의 유럽사양에 탑재된다. 왼쪽 사진은 최신 2000bar 커먼레일 시스템(고압펌프 / 커먼레일 / 피에조 인젝터 / ECU 세트). 1사이클당 최고분사횟수가 9회까지 증가되었다.

Multiple Injection (Five Times)

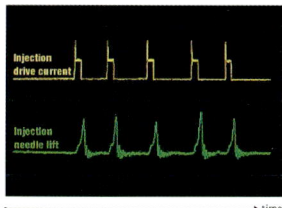

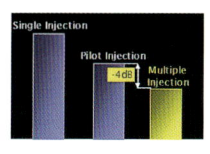

다단분사에 의한 소음 절감효과를 나타낸 그래프. 싱글 분사에서 2회 분사로 바꾸면 아이들링할 때의 진동이 3dB 내려간다. 멀티플(3회 이상)로 바꾸면 소음이 더 저감되는 효과가 나타난다. 소음을 근본적으로 차단하는데 이용하는 일반적인 수단이다.

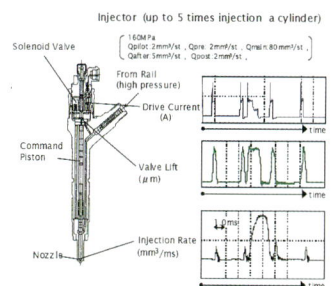

솔레노이드 인젝터(1600bar)가 5회 분사되는 과정을 나타낸다. 파일럿 2㎣, 프리 2㎣, 메인 80㎣, 애프터 5㎣, 포스트 2㎣를 8ms 사이에 분사한다. 「눈깜짝할 사이에 연료를 5회로 나눠 분사」한다는 덴소의 설명.

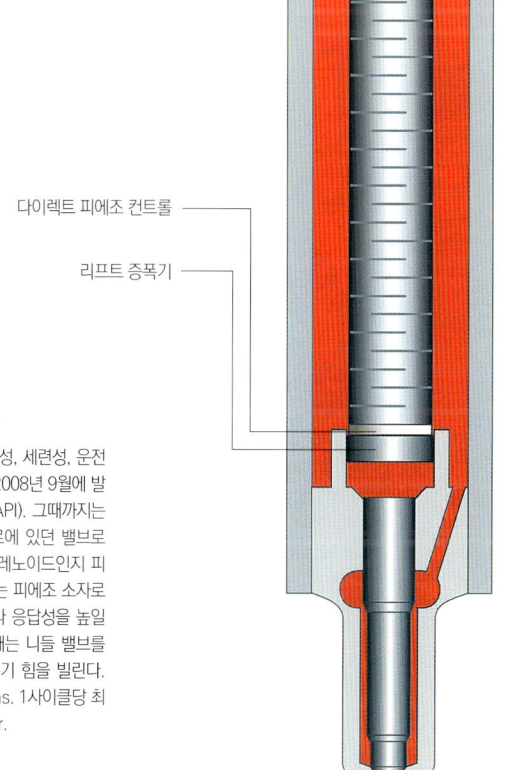

다이렉트 피에조 컨트롤

리프트 증폭기

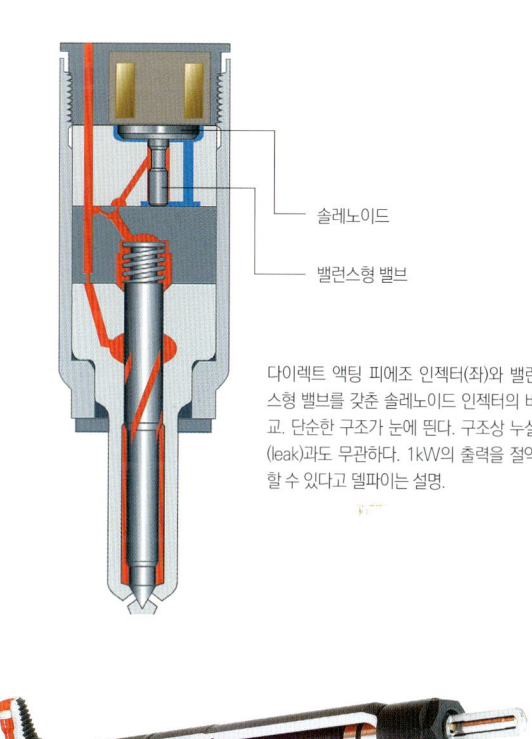

솔레노이드

밸런스형 밸브

다이렉트 액팅 피에조 인젝터(좌)와 밸런스형 밸브를 갖춘 솔레노이드 인젝터의 비교. 단순한 구조가 눈에 띈다. 구조상 누설(leak)과도 무관하다. 1kW의 출력을 절약할 수 있다고 델파이는 설명.

DELPHI 다이렉트 피에조 컨트롤

「유로6 기준에 적합하면서 토크, 파워, 경제성, 세련성, 운전 편이성 향상을 실현한다」라면서 델파이가 2008년 9월에 발표한 것이 다이렉트 액팅 피에조 인젝터(DAPI). 그때까지는 솔레노이드나 피에조 모두 니들을 유압회로에 있던 밸브로 제어하고 있었다. 밸브를 구동하는 것은 솔레노이드인지 피에조인지를 구분하는 잣대이다. 한편 DAPI는 피에조 소자로 직접 니들을 구동하기 때문에 예전 방식보다 응답성을 높일 수 있다. 파일럿 분사처럼 분사량이 적을 때는 니들 밸브를 직접 구동하고 주 분사를 할 때는 유압증폭기 힘을 빌린다. 니들 개폐속도는 기존의 3배에 해당하는 3ms. 1사이클당 최고분사회수는 7회. 최대분사압력은 2000bar.

DPF 기술의 최신 경향

배기가스 후처리장치 없이는 이제 디젤엔진은 존재하기 어렵다

배기가스 규제 강화로 인해 DE 배기가스 후처리장치는 점점 복잡하게 진화하고 있다.
좁은 엔진룸 안과 실내 바닥 아래에 배치하기 위한 검토가 차량 패키징의 주제이다.

글 : 마키노 시게오 · 사진 & 그래픽 : AUDI / DAIMLER / NISSAN / 마키노 시게오

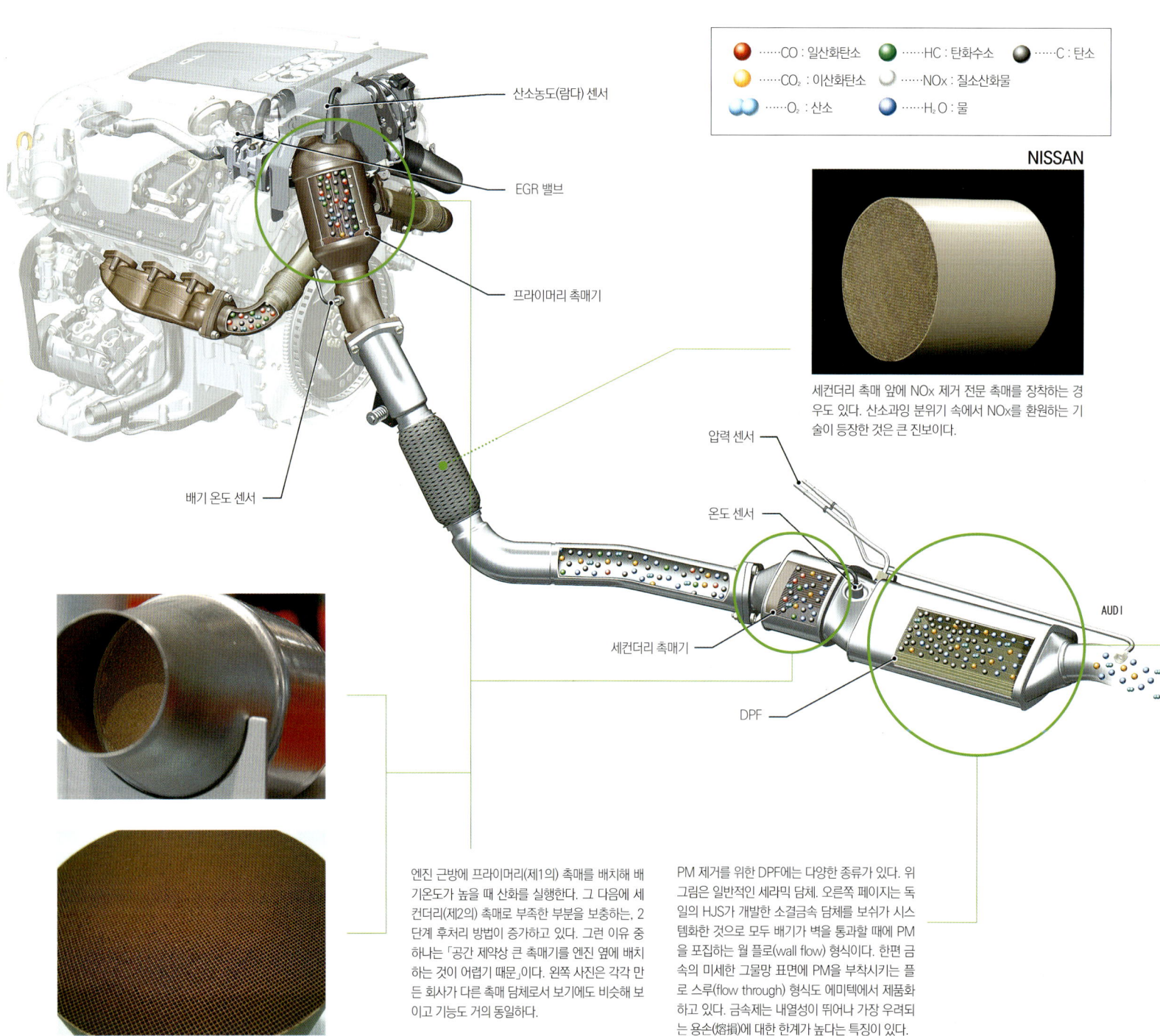

- 🔴 ······CO : 일산화탄소
- 🟡 ······CO₂ : 이산화탄소
- 🔵 ······O₂ : 산소
- 🟢 ······HC : 탄화수소
- ⚪ ······NOx : 질소산화물
- ⚫ ······C : 탄소
- 🔵 ······H₂O : 물

산소농도(람다) 센서

EGR 밸브

프라이머리 촉매기

배기 온도 센서

압력 센서

온도 센서

세컨더리 촉매기

DPF

AUDI

NISSAN

세컨더리 촉매 앞에 NOx 제거 전문 촉매를 장착하는 경우도 있다. 산소과잉 분위기 속에서 NOx를 환원하는 기술이 등장한 것은 큰 진보이다.

엔진 근방에 프라이머리(제1의) 촉매를 배치해 배기온도가 높을 때 산화를 실행한다. 그 다음에 세컨더리(제2의) 촉매로 부족한 부분을 보충하는, 2단계 후처리 방법이 증가하고 있다. 그런 이유 중 하나는 「공간 제약상 큰 촉매기를 엔진 옆에 배치하는 것이 어렵기 때문」이다. 왼쪽 사진은 각각 만든 회사가 다른 촉매 담체로서 보기에도 비슷해 보이고 기능도 거의 동일하다.

PM 제거를 위한 DPF에는 다양한 종류가 있다. 위 그림은 일반적인 세라믹 담체. 오른쪽 페이지는 독일의 HJS가 개발한 소결금속 담체를 보쉬가 시스템화한 것으로 모두 배기가 벽을 통과할 때에 PM을 포집하는 월 플로(wall flow) 형식이다. 한편 금속의 미세한 그물망 표면에 PM을 부착시키는 플로 스루(flow through) 형식도 에미텍에서 제품화하고 있다. 금속제는 내열성이 뛰어나 가장 우려되는 용손(熔損)에 대한 한계가 높다는 특징이 있다.

배기가스 후처리 장치가 추가됨으로써 DE의 생산원가가 크게 높아지고 있다

엔진 내에서 연료와 공기가 이상적으로 혼합되어 유해 물질을 생성하지 않으면, 배기가스는 그대로 대기 속으로 방출하면 된다. 그러나 실제로는 그런 상황이 이루어지지 않아서 후처리(after-treatment)가 필요하게 된다.

이 점은 가솔린 엔진이나 DE(디젤 엔진) 모두 공통이다. 가솔린은 CO/HC/NOx 3가지가 세계적으로 공통된 배출 규제 물질이며, 이 밖에도 NMHC(비메탄 탄화수소), 탄소의 고체입자인 그을음(soot) 등도 국가나 지역에 따라서는 배출규제 대상이다.

DE의 경우는 PM(입자상 물질=Particulate Matter)도 규제대상이다. 무엇보다 화석연료를 연소시켜 이 정도 배출물 밖에 나오지 않는다는 측면이 아니라 어디까지나 규제대상 물질에 지나지 않는다. 「배출가스는 대기보다 깨끗」하다고 주장하는 것은 궤변으로, 어느 일정한 시험상태에서 규제대상 물질만 계측한 결과에 지나지 않는다.

측정기술의 발달로 인해 최근에는 입자 지름이 미세한 나노PM이나 암모니아 등도 가솔린 엔진의 배기가스에서 검출할 수 있게 되었다. 이들 특성이 분명해지고 생체나 환경에 대한 영향이 확인되면 규제물질 목록에 추가될 가능성도 있다.

왼쪽 페이지는 커먼레일 시스템을 실용화한 이후 배출가스 후처리기술의 대표적인 예이다. 산화촉매로 CO와 HC를 처리하고 PM은 DPF로 걸러내는 방식이다. 아래 그림은 산화촉매로 CO/HC를 처리하고 NOx는 전용촉매로 반응시키고 다시금 DPF를 통과한 다음에 요소 반응을 이용해 NOx를 환원하는 시스템이다. DE 배기가스 규제로 인해 후처리 시스템이 복잡화되고 있다는 것을 알 수 있다.

그리고 이러한 여러 가지 촉매나 필터류를 배기 시스템에 적절히 배치하기 위해 촉매 담체나 필터 모양이 다양하게 검토되고 있다. 원형단면이 아니라 편평형인 것도 있으며, 그런 경우는 배기가 내부로 균등하게 분산되도록 유체해석을 한 다음에 모양을 결정한다. DE의 경우 배기가스 후처리장치가 필수라는 사실부터 최종적으로 배기가스가 대기로 방출되는 테일 파이프 출구까지가 「엔진설계」영역이 되었다. 이제는 엔진을 배기매니폴드까지로 보던 시대가 아니다.

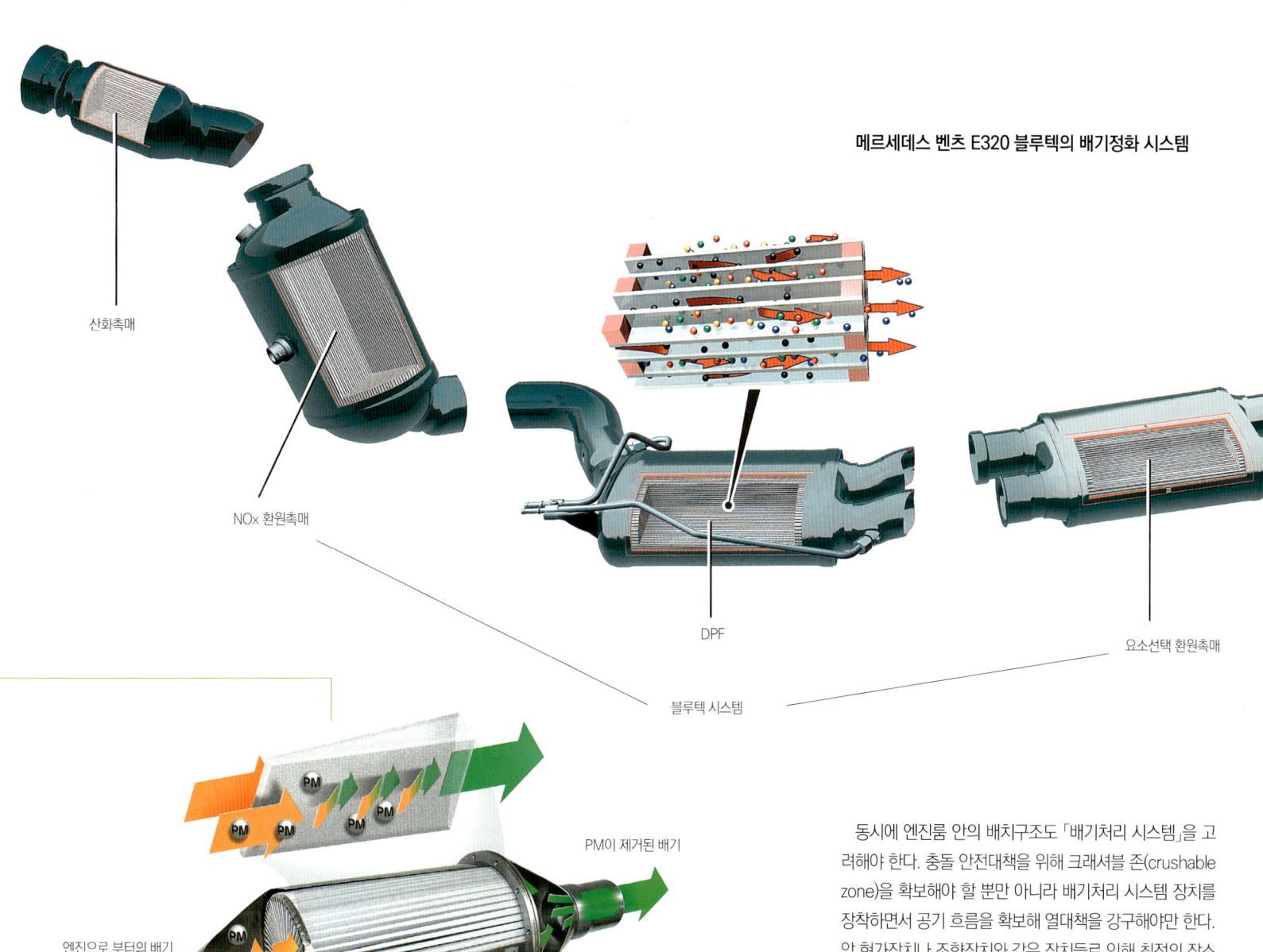

메르세데스 벤츠 E320 블루텍의 배기정화 시스템

산화촉매

NOx 환원촉매

DPF

블루텍 시스템

요소선택 환원촉매

PM이 제거된 배기

엔진으로 부터의 배기

BOSCH

PM = Particulate matter

동시에 엔진룸 안의 배치구조도 「배기처리 시스템」을 고려해야 한다. 충돌 안전대책을 위해 크래셔블 존(crushable zone)을 확보해야 할 뿐만 아니라 배기처리 시스템 장치를 장착하면서 공기 흐름을 확보해 열대책을 강구해야만 한다. 앞 현가장치나 조향장치와 같은 장치들로 인해 최적의 장소는 점점 제한되는 경향에 있다. FF차는 「신장」쪽과 「수축」쪽에 코일 스프링 궤적이 다른 스트럿 방식 현가장치를 사용하는 것이 현재 상식화되어 있다. 패키징에 더 치밀한 연구가 요구되는 부분이다.

이비덴(IBIDEN) 제품의 DPF로 보는
독특한 셀 구조와 제조방법

푸조가 사용해 일약 유명해진 이비덴 DPF.
가장 큰 특징은 성형성이 나쁜 점을 극복하고 일반적인 근청석(cordierite)보다도
열전도 특성이 뛰어난 SiC(탄화실리콘)를 담체 소재로 사용한 점이었다.
푸조의 최신형 DPF는 눈여겨볼 점이 상당히 많은 제품이다.

글 : 마키노 시게오 · 사진 & 일러스트 : 쿠마가이 토시나오 / IBIDEN

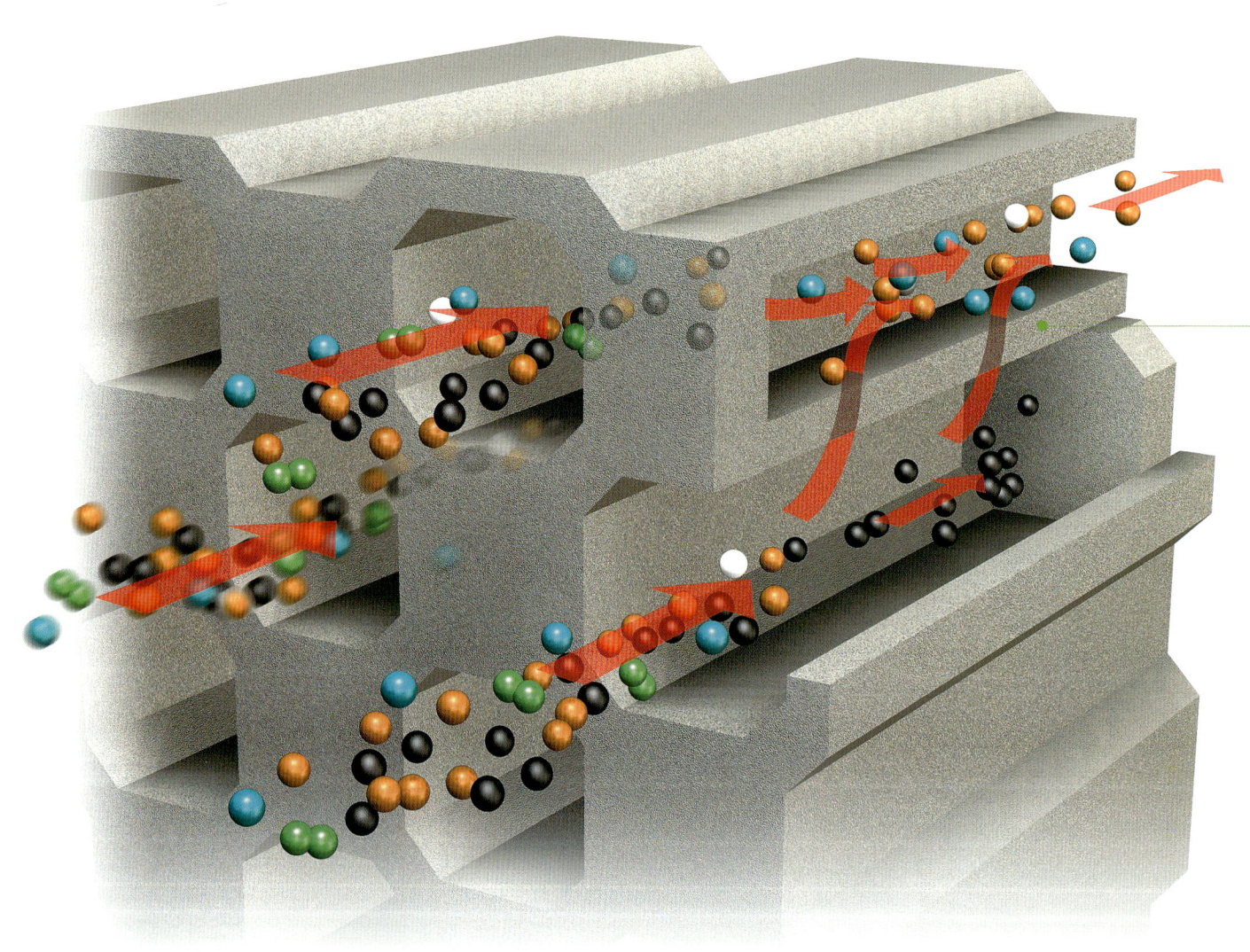

● CO_2 : 이산화탄소　●● O_2 : 산소　○ NOx : 질소산화물

● PM : 미립자 물질　● H_2O : 물

이비덴이 개발한 옥타곤(8각형) 모양의 입구와 스퀘어(4각형) 모양의 출구를 조합시킨 옥토스퀘어(OS)형식의 셀 구조의 DPF 담체. 배기가스 속의 원자가 통과하는 모습을 이미지화한 것으로, 실제 크기의 원자를 셀의 크기와 같이 그리게 되면 너무 작아서 나타나지 않는다는 점을 참고.

넷쉐이프(net-shape) 기술

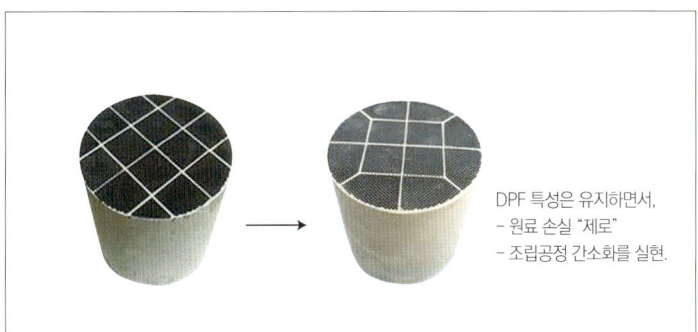

DPF 특성은 유지하면서,
- 원료 손실 "제로"
- 조립공정 간소화를 실현.

현재의 DPF는 작은 셀(유닛)을 정사각형 단면의 외형으로 묶은 클러스터를 1단위로 해 이것을 조합시켜 일정한 크기로 성형한 것인데, 바인딩 기술의 진보로 인해 분할방법을 검토할 수 있게 되었다. 원재료 폐기가 거의 제로에 가까워 환경부담의 저감을 도모할 수 있다.

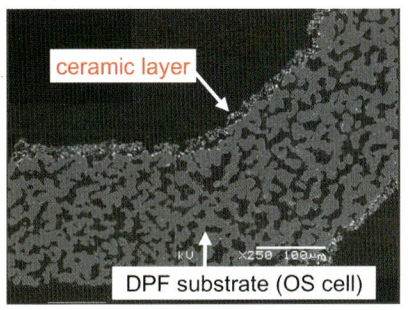

ceramic layer

DPF substrate (OS cell)

두께 250μ 정도의 DPF 벽면에 특수한 세라믹 박막을 코팅한 모습. 이 막이 유사 PM층 역할을 해 표면에 PM이 부착되지 않은 상태에서도 포집효율이 높아진다. DPF 내부로 배기가스가 흘러들어 갈때 이 층에서 PM이 걸러지는 것이다. 효과는 실험으로 확인되었다.

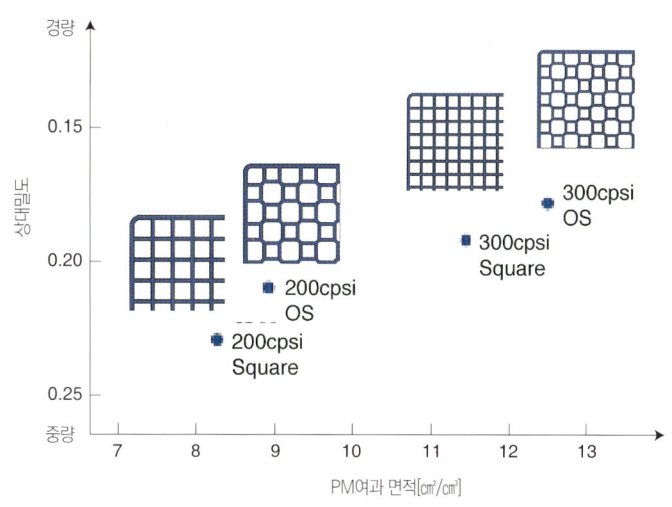

300cpsi OS

300cpsi Square

200cpsi OS

200cpsi Square

세로축이 상대밀도(단면적당 벽 부분의 면적이 차지하는 비율), 가로축이 흡기 흡입쪽 면적. 그래프 안의 「cpsi」는 셀 퍼 스퀘어 인치=1평방 인치(약6.45평방 인치)당 셀 숫자. 여과지대를 확대하는 방법은 셀 밀도를 높이는 것(200에서 300으로)과 셀 모양을 개량해 유효면적을 확대하는 방법이 있는데, 이 그래프는 옥토스퀘어 타입으로 한 것이다. 같은 cpsi라도 PM 포집효과가 더 높아지는 것을 알 수 있다.

SiC형의 높은 잠재력을 이끌어내는 신기술을 개발

이비덴이 DPF(Diesel Particulate Filter)를 상품화한 것은 2000년. 당시 일반적이었던 코디어라이트 담체가 아니라 SiC를 이용한 점이 특징이었다. 서로 다르게 봉해진 셀 구조를 묶어서 정사각형 클러스트를 만들고는 그것을 배기가스 유량 등에 맞게 여러 개를 조합시켜 불필요한 부분을 제거하는 제조방법이었다.

그 후 이비덴은 담체의 단위용적당 재(ash) 퇴적허용량 증가를 목표로 셀 구조를 개량했다. 배기가스가 유입되는 개구면적을 가능한 한 넓게하고 배출측을 줄이는 구조이다. 몇 가지 조합 중 선택한 것이 왼쪽 페이지와 같은 8각형(옥타곤)과 4각형(스퀘어)을 조합한 것이다. 옥토스퀘어를 줄여 OS로 이름 지은 이 구조는 2004년에 학회에 발표되었다. 2000년 당시를 1로 하면 용적당 재퇴적 허용량은 1.5배가 되었다고 한다. 같은 재퇴적 허용량을 얻으려고 하면 담체용적은 1.5분의 1, 즉 67%면 된다. 제조단계에서 환경부담도 67%로 감소된다. LCA(Life Cycle Assessment)까지 가미한 환경부하는 20% 감소하며, DPF로서의 종합 환경성능은 2000년을 1로 했을 경우 1.6까지 올라갔다.

OS구조 개발에서 중요했던 것은 입구쪽과 출구쪽 개구면적비라고 한다. 입구를 너무 넓게하면 저항이 발생해 압력손실이 생긴다. 압력손실을 최소화하면서 재퇴적 허용량을 최대한으로 하는 비율이 이 8각형과 4각형 조합이었다. 또한 8각형끼리 접촉하는 부분의 경사진 벽면에도 PM이 부착되는 것을 가스 유동해석으로 확인해 이 형상을 선택했다고 한다. 2000년 당시의 DPF는 70~80g의 재퇴적, 주행거리로 환산하면 약 8만km에서 압력손실이 커졌지만 OS구조에서는 벽 표면적이 1.5배가 되었기 때문에 재퇴적 허용량도 1.5배로 늘어나 12만km 주행까지 DPF 청소가 필요없게 되었다.

게다가 환경부하 절감을 위해 OS셀 구조를 토대로 개발된 기술이 있다. 담체 표면에 특수한 박막 코팅을 해서 포집효율을 올린 것이다. 담체표면에 전혀 그을음이 부착되지 않은 상태에서는 단위유량당 PM 포집효율이 80% 정도에 머문다. 표면에 어느 정도 PM층이 퇴적하면 포집효율은 거의 100% 가까이 올라간다.

그래서 PM이 퇴적된 상태와 유사한 구조의 막을 표면에 10~20μ 두께로 코팅해 포집효율을 높이는데 성공했다. 셀 벽 두께는 약 250μ로, 이 표면에 균일한 유사 PM층을 만들어주는 것인데, 독자적인 제조법을 만들어내 제품화에 이르렀다.

가장 새로운 기술은 2008년에 학회에 발표한 넷쉐이프라고 불리는 담체 제조방법이다. 예전에는 셀을 묶은 정사각형 클러스트를 조합해 자동차 회사가 주문해 온 단면 형상에 맞춰 절삭한 형상을 갖추고 있었다. 원형 단면의 DPF를 제조하는 경우는 우선 4×4 혹은 5×5 처럼 정사각형으로 클러스트를 묶고 불필요한 부분을 잘라 원으로 만들었다. 그러나 잘린 부분은 원재료의 손실을 초래한다. 넷쉐이프는 클러스터 모양 그대로를 「무한정으로 제품형상에 가까워진다」는 니어넷(near-net) 공법을 이용해 원재료의 손실을 제로로 만들려 하고 있다.

왼쪽 위 사진이 바로 그 개념이다. 종래의 정사각형 클러스트를 중앙 부분만 사용하고 외주와 접하는 부분은 원주를 8개로 나눈 형상의 클러스트로 형성한다. 16개로 분할했던 것을 12개로 분할하는 셈이다. 성형기술 진보로 이런 특수한 모양의 클러스트가 가능해졌다. 제품생산율은 거의 100%로, 폐기되는 원료를 없앰으로써 환경부담을 줄이고 제조단가도 낮출 수 있다. 앞서 말한 OS셀 구조를 사용한 DPF의 환경성능은 1.6이었지만, 넷쉐이프를 도입하면 1.9가 된다. 2000년의 제품화 당시와 비교해 약 2배나 성능이 높아진 것이다.

현재 이비덴에서는 박막 코팅 기술의 실용화를 목표로 개발이 진행되고 있다. 유럽에서는 2012년에 PM수량 규제가 도입되어 주행 1km당 상한이 「6×10의 11승」이 되는데, OS구조와 유사 PM막 조합으로 「6×10의 8승」까지, 즉 2자리나 줄인다고 한다.

Catalyst

디젤용 촉매개발 기술 경향

BASF : NOx 저감을 위한 촉매기술

글 : 카와바타 유이 · 사진 : BASF

당연한 말이지만 BASF에서는 개발한 촉매를 차량에 장착한 상태에서 테스트하고 있다. 탑재위치에 따라 반응 조건이 달라지는데, 그 결과 촉매 효과도 크게 변화하기 때문이다. 중학생 교과서에는 「촉매 자체는 변화하지 않고 특정 화학반응을 촉진시킨다」라고 나와 있지만, 사실은 촉매 자체의 구성은 변하지 않으며 화학반응 과정에서 능숙하게 구조를 바꿈으로써 원하는 반응만 선택해 진행시키는 능력을 갖고 있다. 바꿔 말하면 촉매 근방의 온도나 습도 등 섬세한 변화에 따라 촉매 효과도 달라지게 된다.

촉매개발에 임하는 유럽 회사의 사고방식

2009년에 발효된 일본의 「포스트 신장기규제」와 마찬가지로 2010년에는 미국 캘리포니아에서 「Tier2 Bin5」, 유럽에서는 2014년 발효예정인 「Euro6」등, 전세계의 배기가스 규제가 엄격해지는 가운데 디젤 차에서는 유해 배출가스 제어가 큰 주제로 떠오르고 있다.

가솔린 엔진은 1970년대에 삼원촉매기 개발에 따라 배기가스가 획기적으로 깨끗해졌지만 디젤 엔진은 배기가스에 관한 대응이 느렸다.

현재 디젤 엔진의 배기가스 처리기술에 관해 설명하기 전에 디젤 엔진의 배기가스를 간단히 살펴보겠다. 디젤 엔진의 특징은 λ>>1로 상당히 희박연소를 하며, 경유 자체의 비등점이 200~350°로 가솔린 보다 높고 연료와 공기의 혼합상태가 균일하지 못한 상태에서 높은 압력에 의해 연소한다는 점이다. 이런 기본성질 때문에 불균일한 연소에 의해 PM이 발생하고, PM 발생을 억제하기 위해 연소온도를 높이게 되면 NOx가 발생하는 식의 트레이드 오프(trade-off) 관계에 있다. PM과 NOx 관계를 시뮬레이션하면 이론상으로 Euro4 정도에서 연소 매니지먼트에 의한 배기가스 저감에는 한계가 있다는 것을 알 수 있다. 사

실 Euro4가 발표된 이래 대부분의 자동차 회사가 연소 매니지먼트로 NOx를 절감하면서 DPF로 PM을 처리하는 방법을 선택하고 있다.

현재 엄격한 배출가스 규제에 대응하기 위해 많은 자동차 회사가 규제에 대응가능한 연구개발을 진행하고 있다. 2006년에 미국의 대형 촉매 제조업체인 엔겔하드사를 매수해 유럽과 미국에서 폭넓게 자동차용 촉매를 개발하고 있는 독일 화학 메이커 BASF에서는 이미 연소제어에 따른 유해 배출가스 제어는 한계에 도달해 있고, 연구개발의 주안점은 촉매를 사용한 후처리기술 개발로 이행하고 있으리라 추측된다. 덧붙여 말하자면 엔겔하드사는 1950년대에 가솔린 엔진에서 삼원촉매로 NOx를 처리하는 기술을 실용화한 경력을 갖고 있다.

이 대목에서 「촉매」얘기가 나오는데, 디젤의 배기가스는 원래 산소가 많고 온도가 낮다. 그럼에도 불구하고 HC가 적고 또한 촉매 작용을 저하시키는 유황분을 많이 함유하고 있다. 달리 말하면 촉매에 있어서는 상당히 가혹한 조건이 전제되어 있는 것이다. 유황성분에 대해 일본에서는 이미 10ppm 이하로 탈황이 진행되었고 유럽

이나 미국이 뒤를 이음으로써 연료 속의 유황은 큰문제가 되지는 않는다.

현재 디젤 엔진의 후처리 기술로 사용되고 있는 시스템은 크게 두 가지로 나눠진다.

하나는 요소 SCR(Selective Catalytic Reduction)이라고 불리는 후처리 시스템이다. 요소 SCR로 NOx를 처리하는 기구는 상당히 단순하다. 구체적으로는 연소로 인해 발생한 NOx가 요소수에서 전환된 암모니아를 환원제로, 금속을 첨가한 제올라이트(zeolite)를 촉매로 삼아 화학적으로 반응시킴으로써 인체에 무해한 질소와 물로 변화시킨다.

제올라이트를 사용한 가장 큰 이유는 고온에서의 처리능력이 안정되었기 때문이다. 삼원촉매기에 사용되는 백금이 촉매로서의 위력을 발휘하는 온도는 100~150℃ 정도의 극히 저온으로, 엔겔하드와 BASF가 산화바나듐(vanadium)/산화티타늄에 의한 촉매를 공동개발함으로써 250~400℃에서 성능을 발휘하게 되었다. 그런데 산화바나듐을 코팅한 제올라이트를 촉매로 사용했을 경우 400℃ 이상에서 NOx 처리능력이 고효율로 안정된다. 일

화석연료의 질 변화

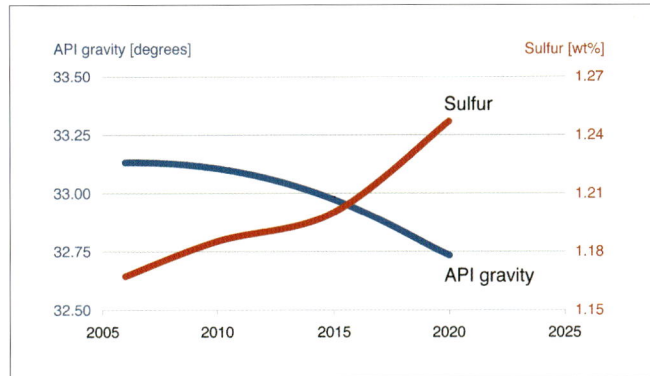

왼쪽 세로축은 화석연료의 질을 결정하는 API 비중(API=아메리카석유협회)으로 매년 저하되어 가는 경향에 있으며, 동시에 촉매 능력을 저하시키는 유황 함유량은 증가하고 있다.

미 · 일 · 유럽의 연료에 포함된 유황 비율

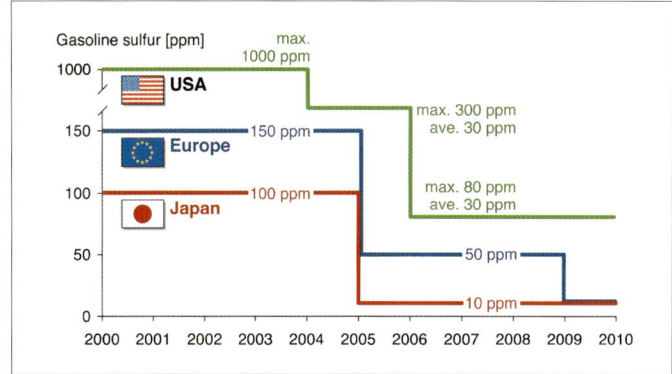

화학연료의 질은 떨어지고 있지만 미국, 일본, 유럽에서는 자동차용 연료에서 유황을 제거하는 추세이다. 일본은 10ppm으로 세계에서 최상위권에 속하며, 2009년부터 유럽도 10ppm, 미국도 저유황 방향으로 나아가고 있다.

디젤 엔진의 배기 시스템

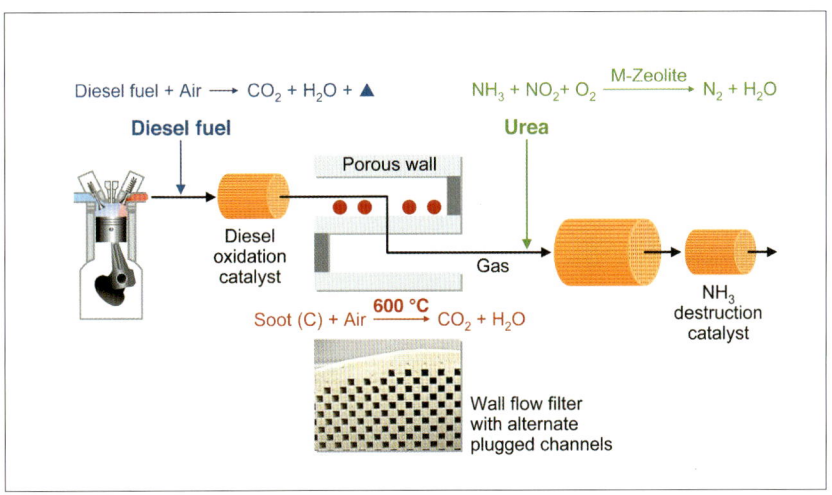

요소 SCR을 사용하는 후처리 시스템이다. 우선 배기가스가 DPF를 통과함으로써 PM이 제거된다. DPF가 걸러진 PM으로 가득 차면 600℃의 고온으로 가열시켜 그을음을 CO_2로 완전히 산화시켜 제거한다. 그 후 요소수를 분사하여 NOx를 선택적으로 환원반응시키는 촉매를 통과시킴으로써 NOx를 무해한 질소로 환원시킬 수 있다.

NOx의 암모니아 선택 환원

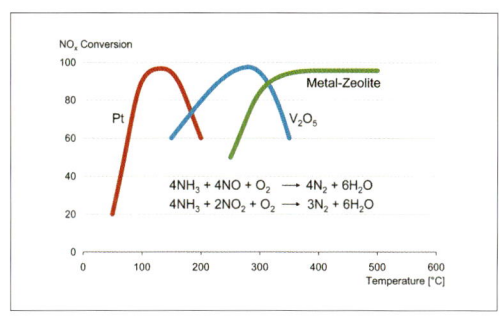

백금이나 산화바나듐을 사용하는 촉매의 선택반응성은 온도에 따라 현저히 변화하는데, 제올라이트는 400℃를 넘는 고온에서 NOx를 높은 비율로 계속 처리한다.

본이나 독일에서도 트럭같은 대형 디젤차에서 사용되고 있으며, 앞으로 Euro6, Tier2Bin5로도 규제가 적용 예정인 가운데 대형 승용차에도 사용이 예상된다.

또 다른 하나는 보통 희박 NOx 촉매로 불리는 것으로, 기본적으로는 삼원촉매반응을 응용하고 있다. 통상적인 희박연소는 백금 촉매의 존재에 따라 NO가 더 산화된 NO_2 상태로 변화해 촉매 표면에 있는 층(산화바륨)에 일단 흡착된다. 어느 정도 NO_2가 흡착되었을 때 순간적으로 연료를 농후하게 분사 하는, 흔히 말하는 "농후혼합기를 공급" 하게 되면 연료에서 CO나 H_2와 같은 환원제가 발생되어 라듐촉매에 의해 NO_2를 인체에 무해한 질소로 변화시킨다.

물론 어떤 시스템이라도 장단점은 있다. 요소 SCR은 연소 도중에 환원제를 만들어 낼 필요가 없으며, 농후혼합기 공급을 필요로 하지 않기 때문에 연비에 영향을 주지 않는다. 그러나 요소수를 공급하는 장치를 필요로하며 요소 탱크 등과 같은 장치를 설치할 공간도 필요하다. 물론 가격 상승으로도 이어진다. 한편으로 희박 NOx 촉매는 요소 SCR과 비교하면 가격이 저렴하며 여분의 장치를 추가할

바륨을 사용한 희박 NOx 촉매

기본적으로 희박 NOx 촉매의 개념은 가솔린 엔진용 삼원촉매와 같은 방식이다. 위쪽 그림은 통상적인 희박한 상태에서 경유를 연소시키고 있는 상태. 이때 발생된 NOx는 백금촉매에 의해, NO를 산화시킴으로써 발생한 NO_2를 산화바륨 층 표면에 흡착시킨다. NO_2가 축적된 후, 순간적으로 연료를 많이 분사하여 연료로 부터 생성된 성분을 요소로 바꾸는 환원제로 사용함으로써 NOx를 인체에 무해한 질소로까지 화학변화시키고 있다.

필요가 없어서 요소수를 공급하는 설비를 걱정할 필요가 없다. 그러나 농후혼합기를 공급할 때는 연료를 필요로 하기 때문에 연소 악화가 우려된다. 또한 중량이 큰 모델은 생성되는 환원제의 양이 부족해 충분하게 NOx를 처리하지 못 할 가능성도 부정할 수 없다.

일본차 회사는 요소수를 공급하는 체제가 갖춰지지 않은 것을 이유로 희박 NOx 촉매가 주류를 이루고 있다. 이에 비해 BASF에서는 요소 SCR이 향후 주류가 될 거라 예측하고 있다.

독일에서는 승용차보다 먼저 트럭 등의 중량차에서 요소 SCR 탑재가 진행되었기 때문에 이미 공급 시스템이 갖춰져 있다. 따라서 당연히 일본이나 미국에서도 비슷한 길을 걸을 것으로 생각하고 있다. 무엇보다도 촉매개발 방향도 디젤 엔진 최대의 장점인 저연비성을 최대한 끌어내는 후처리 기술이어야만 한다고 그들도 생각하고 있다.

상용차용, 대형 디젤엔진의 동향

이스즈 자동차 · 4JJI / 6UZ1형의 기술

물류를 트럭에 의존하는 비율이 높은 일본. 고속도로망의 확충과 도로운송산업의 발전은 서로 긴밀한 관계에 있다.
그 중에서 상용차나 대형 트럭에 요구되어 온 디젤엔진 기술의 변천과 향후 동향을 살펴보았다.

글 : 치카타 시게루 · 사진 & 일러스트 : 이스즈자동차

● 이스즈 자동차의 4JJ1 디젤엔진

먼저 승용차용 엔진과 크게 다른 점은 일상적인 부하가 크다는 점이다. 또한 엔진을 새로 개발하면 기본적으로 대략 4반세기에 걸쳐 사용된다. 단순한 내구성분만 아니라 오랫동안 통용되는 높은 상품력이 요구되는 것이다.

또한 대형 차량용 엔진은 고속도로망 확충과 함께 심야 고속편이 많기 때문에 각 회사는 출력 경쟁을 전개한다. 이로 인해 배기량은 당연히 점점 증가하였다. 1960년대를 기점으로 하면 1990년대에는 배기량과 최고출력이 3배 가까이나 상승했으며, 이스즈 엔진 가운데 최고봉인 V10 기통 30ℓ는 600ps & 210kg-m을 자랑했다. 그러나 세계적으로 경향이 바뀌어 운송효율이나 연비율에서 환경문제가 대두되는 등, 트럭 디젤엔진은 순식간에 다운사이징 방향으로 궤도수정을 하게 되었다.

제원

	4HL1-TCS	4JJ1-TCS
기통수/배치	직렬4기통	←
내경×행정	115.0×115.0mm	95.4×104.9mm
총배기량	4777cc	2999cc
캠방식	OHC16밸브	DOHC16밸브
압축비	17.5	←
최고출력	132kW(180ps)/2700rpm	110kW(150ps)/2800rpm
최대토크	500N·m(51.0kg-m)/1500rpm	375N·m(38.2kg-m)/1600rpm
전비(全備) 건조질량	420kg	–
EGR장치	○	○(쿨드EGR)
분사장치	전자제어식 커먼레일 시스템	←
과급기	인터쿨러 터보	VGS 터보차저+인터쿨러
배기가스규제	2003년도 규제	2005년도 규제
탑재차량	엘프 시리즈	←

● 4JJ1 디젤엔진에 투입된 기술

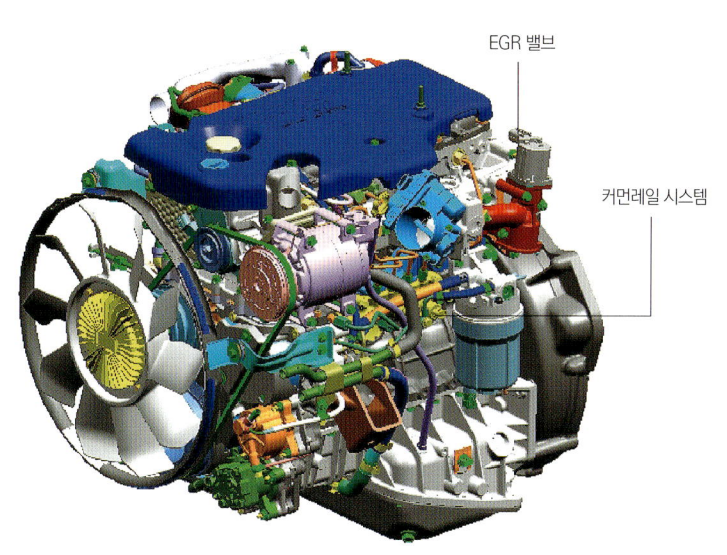

EGR 밸브
커먼레일 시스템

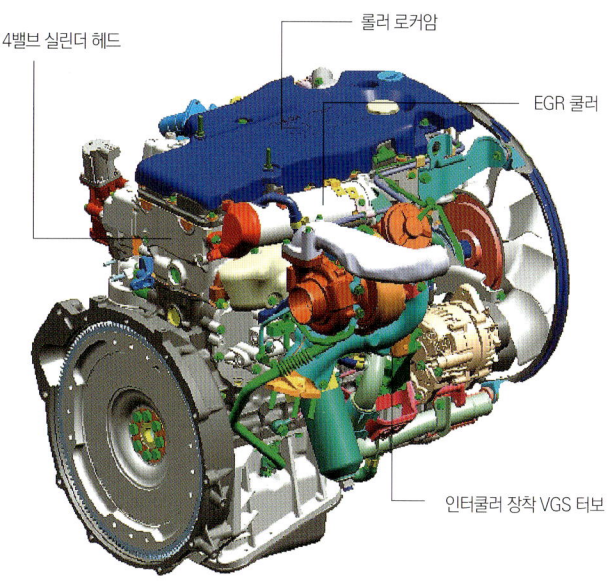

DOHC 4밸브 실린더 헤드
롤러 로커암
EGR 쿨러
인터쿨러 장착 VGS 터보

DPD(DPF) 시스템

연속재생방식 DPF(Diesel Particulate Filter). PM(입자상 물질)을 필터로 걸러낸다. 필터가 막히는지 여부를 센서로 항상 감지하고 있으며, 필요에 따라 연료분사 제어에 의한 농후분사로 필터 내의 PM을 연소시켜 막히지 않도록 재생한다. 엔진에서 배출된 가스를 후처리하는 장치이기도 하지만, 고압분사를 가능하게 한 커먼레일 시스템 방식의 사용을 계기로 다단분사(후분사) 등 배기열 관리나 제어기술 진화가 가능해졌다.

실린더 헤드

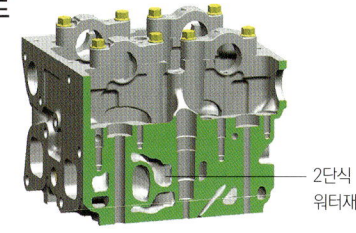

2단식 워터재킷

유속해석

연소실 중심 배기포트

흡기포트

소형화와 함께 경량화의 핵심은 알루미늄 합금제 실린더 헤드의 사용에 있다. 고출력 발생에 동반되는 열부하에 대비하는 의미로도 유리한 소재로서, 나아가 2단식 워터재킷을 채택. 연소실에 가까운 위치 말고도, 부위에 맞춰 적절한 냉각을 담당하기 때문에 냉각수 유속해석을 철저하게 해 흡기포트 및 배기포트 주변 그리고 연소실 중심점에서 효율이 좋은 냉각효과가 추구되었다.

과급 시스템

VGS 터보차저

인터쿨러 시스템

작은 엔진으로 고출력을 내기 위해 빼놓을 수 없는 존재인 과급기. 낮은 회전속도영역부터 그 효과를 발휘하고, 평탄한 토크 특성을 발휘할 수 있도록 VGS(가변 노즐방식) 터보차저를 장비했다. 또한 대용량 EGR 쿨러와 전자제어식 EGR 밸브도 장착해 항상 최적의 EGR율을 유지하도록 하는 구조이다. 이런 장치를 사용한 결과 고출력, 고토크 발휘와 실용연비율이 크게 향상되었다.

실린더 블록

고주파 열처리(tempering)

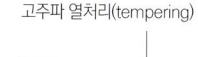
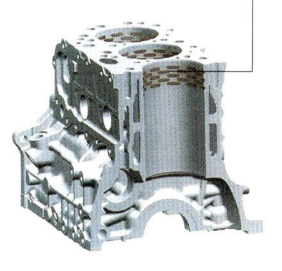

연소할 때 폭발압력의 영향을 크게 받는 실린더 상단 주변의 내경 부분에 그림처럼 부분 고주파 열처리를 서로 엇갈리게 해줌으로써 강성을 향상시켰다. 고열에서의 내구성도 좋아지고 고성능을 안정적으로 발휘하는데 기여한다.

다운사이징이라는 조류는 무엇보다 대형 트럭에 한정된 것이 아니다. 2톤 급의 트럭에서 인기 모델로 알려진 이스트 엘프. 그 엔진도 다운사이징과 함께 진화를 거듭하고 있다.

이전 모델인 4HL1 엔진과 비교하자면, 배기량은 4.8ℓ에서 3ℓ로 약 30% 감소. 그럼에도 불구하고 출력 토크는 총 약 80%가 향상되었다.

더구나 엔진 중량에서 경량화가 100kg이나 이루어졌다. 트럭의 경우 경량화 노력은 그대로 적재성 향상으로 연결되어 상품력을 좌우할 정도이기 때문에 결코 그 차이를 소홀히 할 수 없다. 엄격해지는 배기가스 규제에 대한 대응과 함께 더 고효율적인 엔진 개발이 요구되는 것이다.

2005년도 규제를 통과한 이 엔진은 차세대를 염두에 둔 D-CORE 사상을 도입. 구체적인 방법으로 최적의 연소와 고과급, 저(低)마찰화가 철저히 반영되었다. 인터쿨러가 장착된 VGS 터보를 갖춰 과급으로 실린더 내 압력을 높임으로써 높은 연소효율을 얻고 있는 것이 큰 특징이다.

단순하게 말하면 이제까지 이상으로 높은 폭발압력을 얻을 수 있다. 심지어 경량화 그리고 마찰손실을 철저히 감소시킴으로써 에너지 손실이 줄어들었다는 점도 클 것이다. 결과적으로 이전 모델의 엔진과 비교해 1200rpm 이상 모든 회전속도영역에서 출력과 토크가 모두 크게 향상되었다. 또한 저속주행을 하는 실용연비에서 15% 이상의 연비향상도 달성하고 있다. 앞으로 더욱 강화될 규제에 대응하는 문제에 있어서 NOx전용 촉매 이용이나 요소 활용 등 다양한 대책의 연구개발이 이뤄지고 있는데, 현재 엘프는 세계 120개국 이상에서 유통되고 있는 상품인 만큼 인프라 차이를 생각하면 한 가지 방법으로는 문제를 해결할 수 없다고 한다.

● 이스즈 자동차 · 6UZ1 디젤엔진

제원

	6UZ-TCS
기통수/배치	직렬6기통
내경×행정	120.0×145.0mm
총배기량	9839cc
캠방식	OHC
압축비	17.5
최고출력	279kW(380ps)/2000rpm
최대토크	1765N·m(180kg-m)/1400rpm
전비(全備)건조질량	-
EGR장치	원웨이 콜드EGR
분사장치	전자제어식 커먼레일 시스템
과급기	VGS 터보차저 + 인터쿨러
배출가스규제	2005년도 규제
탑재차량	기가 시리즈

배기량을 작게 해도 고출력을 얻기 위해서는 터보를 장착하는 것이 필수요건이다. 각사가 터보 장착으로 전환을 모색하려던 당시에는 출발시 토크감이 뛰어난 큰 배기량의 NA를 지지하는 프로 운전자들도 많았다. 그러나 개선되고 발전되어 가면서 현재에 이르러서는 직렬6 터보가 주류로 정착되었다. 배기량 13~16ℓ 정도에 최고출력도 500ps 전후(토크는 220kg-m)로 정착하게 되었다. 그 결과 대략 1t 이상이었던 엔진 단독중량은 200kg 이상의 경량화를 달성함으로써 적재성능과 상품력 향상에 크게 공헌했다. 현재는 I-CAX(이스즈 클린 에어솔루션)의 주요 테크놀로지를 내세워 연소 최적화와 촉매에 의한 후처리기술을 종합적으로 전자제어한다. 치밀하게 최적의 통합제어를 겨냥하고 있다.

● 6UZ1에 반영된 기술

가변용량 터보차저

4밸브 신구조 실린더 헤드 & 흡기 시스템
- 흡배기 포트 성능 최적화

신개발 엔진 컨트롤 유닛 후처리 시스템

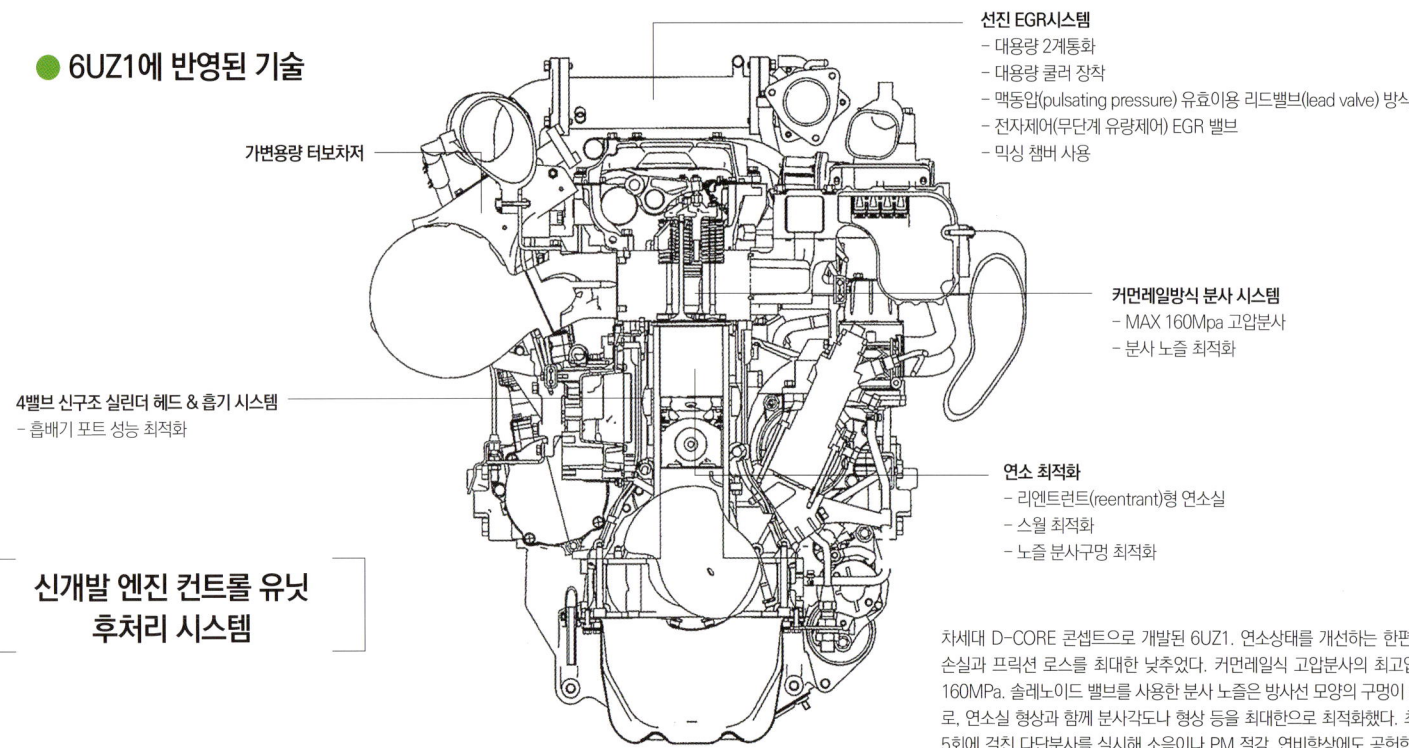

선진 EGR시스템
- 대용량 2계통화
- 대용량 쿨러 장착
- 맥동압(pulsating pressure) 유효이용 리드밸브(lead valve) 방식
- 전자제어(무단계 유량제어) EGR 밸브
- 믹싱 챔버 사용

커먼레일방식 분사 시스템
- MAX 160Mpa 고압분사
- 분사 노즐 최적화

연소 최적화
- 리엔트런트(reentrant)형 연소실
- 스월 최적화
- 노즐 분사구멍 최적화

차세대 D-CORE 콘셉트으로 개발된 6UZ1. 연소상태를 개선하는 한편 열손실과 프릭션 로스를 최대한 낮추었다. 커먼레일식 고압분사의 최고압은 160MPa. 솔레노이드 밸브를 사용한 분사 노즐은 방사선 모양의 구멍이 6개로, 연소실 형상과 함께 분사각도나 형상 등을 최대한으로 최적화했다. 최대 5회에 걸친 다단분사를 실시해 소음이나 PM 절감, 연비향상에도 공헌한다. 대용량 2계통화된 EGR도 유량은 무단계 상태로 최적의 제어가 이루어진다.

커먼레일 시스템

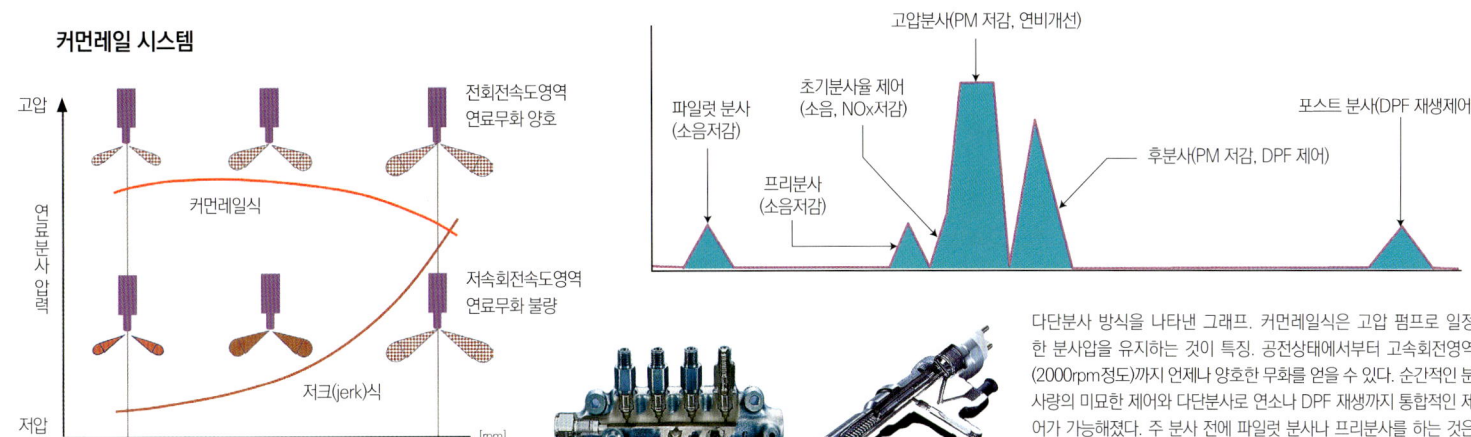

고압

연료분사 압력

커먼레일식

전회전속도영역
연료무화 양호

저속회전속도영역
연료무화 불량

저크(jerk)식

저압

IDLE   엔진 회전속도   MAX   [rpm]

파일럿 분사
(소음저감)

프리분사
(소음저감)

초기분사율 제어
(소음, NOx저감)

고압분사(PM 저감, 연비개선)

후분사(PM 저감, DPF 제어)

포스트 분사(DPF 재생제어)

다단분사 방식을 나타낸 그래프. 커먼레일식은 고압 펌프로 일정한 분사압을 유지하는 것이 특징. 공전상태에서부터 고속회전영역(2000rpm정도)까지 언제나 양호한 무화를 얻을 수 있다. 순간적인 분사량의 미묘한 제어와 다단분사로 연소나 DPF 재생까지 통합적인 제어가 가능해졌다. 주 분사 전에 파일럿 분사나 프리분사를 하는 것은 주로 소음저감에 효과가 있다. NOx 저감에도 기여하며, 후분사는 PM 저감에 효과가 있다. 포스트 분사는 DPF재생을 위한 것이다.

6VGS 터보

가변과급이지만 예전에는 고속회전영역에서 효과를 발휘하는 것으로 알려진 터보도 최적의 크기 선정이나 가공정밀도 향상, 그리고 가변과급 덕분에 저속영역부터 고속영역까지 폭넓게 과급효과를 발휘할 수 있게 되었다. 배기압이 베인 각도를 변화시켜 어느 회전영역이든 적절한 부스트압력으로 제어하고 있다. 특히 저속에서 부스트 확보 효과가 크며, 예전에 지적되었던 출발할 때의 토크 부족을 느끼지 못하게 되었다.

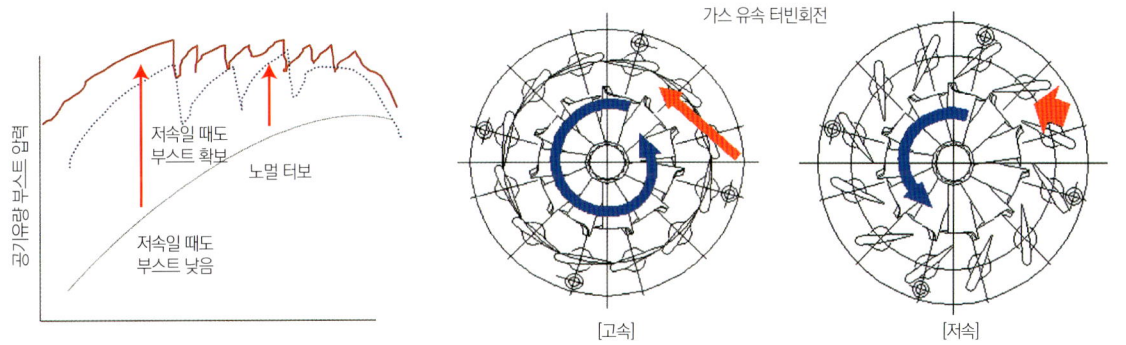

공기양과 부스트 압력

저속일 때도
부스트 확보

노멀 터보

저속일 때도
부스트 낮음

가스 유속 터빈회전

[고속]   [저속]

EGR 쿨러

온도를 낮추면 공기밀도가 높아지는 것은 터보에서 사용하는 인터쿨러와 같은 이치이다. 실린더 헤드 주위의 굵은 파이프들은 거의가 EGR용 배관이다. 배기 일부를 흡기 쪽으로 되돌릴 때 냉각수를 사용한 쿨러를 통과하는 쿨드 EGR 시스템을 사용. 연소온도를 낮춰 NOx 배출을 저감시키는 효과를 가져오고 있다. 스로틀 각도나 엔진 회전속도 등에 맞게 EGR 밸브가 제어됨으로써 항상 적절한 EGR 비율로 제어되는 구조이다.

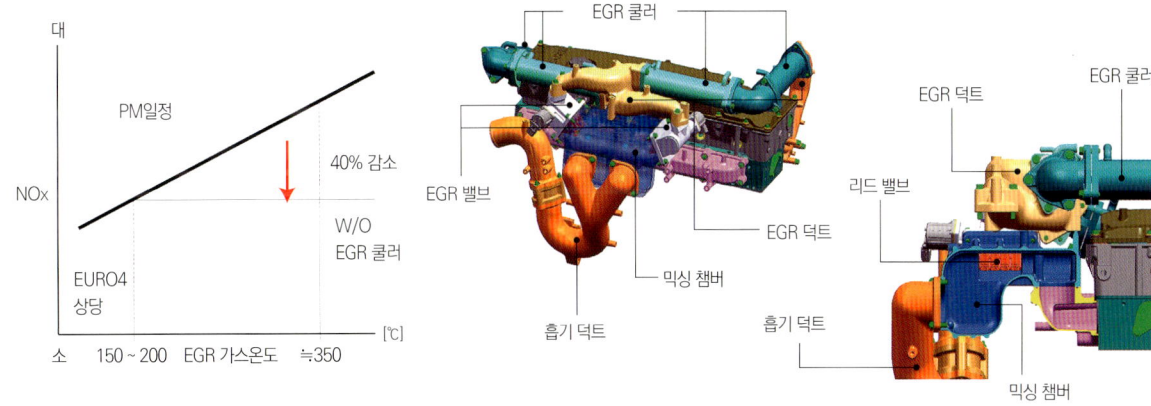

대

PM일정

NOx

EURO4
상당

40% 감소

W/O
EGR 쿨러

소   150 ~ 200   EGR 가스온도   ≒350   [℃]

EGR 쿨러

EGR 밸브

믹싱 챔버

흡기 덕트

EGR 덕트

EGR 덕트

EGR 쿨러

리드 밸브

흡기 덕트

믹싱 챔버

연속재생 방식 DPD(DPF)

PM(Particulate Matter)이라고 불리는 입자상물질에는 그을음이나 미연소HC(SOF), 윤활유HC(SOF), 황화합물(sulfate)가 포함되어 있다. 이것들을 세라믹 필터로 걸러내는 것이 DPF의 역할이다. 이스즈에서는 DPD라고 부른다. 산화촉매기와 일체화되어 있으며, 배기온도 센서나 필터 전후의 배기압력 센서 등으로 감시하다가 필터가 막히면 연소로 산화(酸化, 무해화)시켜 필터가 막히지 않게 재생시키는 구조이다. 그런 이유로 포스트분사가 이루어지고 있다.

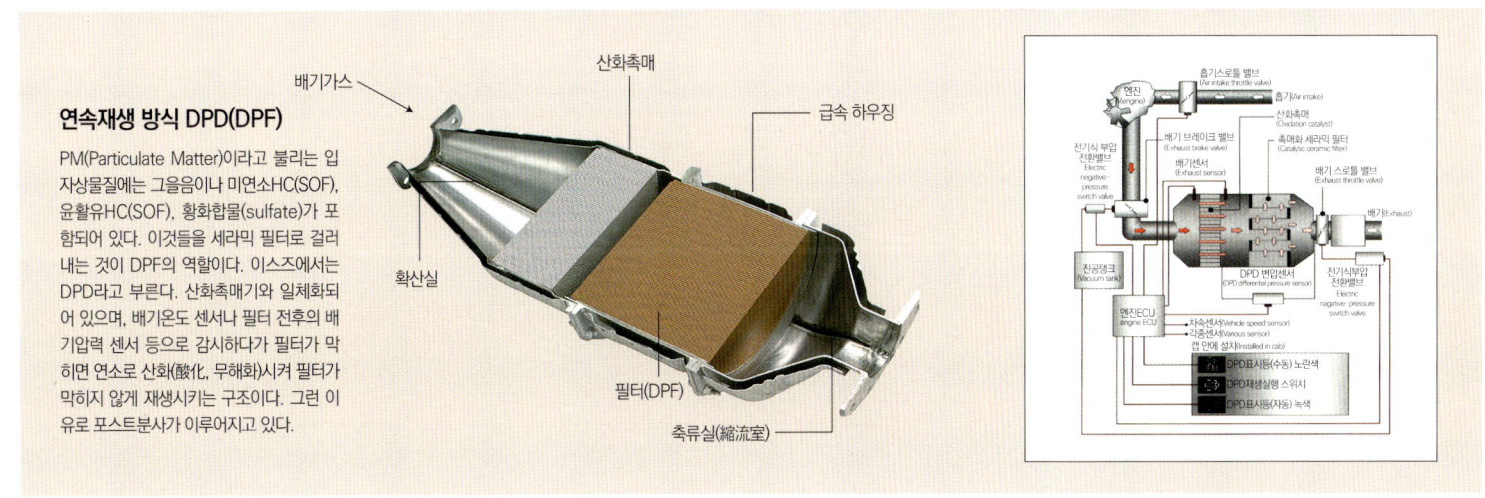

배기가스

산화촉매

급속 하우징

확산실

필터(DPF)

축류실(縮流室)

유럽과 일본의 최신 디젤

Latest Diesel Engine Technology Details

각사가 최신 기술을 투입. 중심은 4기통 디젤

최신 디젤을 개발하면서 커먼레일 시스템+고압 인젝터에 VG 터보를 장착하는 것이 대전제로 여겨지고 있다.
이러한 주요기술을 기본으로, 배기가스 규제와 고출력을 얼마나 양립시키는가가 차세대 디젤의 주제.
각사의 다양한 시도가 흥미를 유발하고 있다.

Professional Eyes : Dr.히타무라 코이치

- ● NISSAN M9R
- ● HONDA N22B1 I-DEC
- ● MITSUBISHI 4N1/4M41
- ● MAZDA MZR-CD 2.2
- ● SUBARU EE20

- ● TOYOTA 2AD FHV
- ● VW 2.0Blue TDI
- ● MERCEDES BENZ OM651
- ● BMW N47D20T0
- ● AUDI 3.0TDI

Nissan M9R

치밀한 제어와 후처리기술로 포스트 신장기규제를 통과

르노와 닛산이 공동개발한 2ℓ·직렬4 디젤의 호칭이 「M9R」이다.
이 유럽판을 기본으로 제어와 후처리 기술을 이용하여 일본의 포스트 신장기규제를 처음으로 통과. 2008년 9월부터 시장에 투입하다.

글 : 세라 코다 · 사진 : NISSAN / 스미요시 미치히토

엑스트레일 20GT

2008년 9월 18일 발매. 디젤엔진 소음이나 진동에 민감한 일본 운전자를 배려해 고체전파/공기전파의 차단에 힘을 쏟고 있다. 고체전파 차단으로 「뜻밖에 효과가 있었다」는 것이 토크로드에 추가한 매스댐퍼라고 한다. 10·15모드 연비는 15.2km/ℓ.

제원

형식	M9R
엔진형식	직렬4기통 DOHC+VG 터보
총배기량(cc)	1995
압축비	15.6
내경×행정(mm)	84.0×90.0
최고출력(kW[ps]/rpm)	127[173]/3750
최대토크(Nm/rpm)	360/2000
연료공급장치	커먼레일(피에조 인젝터:보쉬)
CO_2(g/km)	198(유럽사양)
배출가스제어	포스트 신장기규제

Tier2 Bin5의 통과가 개발 동기

일본의 디젤 엔진 점유율이 거의 제로에 가까워진 단계에서도 닛산은 연구개발을 멈추지 않았다. 세기가 바뀔 무렵에 디젤이 살아남을지 어떨지를 검토한 결과, 「Tier2 Bin5를 통과하면 살아남을 수 있다」라고 판단. 이것을 동기로 개발을 계속한 것이 포스트 신장기규제 통과 제1호의 기반이 되었다.

2ℓ 직렬4기통 DOHC+VN 터보(닛산에서는 VN이라고 한다)인 「M9R」은 계열관계인 르노와 공동개발. 편의상 리더는 르노가 맡았지만 사양결정에 관한 책임분담은 같다(하지만 디젤 개발에 관해서는 르노가 앞서 있다는 것은 닛산측도 인정하고 있다). 각 시장에 대한 적용은 양사가 각각 맡는다. 일본판은 유럽판을 기반으로 포스트 신장기규제를 통과하는데 필요한 엔진 협조제어와 희박 NOx 트랩 촉매를 추가하고 있다.

엔진조립은 프랑스 노르망디 지방에 있는 르노의 클레옹 공장에서 한다. 캐시카이(일본명 듀얼리스)의 히트에 힘입어 유럽과 일본 물량만으로도 연간 수만 대를 생산. 일본형 M9R은 탑재차인 라이프를 통해 월 100대를 전망. 발표 후 1개월이 안돼서 1000대 예약을 받았는데, 초기수주는 타사제품을 포함한 디젤을 선호하는 SUV 수요자가 대다수였다고 한다.

「왜?」라는 집중포화를 받는 것이 M9R의 탑재차종과 변속기 설정이다. 유럽에서는 엑스트레일과 캐시카이가 M9R을 장착하며 두 차량 모두 6MT와 6AT를 선택할 수 있다. 그러나 판매가 시작된 "클린 디젤 제1호"는 오프로드 지향성이 강한 엑스트레일로, 6MT로만 정해졌다.

디젤은 「연비가 좋다」라고 주장하기 전에 「스포티하다」라는 주장에는 솔직히 수긍할 수 있다. 그 점을 강하게 어필할 수 있는 것이 MT라는 논리이다.

AT는 디젤의 장점을 감쇄시킨다는 것이 설정을 보류한 공식 견해이지만, 판매대수를 전망할 수 없는 가운데 개발투자가 이루어지지 않았다는 사정도 알게 모르게 느껴진다.

▶ Nissan 2.0 ℓ inline 4(M9R)

엔진 협조제어와
희박 NOx 트랩 촉매를 추가

엔진 본체의 구성은 유럽판 M9R과 공통이지만, 전자
제어 스로틀 밸브/EGR 밸브/VN 터보/커먼레일 시스
템을 협조제어해 공연비와 EGR을 정밀하게 제어하
는 것은 포스트 신장기규제(특히 NOx 값)를 통과하기
위해 추가한 기능이다. 또한 독자적으로 개발한 희박
NOx 트랩 촉매를 유럽판 M9R의 산화촉매와 바꾸는
형태로 추가하고 있다. 한정된 공간에 촉매를 집어넣
어야 했던(용량에도 제약이 있을 것) 어려움이 전해져
온다. 닛산의 M9R에서 공통되는 것은 1600bar의 보
쉬제 커먼레일 시스템(분공 6개의 피에조 인젝터. 분
사는 최대 5회)이나 포트형상으로 만들어 2중의 고속
스월을 발생시키는 「더블 스월 포트」등이 있다.

VG 터보

DPF

NOx 트랩 촉매

밸런서 샤프트

M9R를 차량 앞쪽에서 본 모습. 중앙 우측의 잘려진 부품이 유럽과 일본의
M9R 공통사양인 EGR 쿨러, 그 위쪽이 EGR 밸브. 진동대책으로 밸런서 샤
프트를 사용. 최신 디젤의 정통 설계를 따르고 있다.

● Professional Eye ········ Dr. Hatamura

배기가스 대책이 눈여겨볼 만한 점, 기본은 르노가 개발한 디젤엔진

닛산도 디젤엔진 기술에서는 MK 연소라고 하는 HCCI 연소의 일종을 실용화하는 등
뛰어난 엔진을 갖고 있지만, 이 엔진은 생산될 것 같아 보이지 않는다. 원래 YJ22라
고 하는 Euro4 대응의 2.2 ℓ 엔진을 갖고 있던 닛산 엔지니어는 르노 주도하에 개발
이 진행된 것을 아쉽게 생각하겠지만, 그것은 어쩔 수 없는 부분. 유럽과 일본에서는
디젤 시장의 규모가 다르고, 승용차용 디젤에서는 역사가 긴 르노에 주도권이 있다.
그 때문인지 흡배기 밸브는 서로 다르게 배치된다는 한 세대 오래된 배치구조이고,
실린더 블록도 딥 스커트(deep skirt)여서 중량이나 소음면에서는 불리한 구조이다.
그래도 닛산의 기술자는 일본의 엄격한 배기가스 규제에 대응하기 위해 NOx 트랩
촉매를 추가해 흡기 스로틀이나 EGR, 연료분사 등을 협조 제어하는데 힘썼다. 그리
하여 결과적으로 엄격한 일본의 포스트 신장기규제를 첫 번째로 통과하였다. 기타 성
능에 대해서는 시승하고 나서 평가하기로 한다.

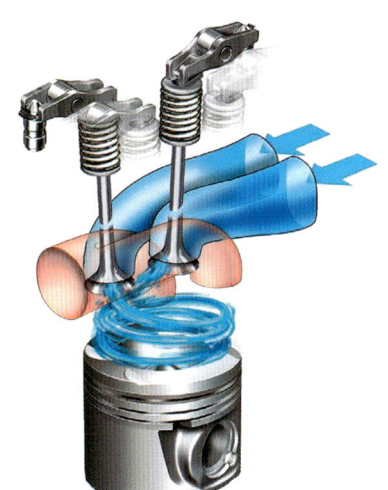

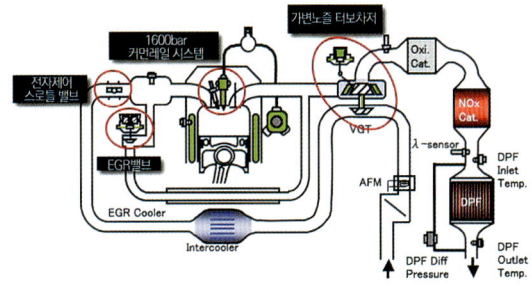

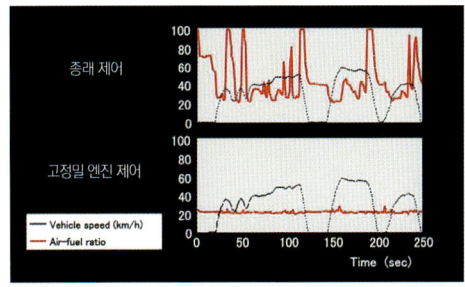

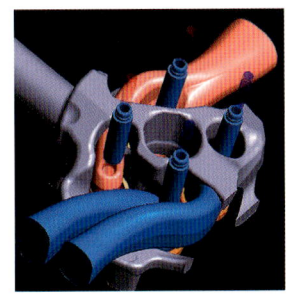

더블 스월 포트

연료와 공기를 균일하게 혼합하여 그을음 발생을 막는 방법이 더블 스월 포트. 한쪽 공기 포트는 맨 앞에, 다른 한쪽은 깊숙이 위치시켜 맨 앞과 깊숙한 곳에서 각기 다른 스월을 발생시키는 구조이다. 2개의 캠샤프트가 각각 흡배기 밸브를 작동시킨다. 냉각 성능을 확보하기 위해 워터재킷이 밸브 안쪽까지 커버하는, 복잡한 구조를 가지고 있다.

공연비 제어

전자제어 스로틀 밸브/EGR 밸브/VN 터보의 노즐/커먼레일 시스템 인젝터를 교대로 연대시켜 공연비와 EGR을 정밀하게 제어해 희박 NOx 트랩 촉매와 DPF를 계획한 대로 기능시킨다. 공연비를 세세하게 제어할 수 있는 모습을 나타낸 것이 아래 그래프. 협조제어를 하지 않을 경우는 차속변화에 따라 공연비가 달라지는데, 「공연비 일정」이라는 지령을 주면 위 4가지 제어대상을 연대시켜 공연비를 일정하게 유지하는 것도 가능. 실제로는 감속할 때(=분사 중단), DPF 재생할 때(=의도적 농후혼합기) 등에서 공연비가 변화한다.

가변 노즐로 유속통로 면적을 최적으로 제어하고, 넓은 범위에서 높은 토크를 발생시키는 가변 노즐 터빈을 사용. 하니웰(가레트) 제품. 시승해 본 바로는 응답성이 양호. 터보 래그를 느끼는 단계는 꽤나 지나친 것 같다.

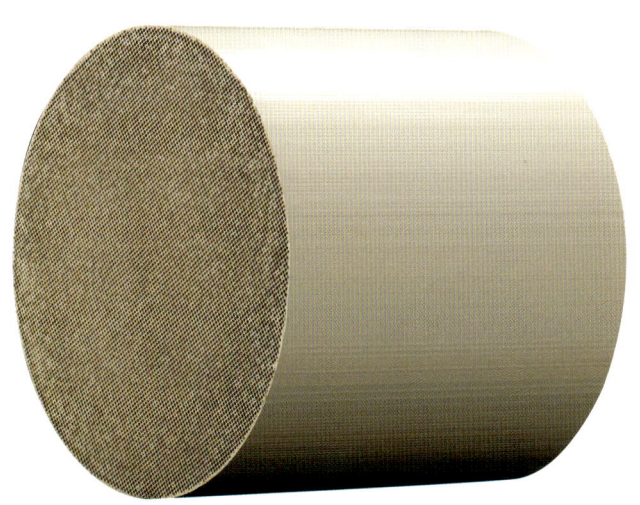

녹색 관이 유럽과 일본에서 공동적으로 장착되는 EGR 쿨러. 순간적으로 농후혼합기로할 때는 전자제어 스로틀을 조이지만 그와 동시에 EGR 밸브를 열어 펌핑손실의 발생을 막도록 제어한다.

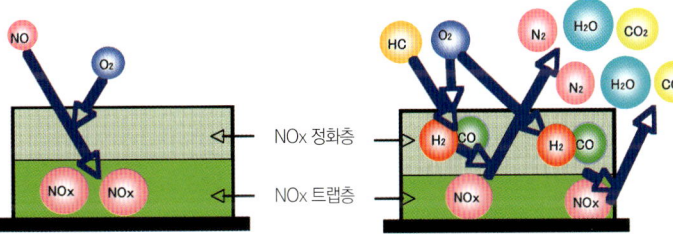

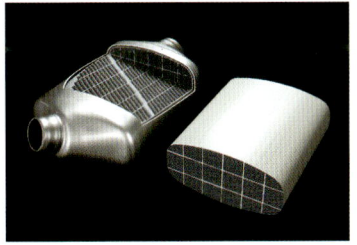

담체는 인비덴 제품. 헝가리 공장에서 제조한 담체를 독일 조립공장에서 완성. 압력 센서가 PM 퇴적량을 계산. 한계치를 넘으면(수백km에 1회 빈도) 600℃로 온도를 올려 PM을 산화~재생시킨다.

NOx 트랩 촉매

담체(NGK제품) 표면에 2층으로 기재를 설치하고, 연소 후의 잔존산소가 많은 희박한 상태에서는 제올라이트 등을 도포한 아래쪽 NOx 트랩층에 NOx를 흡착. NOx량이 한계치를 넘으면 공연비를 농후하게 해 HC와 O_2를 공급. 이것이 위쪽의 NOx 정화층(=삼원촉매)에서 반응. 메인 환원제인 H_2 외에 CO를 생성하며, NOx를 CO_2, H_2O, N_2로 환원정화한다. 닛산은 직접분사 가솔린엔진(VQ25DD. 1988년 발매한 세피로 등에 탑재)을 개발하고 있던 시대에 NOx 트랩촉매를 연구한 경험을 갖고 있다. 요코하마공장에서 코팅을 했던 것은 그 일환. 주행상태에 따라 다르지만 순간적인 농후혼합기 공급은 수 분에 1회 빈도로 이루어진다. 이 방법으로 대폭적으로 NOx를 정화시키고 있다.

Mitsubishi 4N1

압축비 14.9와 가변 밸브 시스템 사용으로
저압축비와 스월 가변을 실현

PSA푸조 · 시트로엥사의 공급에 의존하지 않고, 자력으로 만든 디젤 엔진을 갖고 싶다.
막대한 투자를 할 바에는 오랫동안 사용할 수 있는 제대로 된 엔진을 만들고 싶다. 이러한 생각이 가변 밸브 시스템 사용이라는 결단을 낳았다.

글 : 세라 코타 · 사진 : MITSUBISHI / 스미요시 미치히토 / 세라 코타

유럽시장에서
2009년 4월부터 출하 개시

유럽 시장에서 C세그먼트부터 SUV까지를 커버할 수 있도록 1798cc(4N14)와 2268cc(4N13) 2개의 엔진을 개발. 마찰 저감(=연비 향상), 스모크/NOx 저감을 위해 14.9라는 저압축비로 설계. 저압축비에 동반되는 결점을 없애기 위해 흡기쪽에 가변 밸브 타이밍 · 리프트 기구를 사용했다. 2.2ℓ에는 터빈과 함께 압축기에도 가변 베인이 달린 가변 디퓨저 터보를 장착(1.8ℓ는 터빈쪽만 가변 베인 VG 터보). 커먼레일 시스템은 덴소 제3세대 것으로, 압축압력은 2000bar. 저압축비와 다단분사의 조합은 진동과 소음에도 좋은 영향을 가져온다. 밸런서 샤프트를 사용. 실린더 블록은 알루미늄 제품. 내경 및 내경 피치는 가솔린 4기통 제원을 바탕으로 하고 있다.

제원

형식	4N1
엔진타입	직렬4기통 DOHC+VG & VD 터보
총배기량	1.8ℓ+2.2ℓ
압축비	14.9
내경×행정(mm)	n/a
최고출력(kW[ps]/rpm)	n/a
최대토크(Nm/rpm)	n/a
연료공급장치	커먼레일(덴소)
CO_2(g/km)	n/a
배출가스규제	Euro5

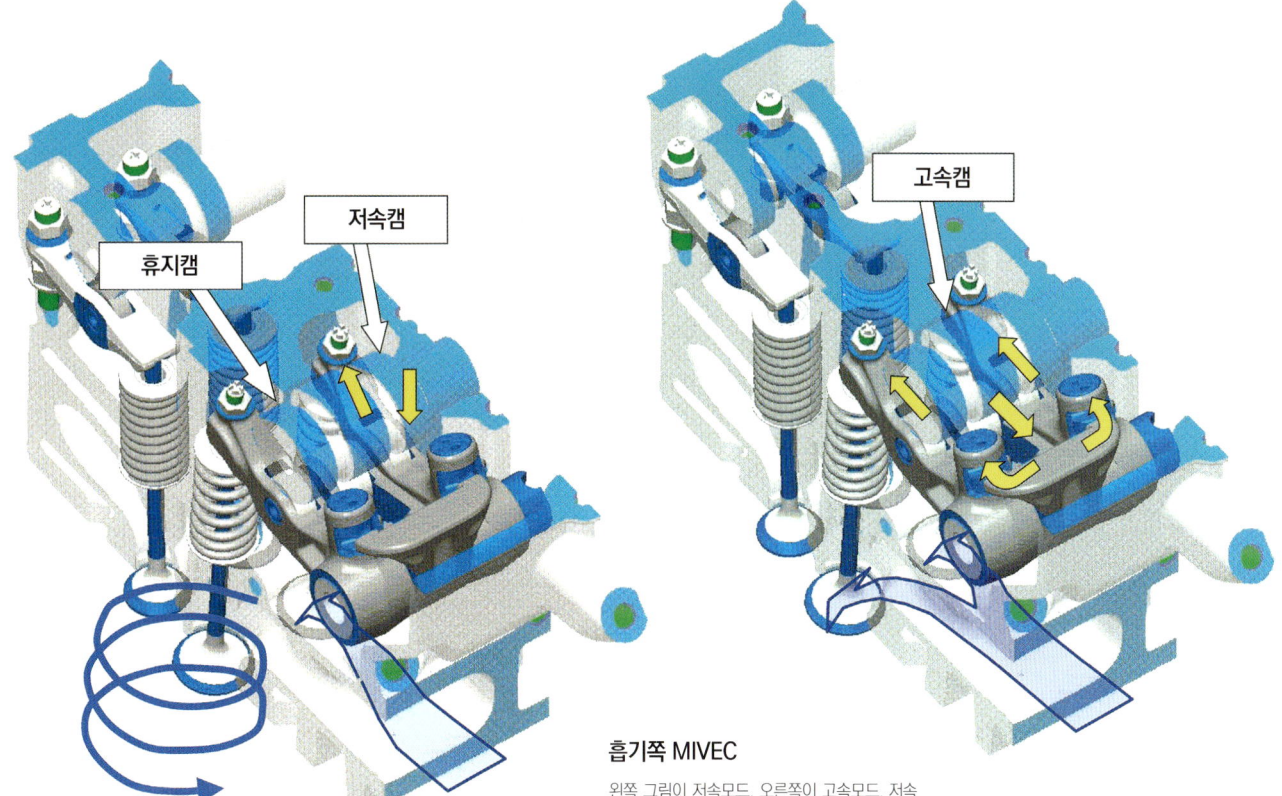

저속캠 휴지캠 고속캠

MIVEC 고압연료 펌프

흡기쪽 MIVEC

왼쪽 그림이 저속모드, 오른쪽이 고속모드. 저속 회전영역(2000rpm대에서 전환)에서는 흡기밸브 2개 가운데 1개를 일시정지하고 강력한 스월을 발생시킨다. 이것은 약간 도움이 되는 정도이기 때문에, 고부하가 걸릴 경우에는 저속회전영역이라도 고속모드로 전환하려는 생각인 것 같지만, 신중을 기해 이번에는 그냥 넘어갔다. 시동을 걸 때는 흡기밸브를 일찍 닫아 실효압축비를 높인다. 고속모드일 때는 2밸브 모두 양정을 많이 주고 열리는 각도를 넓게 작동시켜 충전효율을 끌어올린다. MIVEC을 사용했기 때문에 하이드로 래시 어저스터 사용은 포기했다. 흡기쪽을 사용하지 않는 것에 맞춰서 배기쪽도 사용하지 않기로 했다. 우려되는 사항은 높은 오일 온도하에서 유압이 저하되었을 때의 작동불량량이다.

차량에 탑재된 상태에서의 엔진 좌측면 모습. 「소리 측면에서는 이점이 있지만, 배출가스 측면에서는 차이가 없다」고 한다. 피에조 인젝터만 사용할 생각은 아닌 듯함(물론 비용도 감안).

예전 설계의 2.5ℓ 디젤은 하사점 후의 흡기밸브 닫힘 시기가 40도. 파제로에 추가된 4M41도 30도. 이에 비해 4N계열은 저속회전영역에서 17도에 닫혀 실효압축비를 높이고 있다.

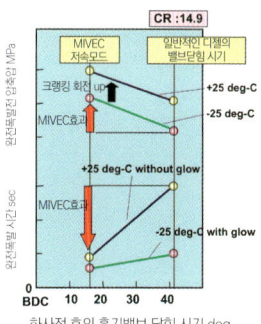

Smoke at Partial Load – CR

압축비 차이에 의한 스모그량을 비교한 그래프. 미쓰비시 시험에서는 압축비 17을 기준으로 할 때 15에서는 최고출력이 7.5% 올라간다는 계산. 연비나 NOx도 저감할 수 있는 저압축비화는 장점이 따른다.

신규 개발을 바탕으로 한 도전적인 내용

미쓰비시 부흥의 선두라 할 수 있는, 아니 일본발 디젤 엔진은 기술로 세계를 선도할 잠재력을 갖춘 엔진이다. 가로배치 4기통 디젤 엔진 신규개발에 나선 동기는 PSA푸조·시트로엥사로부터 디젤 엔진을 공급 받지 못하자 스스로 만들어 보고 싶다는 생각 때문이었다.

미쓰비시 자동차와 PSA는 2005년 7월에 SUV의 OEM공급에 관한 계약을 체결. 미쓰비시는 아웃랜더를 기반으로 한 SUV를 PSA에 공급하고 있다(2007년 1월에 푸조4007, 시트로엥C크로서를 시장에 투입). 반대로 미쓰비시는 PSA에서 직렬4 2.2ℓ 디젤(115kW/380Nm, 압축비 16.6, Euro4) 엔진을 공급받는다. 이 계약체결 시

기는 2007년 1월 17일이었다.

2007년 9월의 프랑크푸르트쇼나 같은 해 10월의 도쿄모터쇼에 전시된 신개발 가로배치 4기통 디젤 엔진은 2006년 4월에 개발이 시작되었다.

애초에는 2.2ℓ(4N13)만 개발할 예정이었지만, 아웃랜더급 SUV에는 좋지만 포르티스급 C세그먼트 차량에는 과도하다고 판단되어 판매전략 측면에서 1.8ℓ(4N14) 개발을 추가했다. 배기가스 규제는 Euro5. 유럽시장에서는 2009년 4월에 출하개시가 되었다.

NOx 트랩촉매를 이용하지 않고 Euro5에 맞추기 위해 압축비를 현재 세계 어느 디젤엔진과 비교해도 압도적

으로 낮은 14.9로 설정했다. 연소온도를 낮춰 NOx 발생량을 억제시키는 것이 목적이다. 이것을 실현하기 위해 MIVEC이라는 명칭을 부여한, 가변 밸브 타이밍·리프트 기구를 흡기쪽에 적용했다. 이것이 4N계열의 최대 하이라이트이다. 저압축비로 하면 냉간시에는 압축온도가 올라가지 않아 시동불량이 일어나기 쉬운데, 이때는 흡기밸브를 일찍 닫아 실효압축압력을 끌어올린다.

또한 저속회전영역에서는 흡기밸브 2개 가운데 1개를 닫아 스월을 강화함으로써 출력향상에 이바지한다. 가솔린엔진에서는 선례가 있지만, 미쓰비시 그랜디스 외에 타사까지 포함해 디젤에 적용한 것은 세계 최초이다.

▶ Mitsubishi 2.0ℓ inline 4(4N1)

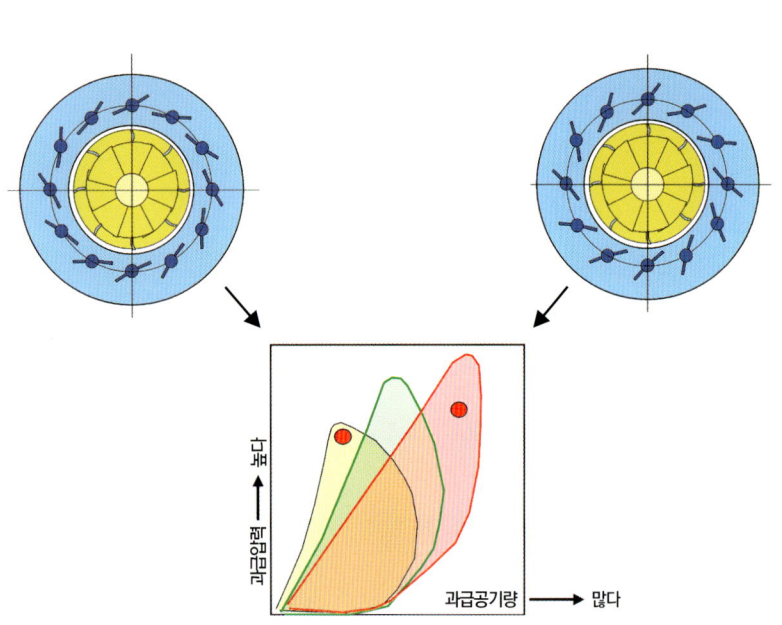

베리어블 디퓨저 터보

2.2ℓ 모델에는 압축기쪽에도 가변 노즐을 갖춘 베리어블 디퓨저 터보를 사용. 미쓰비시 중공업 제품. 최대과급을 감안해 대형 압축기를 선택하고, 저속회전영역에서는 디퓨저를 조여 필요한 과급압을 생성한다는 생각. 4N계열은 미쓰비시판 듀얼 클러치 변속기인 SST와의 조합을 염두에 두고 있는데, 엔진의 최대토크는 변속기 용량에 제약을 받을 것 같다. 터보뿐만 아니라 헤드의 열해석이나 블록의 CAE 등 여러 방면에 걸쳐 미쓰비시 중공업의 지원을 받은 덕분에 짧은 개발기간 동안 크게 도움이 됐다고 한다.

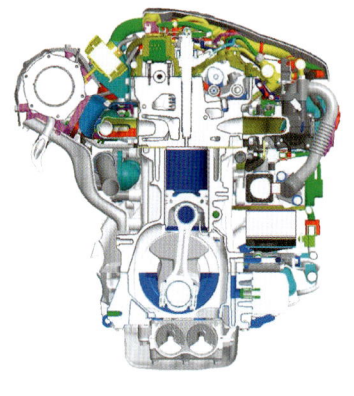

피스톤 측면의 마찰 저감(=연비향상)을 위해 옵셋 크랭크를 사용. 현재 타사 엔진들과 비교하면 약간 큰 편이다. 머시닝 공정에서는 헤드, 크랭크샤프트, 블록을 가솔린 라인과 같이 사용한다.

차량에 탑재한 상태에서 좌측면 뒤에서 본 모습. 알루미늄제 블록 높이는 1.8ℓ와 2.2ℓ가 공용. 커넥팅 로드는 별도 설계. 마찰을 낮추기 위해 1.8ℓ는 크랭크핀 직경을 작게 하고 있다.

● Professional Eye ········ Dr. Hatamura

다양한 신기술과 노력으로 만들어진 운명의 디젤 엔진

이 엔진의 압축비에 놀랐다. 압축비 14.9! 저온시동성 악화와 난기운전시의 백연(白煙, HC)으로 인해 압축비 한계가 정해져 있고, 매년 저하되는 경향이지만 16전후가 최근의 일반적인 경향이다. 심지어 14.9를 만들어 내는 수단이 또한 세계 최초의 디젤 가변밸브 시스템인 MIVEC. 밸브 오버랩이 안 되는 디젤에서는 효과가 적다는 것과 그을음이 섞인 오일 때문에 작동불량의 우려가 있어 지금까지 타사가 피해온 기구이다. 미쓰비시 설계자는 이런 우려는 다 해결했다고 주장한다. 더욱이 가변 디퓨저 컴프레서도 사용한다고 할 정도로, 세계 최초로 다양한 기술들이 많이 사용되었다. 성능을 보면 400Nm에서 140kW로, 분명 일본차 가운데서는 최고이다. 로워 블록을 가진 알루미늄 다이캐스트의 실린더 블록, 15mm나 되는 옵셋 실린더 등을 보아도 상당히 의욕적임을 알 수 있다. 다만 미쓰비시 개발담당자는 앞으로 상당히 어려움을 맞닥트릴 것이다. 신기술을 반영한 엔진의 경우 양산설비에서 제조한 엔진을 많은 차량에 장착하여 장거리를 달려 보아야 드러나지 않던 문제가 비로소 드러나게 된다. 이런 것들을 본격적인 생산 전에 모두 해결해야 하는 작업이 앞으로 해결해야 할 과제인 것이다. 거기에 타사와 마찬가지로 2.2ℓ 그대로 저출력 모델을 만들면 개발이 쉬울 텐데, 1.8ℓ 까지 동시에 만들어야 하는 것이 고역이다. 이 일이 끝나야 미쓰비시 개발진은 샴페인을 즐길 수 있을 것이다.

Mitsubishi 4M41

열렬한 팬의 뜨거운 요청에 부응해 기존 유닛을 대대적으로 개량

「디젤 파제로를 타고 싶다」는 팬들의 요청에 부응하기 위해 개발한 것이 2008년 10월 1일 일본에 투입된 4M41형.
구형 엔진을 커먼레일화 하는 등, 일본 내의 현행 배기가스 규제에 적합. 동시에 유럽형도 신형 엔진으로 대체.

글 : 세라 코타 · 사진 : MITSUBISHI / 스미요시 미치히토 / 세라 코타

파제로 롱 SUPER EXCEED

2008년 10월 1일 일부를 개량한 4세대 파제로에 장착. 파제로+디젤
조합은 3세대가 모델 체인지된 2004년 이후 처음이다. 조합되는 변
속기는 5단 AT로 엔진 룸이나 계기판에 흡음재를 추가했다.

파제로 애호가를 만족시키기 위한 대안

기존 엔진을 기반으로 현행 일본 배기가스 규제에 대응한 것이 직렬4
에 3.2ℓ 세로배치 4M41이다. 오리지널 버전은 3세대 파제로가 데뷔한
1999년에 등장. 분배형 분사 펌프였던 분사 시스템을 커먼레일화했다.
시스템은 덴소제품으로, 분사압력은 1800bar. 솔레노이드 인젝터는 지
름 0.16mm의 분공이 6개이다. 엔진 본체의 개량으로는 스월 컨트롤 밸
브 사용(저속시의 스모크 저감)/피스톤 형상 변경(배기가스 개선)/흡기포
트 형상 변경(고속 고부하시의 스모크 개선+성능향상)/EGR 쿨러 다적층
화(NOx 저감) 등이 있다. VG 터보는 IHI제품. 후처리는 NOx 트랩촉매(기
본특허를 도요타에서 구입), NGK제 SiC 담체의 DPF를 장착했다. PM은
0.004g/km으로 포스트 신장기규제에 적합한 수준이면서, 2200kg이 넘
는 중량 때문에 NOx배출량이 0.15g/km에 머무르며 신장기규제 대응차
가 되었다. 개발은 2006년 말에 시작. 한정된 예산으로 유럽형 디젤을 일
본규제에 어떻게 대응시킬지에 대한 고민을 엿볼 수 있다.

제원

형식	4M41
엔진 형식	직렬4기통 DOHC+VG 터보
총배기량(cc)	3200
압축비	17
내경×행정(mm)	98.5×105
최고출력(kW/rpm)	125/3800
최대토크(Nm/rpm)	370/2000
연료공급장치	커먼레일(솔레노이드식 인젝터:덴소)
CO_2 (g/km)	n/a
배출가스규제	신장기규제

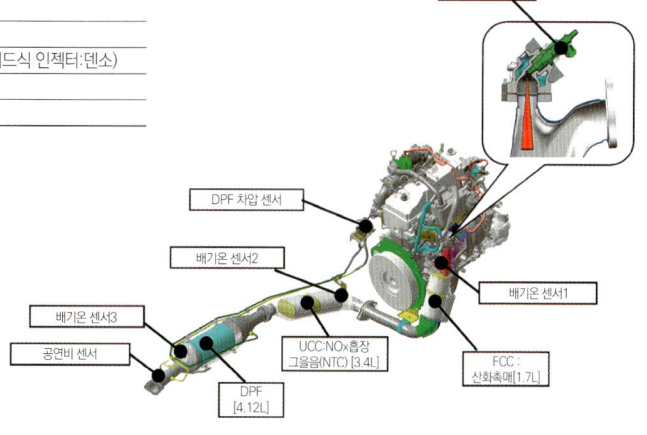

배기 연료 첨가
인젝터

DPF 차압 센서

배기온 센서2

배기온 센서3

공연비 센서

배기온 센서1

배기온 센서1

FCC :
산화촉매[1.7L]

UCC:NOx흡장
그을음(NTC) [3.4L]

DPF
[4.12L]

3세대 파제로에 투입된 4M형을 토대로 커먼
레일화를 꾀하는 등, 현행 일본규제에 대응시
킨 엔진. 터보 바로 아래와 용량 1.7ℓ의 산
화촉매 상류에 DPF 재생 온도 상승에 사용하
는 배기연료 첨가 인젝터를 추가하고 있다.

전시용 엔진의 흡기포트 주변 모습. 차량탑재 상태에서 전
면에 해당한다. 투명 커버 건너편으로 보이는 것이 스월
컨트롤 밸브. 바로 앞에 배치된 통 모양의 부품이 커먼레
일 시스템.

MAZDA MZR-CD 2.2

최신 기술 경향을 기준으로 삼은, Euro5 대응의 클린 디젤

우선 미래 유럽시장부터 순차적 투입이 계획된 최신 디젤.
Euro5를 통과할 성능을 자랑하는 것은 물론이고, NV성능도 기존 수준을 뛰어넘는 정숙성을 발휘한다.
캠샤프트를 체인으로 구동시켜 내구 신뢰성도 높다.

글 : 치카타 시게루 · 사진 : MAZDA

실린더 블록 아래에 고강성 로워 블록을 연결하는 방법. 로워 블록을 아주 강한 알루미늄으로 만들어 대폭적인 경량화를 실현했으며 정숙성면에서도 크게 기여하고 있다.

로워 블록의 아래쪽에 체인으로 구동되는 밸런서 2개를 사용했다. 2차 진동에 의한 소음 발생을 막는 것(저감)이 주된 목적이다. 밸런서는 왼쪽 끝이 구동되며 오른(안)쪽은 기어 구동에 의해 반대로 회전한다.

톱 링은 스테인레스 제품. 하프 키스톤(half keystone) 형식. 상단 면이 비스듬하게 잘린 뾰족한 모양이며, 링 홈 주변에는 니켈을 섞은 주철이 주입되었다. 오일 냉각용의 중공구조로 온도를 낮춰 내구성이 뛰어나다.

제원

형식	MZR-CD 2.2
엔진 형식	직렬4기통 DOHC 16V+VG 터보
실린더 블록 재질	주철+알루미늄제 로워 블록
총배기량(cc)	2183
압축비	16.3
내경×행정(mm)	86.0×94.0
최고출력(kW[ps]/rpm)	136[185]
최대토크(Nm/rpm)	400
연료공급장치	덴소제 3세대 솔레노이드식 커먼레일 2000bar
CO_2 (g/km)	–
탑재차량	아텐자(유럽사양)
트랜스미션	MT
배출가스규제	EU5

400Nm의 큰 토크. 연비율은 약 17.9km/ℓ 를 자랑한다.

커먼레일 방식을 사용한 MZR-CD는 2003년에 2ℓ로 데뷔. 이번에는 2.2ℓ로 배기량을 확대했을 뿐만 아니라 대부분 개량되어 있다. 출력, 토크 확대는 물론, 마쓰다의 기업정책인 zoom-zoom을 표현하는 스로틀 응답성 향상도 빼놓을 수 없다. 심지어 정숙성도 현저하게 진화된 데다가 연비성능과 클린 배출가스도 수준이 크게 향상되었다. 혁신의 핵심은 이전 2ℓ 버전의 압축비인 18.4에서 16.3으로 낮아지고 연소실도 새로워진 것이다.

커먼레일 연료압은 1800~2000bar로 높아졌다. 타이밍 벨트는 내구신뢰성을 중시해 체인구동으로 변경. 실린더 블록도 크랭크 로워 케이스를 알루미늄으로 초경(超硬) 합금화하고, 리브 디자인으로 바꿈으로써 강성이 높아졌다. 주로 디젤 특유의 소음 대책이지만, 로워 블록 아래쪽에 평행한 2개의 밸런서 샤프트를 새롭게 장착한 점도 놓칠 수 없는 특징이다. 연소(착화) 때의 실린더 내 압력 상승을 완화시키기 위해 요즘 디젤 엔진은 압축비를 낮추는 경향이 있으며, NOx나 PM을 저감시키는 것도 중요한 목적 가운데 하나이다. 이것도 과급이나 인젝터의 진화, 그리고 무엇보다도 통합적인 제어기술의 진화가 그 배경에 있었기 때문에 가능한 것이다. 엔진 블록 자체의 강성도 높아졌으며, 심지어 2차 진동을 크게 저감시키는 밸런서를 장착해 디젤 특유의 진동이나 소음 발생이 줄어들었다.

또한 분사제어 기술면에서는 이미 최대 6번의 멀티 분사기술을 갖고 있지만, 사용상황에 맞춰 2번의 파일럿분사와 주분사, 거기에 후분사를 추가한 최대 4단계로 분사를 제어하고 있다. 쿨러가 장착된 EGR시스템에서도 상황에 맞춰 쿨러를 경유하지 않는 바이패스가 설치되어 냉기(冷機)일 때를 포함해 폭넓게 출력과 배출가스를 양립시키는 대책이 강구되어 있다. 거기에 더해 새로 개발된 세계 최초의 DPF시스템을 사용. 재생연소처리 빈도를 줄임으로써 포스트 분사에 의한 연료 손실 빈도를 줄이고, 연비율 향상도 실현하고 있다. 엔진 중량은 경량화 노력으로 6kg 증가에 그쳤다.

2000bar 솔레노이드 커먼레일 인젝터
멀티 분사 패턴 맵

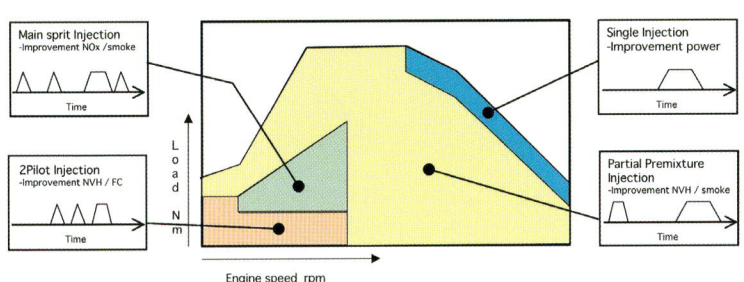

엔진 회전속도와 부하에 맞춰 분사 시기를 가변하는 제어 맵을 나타낸 것이다. 엔진 사용상황에 맞춰 4단계부터 단발분사까지 제어하는 방식이다. 분사량과 분사시기를 치밀하게 제어할 수 있게 된 것은 커먼레일에 의한 고압분사장치와 전자제어기술 진보에 힘입은 바가 크다. 고속회전의 전부하 때는 주분사만 싱글 분사를 하지만, 대부분의 영역에서는 파일럿 분사를 가미한 2단계 분사로 소음과 매연 저감을 노린다. 또한 저속영역이나 스로틀 각도가 작은 영역에서는 3단, 4단분사로 소음이나 NOx 저감을 노린다.

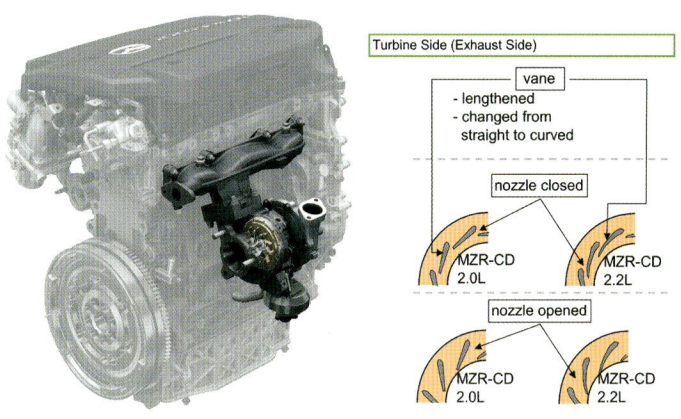

VG 터보

VGT는 가변 기하학 터보의 약칭이다. 배기압을 받는 베인 각도를 바꿈으로써 엔진회전속도가 낮은 영역부터 높은 부스트압을 발휘할 수 있는 것이 특징. 신형 디젤에서는 직선적이었던 베인의 유선형상에 곡선을 가미하여 터빈 용량을 폭넓게 가변시키는데 기여하고 있다. 또한 압축기 쪽에서는 핀과 하우징 틈새를 최소한으로 줄이기 위해 제조시 수지를 넣고 있다. 터빈이 돌아가면서 그 핀이 수지를 깎아 자리가 잡히게 된다. 그 결과 공기가 잘 새지 않게 되고, 과급압력 상승 성능이 빠르게 발휘된다.

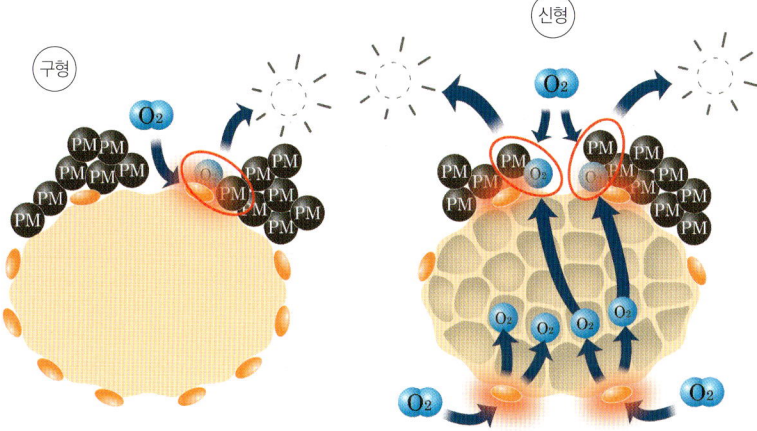

새로운 DFP 시스템

DPF 재생을 위해 이루어지는 포스트 분사는 연비를 악화시키는 원인이 된다. 그 빈도를 적게 하려고 개발된 것이 신형 DPF이다. 귀금속이 사용되어 PM을 흡착시키는 세라믹 서포트 재질 내부에 산소를 통과시키는 구조를 사용함으로써 PM과 O_2 반응을 촉진. 재생시간이 기존에 비해 3분의 1로 단축. 간격을 약2배로 했다. 귀금속 사용도 10% 정도 줄여 PM 정화효율도 더욱 향상시켰다.

개발 중인 차세대 디젤 엔진

2011년부터 세계 시장 진입을 계획하고 있는 차세대 클린 디젤. 더욱 엄격해지는 배출가스 규제에 대한 대응은 물론, 연비성능의 20% 향상을 목표로 하고 있다. 같은해, 마쓰다는 신형 AT 도입을 계획하고 있다. 아직 개발 중이지만 압전소자방식 인젝터를 사용하거나 후처리의 경우 요소수를 사용한 선택식 환원촉매, NOx 흡장 환원촉매 시스템 사용 등이 연구되고 있다. 고압의 연료분사와 치밀한 제어기술의 진화와 맞물려 클린 디젤 성능은 더욱 향상되고 있다.

🟢 Professional **Eye** ········· **Dr. Hatamura**

여러 가지 장점을 취합해 무난하게 정리한 보통 수준의 디젤

이전 2.0 ℓ 에서 20년전 사용했던 주철 블록을 다시 사용하고 있다. 이것은 필자에게 추억을 불러일으키는 실린더 블록이다. 무엇보다 알루미늄 로워 블록이나 리브 배치로 진동은 철저히 억제시키고 있다. 그 외에 지그재그였던 밸브 배치를 일반적인 배치로 바꾸었고, 2000bar의 커먼레일에 솔레노이드 인젝터, VG 터보, 가장 좋은 곳에 배치된 인터쿨러, 바이패스가 장착된 EGR 쿨러 등 최신의 표준기술을 갖추고 있다.

압축비도 일반적인 16.30이지만, 세계 최초는 신 DPF이다. 세라믹벽 안으로 산소를 통과시키는 구조이다. 엔진성능도 그럭저럭 평범하다. 경영이 안정된 마쓰다는 미쓰비시 정도의 도전을 필요로 하지 않았을 것이다. 그래서 예전의 생산 라인을 사용하고 낮은 가격으로 표준적인 엔진을 만들고 있다. 생산대수가 적은 마쓰다에게 있어서는 자동차의 가치로 승부하겠다는 작전일까. 그러나 조합하는 변속기는 MT뿐이다. AT를 원하는 이용자도 많을 거라 생각하기 때문에 조금은 유감이다. 일본에 도입할 때까지는 DCT 정도는 준비해도 좋을 것이다. 그런데 개발 중인 차세대 디젤 사진을 보고 생긴 걱정이 하나. 가까스로 알루미늄 블록을 새로 설계하는 가운데 왠지 구태의연한 딥 스커트 구조(실린더 블록 하부가 크랭크 센터보다 아래로 내려가 있다). 블록을 크랭크 센터까지만 내려서 그 아래는 베어링 캡 일체의 로워 블록을 붙이는 것이 강성을 높이고 소음저감에 유리하기 때문에 알루미늄 블록에서는 사용이 늘어나고 있다. 그것을 최초로 한 것이 다름 아닌 마쓰다 V6로, 조용하고 부드러워져 V6로서는 호평을 받았다. 기초설계에서 도요타, 혼다에 뒤쳐진다면 마쓰다 개발진도 고생이 멈추질 않을 것이다. 동급의 가솔린 엔진이 딥 스커트 구조이기 때문에 거기에 맞췄다고 얘기하겠지만 유감스러운 부분이다.

HONDA N22B1(i-DTEC)

혼다의 디젤이 전 세계로 진출할 제2세대로 버전 업

2004년에 등장한 2.2 ℓ 디젤 엔진은 가솔린 엔진 같은 느낌이 특징이었다.
그런 성격을 유지하면서 배기가스 성능을 향상시킨 이 신세대 엔진이 2009년 가을 미국 및 일본에 시판되었다.

글 : 마키노 시게오 · 사진 & 그래픽 : HONDA

2009년 북미나 일본 모두 「어코드」에 탑재되어 시장에 투입되었다. 무엇보다 초대 2.2 ℓ 와는 반대인 전방배기인 관계로, 차량 쪽도 대응이 필요하다.

제원 (유럽사양 참고값)

형식	N22B1
엔진 타입	직렬4기통 DOHC 16V + 인터쿨러 터보
총배기량(cc)	16.3:1
내경×행정(mm)	85.0×96.9
최고출력(kW[ps]/rpm)	110[150]/4000
최대토크(Nm[kgm]/rpm)	350[35.7]/2000
연료공급장치	보쉬제 제3세대 커먼레일 시스템 (압전소자방식 인젝터, 2000bar)
배출가스규제	Euro5

2004년에 유럽사양 「어코드」에 탑재된 혼다의 제1세대 디젤 엔진(DE)은 최대 1600bar의 연료분사 시스템과 EGR 쿨러, 산화촉매, 정화 온도 특성이 다른 2가지의 NOx 선택환원촉매(메탈제 서브 스트레이트를 사용) 등을 사용했었다. 실린더 블록은 주철이 아니라 알루미늄제였는데, 당시 이야기를 들어보면 「가솔린 주철 블록의 제조설비가 충분하지 않아서 생산기술자가 부족했던 점도 이유였다」라고 한다. 유럽사양 어코드는 몇 번인가 시승을 해봤는데 DE같지 않은 정숙성과 중고속회전영역에서 뻗는 힘이 인상적이었다. 그리고 이어지는 2세대의 최대 특징은 새로운 NOx 촉매의 사용이다. 사내 측정치로 미국 규제인 「Tier2Bin5」를 통과했다고 한다. 2006년 9월 시점에서 「3년 이내에 미국시장에 투입」이라고 발표했었고,

2009년 가을부터 시판차에 투입되었다.

실린더 어퍼 블록은 1세대와 마찬가지로 혼다만의 독자적인 ASCT(어드밴스드 세미솔리드 캐스팅 테크놀러지)에 의한 클로즈드 데크(closed deck) 구조이다. 알루미늄을 반응고 모양으로 해서 주물 틀에 충전하는 레오캐스트(rheo-cast)인데, 얇은 리브 부분에도 내부결손이 나오지 않도록 상당한 고압(HPDC정도는 아니다)으로 충전하고 있다. 클로즈드 데크 구조에는 필수적인 샌드코어(sand core)는 압력을 견딜 수 있도록 개량되어 충전율에서 약 15%, 저항력에서 약 20%가 향상되었다.

이 제조법의 난점은 알루미늄을 「슬러리(slurry)」라고 불리는 반응고상태로 만드는 단계에서 합금성분의 차이나 도가니 온도 등의 간섭에 영향을 받지 않도록 하는 것

이었지만, 혼다는 종래의 용접온도 관리에 더해 교반냉각할 때에 동점도를 계측해서 응고상태를 관리함으로써 대응했다. 일정한 「점성(粘性)」이 나오면 교반을 중지하는 상당히 합리적인 방법이다. 이 방법으로 주조한 다음에 담금질/조질(tempering) 열처리를 하고 있다. 생산기술까지 개발해 가벼운 알루미늄 블록을 만들어내는 모습에서 혼다의 집념을 느낄 수 있다. 내경 피치 94mm에 내경 85mm, 주철 라이너 두께 3mm이기 때문에 내경 간의 두께는 3mm 밖에 되지 않는다. 표준 두께는 4mm.

게다가 알루미늄 제품. DE의 높은 연료압력과 전부하 시의 발열은 괜찮을까 하는 생각도 있지만, 같은 배기량의 유럽제 DE와 비교하면 회전속도 상한이 더 높고, 토크나 마력, 연비 등에서도 뒤지지 않으며 동등 이상이다. 연소

알루미늄 실린더 블록(사진은 i-CTDi 블록)

통상적인 HPDC(고압구조)보다 약간 저압으로 셔벗(sherbet) 모양(온도는 580℃ 정도)의 알루미늄을 주물틀에 밀어 넣어 클로즈드 데크를 만든다. 1세대 사양은 어퍼 블록 높이 247.1mm, 로워 블록 높이 75mm, 실린더 옵셋 6.5mm였는데, 이 사양은 바뀌지 않았다고 생각된다. 위 사진으로도 알 수 있듯이 실린더 간의 간격은 9mm 밖에 되지 않는다. 헤드 개스킷 면압(面壓)을 확보하기 위해 M13×1.25라는 대형 소성역(塑性域)볼트를 사용하고 더구나 더미 헤드를 사용한 호닝까지 실시된 단단한 모양이다.

옵셋 실린더(사진은 i-CTDi 블록)

6.5mm 실린더 옵셋으로 피스톤 측압(側壓)을 약 30% 절감. 소음과 진동에 신경 쓴 설계로서 밸런서 샤프트도 사용하고 있다.

신NOx흡장 환원촉매

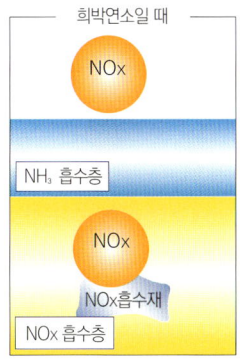

담체에 2층으로 코팅된 촉매층은 아래가 NOx 흡착층, 위가 NH3(암모니아) 흡착층이다. 배기가스 속의 산소농도가 높은 영역에서는 NOx를 아래로 흡착.

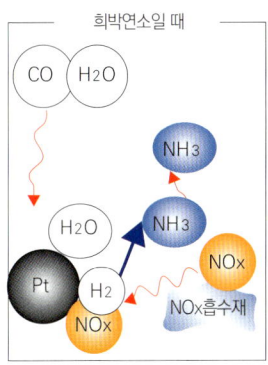

하층에 NOx가 쌓이면 연료제어에 따라 순간적으로 농후한 공연비로 만들어 NOx를 배기가스 속의 수소와 반응시켜 암모니아로 전환. 이것을 상층에 흡착.

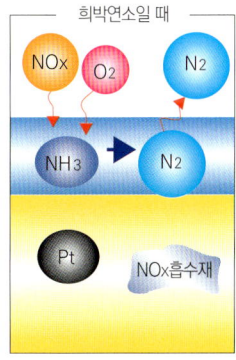

희박 운전으로 돌아왔을 때 위층에 흡착된 암모니아가 배기가스 속의 NOx와 반응해 무해한 질소로 변환된다. 이것을 요소수를 사용하지 않고 실시하는 것이 특징.

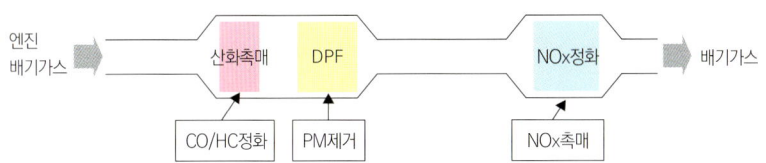

혼다가 2007년 IAA(프랑크푸르트)에서 발표하였으며 「Tier2Bin5」를 통과한 배기가스 후처리 시스템. 산화촉매에서 CO/HC를 제거한 다음에 PM을 포집하고 마지막으로 NOx를 처리한다. 현상태에서도 그을음은 가솔린차보다 적다.

● Professional **Eye** ········· **Dr. Hatamura**

가솔린 제조회사가 만든 경쾌한 디젤 엔진

당시까지 가솔린만 제조해 왔던 설계자와 실험자가 모여 디젤을 개발하게 되면 가솔린 설계기준, 가솔린 실험평가기준, 가솔린 상식에 의존해 개발하게 되기 때문에 가만히 두어도 가솔린 같은 디젤이 만들어진다. 그것을 더 의식해서 가솔린 같은 NVH 실현에 힘썼다는 것이 프로젝트 리더의 설명이다. 실제 어코드의 제1세대 디젤은 디젤 같지 않은 감각으로 호평을 얻었다. 이것은 그 다음인 2세대이다. 더구나 NVH를 개선해 출력을 향상시켜 경쾌한 승차감을 강조, Euro5 배기가스 규제에 맞추었다. 단순한 개량형인가 하고 생각했지만 잘 보면 산화촉매와 DPF를 엔진 가까이에 배치하기 위해 흡배기 밸브 위치를 반대로 해서 전방으로 배기를 하고 있다. 그 때문에 실린더 헤드에서 체인, 흡배기 매니폴드까지 새로 개발한 것이다. 구형 엔진의 흔적이 남은 것은 실린더 블록 정도. 엔진 생산라인이 탄력적으로 운용되는 혼다이기 때문에 가능했던 과감한 변경이다. 다만 NVH에 힘썼다는 실린더 블록은 변함없이 특수한 주조법에 의한 클로즈드 데크를 사용하고 있다. 잘 설계한 오픈 데크라면 진동성능은 클로즈드 데크보다 떨어지지 않고 실링(sealing) 강성이 균일하기 때문에 헤드 개스킷도 편할 것이다. 물론 제조단가도 낮아진다. 피스톤 측압에 대한 강성 문제는 실린더 옵셋으로 해결한다. 혼다가 6.5mm인데 비해 미쓰비시는 옵셋을 15mm로 하고 있다. 특수한 제조기술이 있어서라고는 하지만 클로즈드 데크에 구애될 필요는 없지 않을까 한다.

실은 4밸브 리엔트런트(reentrant) 형식으로 1세대와 마찬가지이며 내경도 똑같다. 행정은 0.2mm 작으며, 배기량은 일부 국가의 세제에 맞게 2.2ℓ 이내로 했다.

엔진탑재 방법이 전방배기로 변경되었는데 이것은 배기가스 처리 장치를 위한 공간 확보가 이유라고 한다. 리니어 가변 스월 컨트롤 밸브는 계승되었지만 흡기포트 계통은 약간 수정되어 있으며, 밸브 개폐시기도 2~3도 범위에서 바뀐 것 같다. 압축비는 1세대 모델에서도 16.7로 낮은 편이었지만 0.4나 더 낮췄다. DPF도 추가되어 있다.

EGR은 유량증가 때문에 버터플라이 밸브를 사용하고 있다. EGR쿨러 용량을 높였고 쿨러를 사용하지 않을 때를 위해 바이패스 밸브를 새롭게 마련했다. 가변 터보는 더 저속회전영역부터 과급이 증가하도록 개량되었다.

혼다 DE의 콘셉트는 「DE같지 않은, 가솔린 엔진 감각을 맛볼 수 있는 DE」로 2005년에 취재 당시 개발팀은 「DE로 느껴지지 않는 품격을 노렸다」고 얘기했었다. 2세대는 거기에 더해 전 세계적으로 엄격해지는 DE배기가스 규제를 상당히 멀리까지 내다본 설계라고 말할 수 있다. 연소단계에서 높은 배기가스 잠재력을 얻을 수 있도록 세세한 부분을 개선하고, 지역별 규제에는 후처리 장치로 대응하기 위해 그 장착위치를 충분히 확보하고 있다는 점에서 그렇다는 것이다.

혼다 엔지니어는 「DE이 갖고 있는 저속회전영역 중시의 DE로는 후발 혼다를 돌아봐 주지 않는다」라고 말한다. 분명 그럴 것이다. 기술이 발전해도 상품으로서 매력을 호소하지 않으면 안 된다.

북미사양에는 토크 컨버터식 5단 AT가 장착될 예정이기 때문에 일본에도 AT탑재 차량이 도입될 가능성이 높다. 유럽사양이라면 MT가 아니라 DCT를 선택할 수도 있을 것이다.

SUBARU EE20 (BOXER DIESEL)

사상 초유의 승용차용 수평대향 디젤

"전통"에서 비롯된 것이 아니라 꼼꼼한 검토 결과 신개발 디젤에도 수평대향 구조를 사용한 스바루.
거기에 포함된 수많은 기술은 앞으로 스바루제 엔진 전반의 기반이 되어 갈 것이다.

글 : 마쓰다 유지 · 사진 : SUBARU

제원

형식	EE20
엔진 형식	수평대향 4기통 DOHC 16V+터보
총배기량(cc)	1998
압축비	16.3:1
내경×행정(mm)	86.0×86.0
최고출력(kW[ps]/rpm)	110[150]/3600
최대토크(Nm[kgm]/rpm)	350[35.7]/1800
연료공급장치	덴소 1800bar 커먼레일 시스템 (솔레노이드 방식 인젝터)
배출가스규제	Euro4

EE20형 엔진의 구성 전반에서 느껴지는 것은 스바루의 신세대 가솔린 엔진 「EX30/36」계열과의 공통점이 많다는 것이다. 무엇보다 주목해야 할 것은 98.4mm의 내경 피치와 46.8mm의 뱅크 옵셋이 똑같은 값이라는 점이다.

물론 기본적인 기통배열이 동일한 왕복피스톤 기관인 점에서는, 가령 경량소형화 등의 명제를 현재 기술로 최적화한 상태에서 보자면, 구조가 비슷하다는 사실은 어쩌면 당연하다고 말할 수 있다. 스바루의 플랫폼 전개를 고려하면 치수를 어느 정도 범위로 단속한 것도 당연하다.

그렇기는 하지만 엔진으로서의 「골격」도 같다고 한다면 양쪽의 "혈연관계"는 명백하다. EZ계열에서 수평대향 엔진 관련기술 플랫폼 쇄신이 이유였으며 거기서 얻어진 노하우를 적극적으로 EE20에 반영했다. 그리고 앞으로 다가올 것으로 당연히 예측되는 것은 스바루에게 있어서는 주요 싸움터인 2ℓ급 4기통 엔진의 차세대 모델이다. EE20형 DE의 진가는 그것과 병행해 평가되어야만 한다고 생각한다.

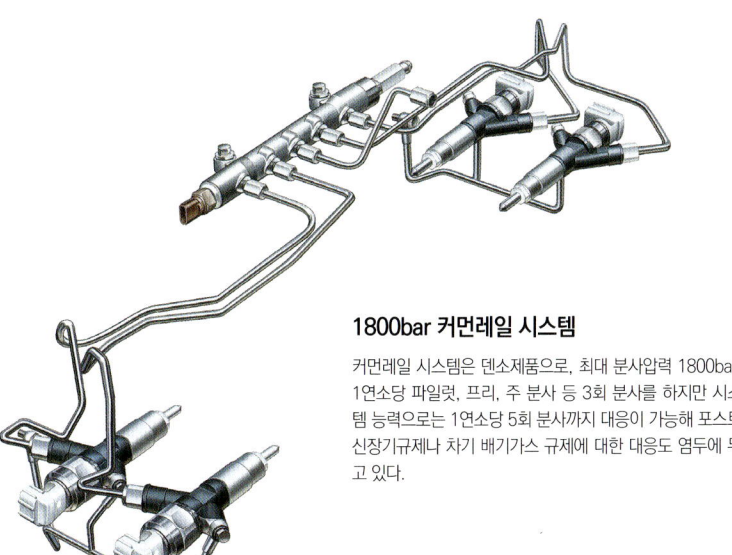

1800bar 커먼레일 시스템

커먼레일 시스템은 덴소제품으로, 최대 분사압력 1800bar. 1연소당 파일럿, 프리, 주 분사 등 3회 분사를 하지만 시스템 능력으로는 1연소당 5회 분사까지 대응이 가능해 포스트 신장기규제나 차기 배기가스 규제에 대한 대응도 염두에 두고 있다.

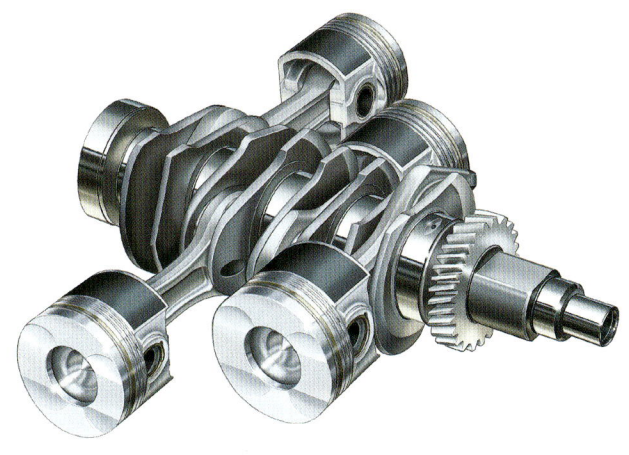

수평대향 피스톤

당연히 피스톤은 수평대향 배치. 연소실을 크게 하기 위해 가솔린 엔진 모델보다 내경을 작게 하는 동시에 엔진 폭을 억제하기 위해 높이를 낮추는 기법을 구사, 디젤 특유의 높은 연소압력에 대응하기 위해 고강도 알루미늄 재질을 사용.

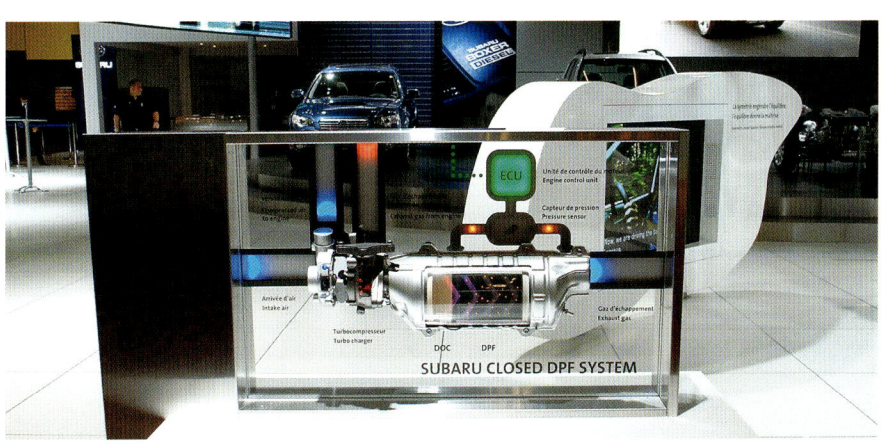

터보차저 & DPF

터보는 IHI제로 가이드 베인이 12개 달린 가변 노즐 방식 가변 기하학 터보. DPF는 에미텍제품으로 촉매와 일체화되어 있다.

🟢 Professional Eye
········ Dr. Hatamura

수평대향에 힘쓴, 비행기 제조 회사의 DE

수평대향형은 진동도 적고 비행기 기수에 탑재하기에는 안성맞춤이지만, 승용차 앞쪽에 탑재하기에는 상당히 무리가 있다. 전폭을 맞추기 위해 행정, 커넥팅 로드를 짧게 할 필요가 있으며, 큰 내경에 단행정이라고 하는 연소에 불리한 기본 제원을 가질 수 밖에 없다. 장행정이 당연시되는 디젤엔진에는 태생부터 불리한 것이다. 그래서 어떻게든 86×86의 정행정까지는 달성해 짧은 인젝터를 전용개발하여 전폭을 맞출 수 있었다. 설계자 노력의 결정체인 것이다. 또한 불리한 연소실 제원에서 제대로 된 연소를 만들어 낸 실험자의 노고도 상상하기 어렵지 않다. 어쨌든 직렬4에 뒤지지 않는 엔진이 만들어진 것이기 때문에 그 다음은 어떻게 살릴지가 관건이다. 전장이 짧고 중심이 낮은 수평대향은 프런트 미드쉽 스포츠카에 잘 어울린다. TOYOTA/SUBARU의 디젤 스포츠카를 꿈꾸는 것도 즐겁지 아니한가.

TOYOTA 2AD-FHV

세계 최고 수준의 저압축비를 실현

타사보다 먼저 알루미늄을 사용한 도요타 2AD-FHV. 상당히 견실한 생각과 설계로 착실한 실력을 갖추었다.
2008년의 「아벤시스」에는 드디어 2000bar나 되는 시스템을 탑재했다.

글 : MFi · 사진 : TOYOTA

TOYOTA Avensis(2008)

2000bar의 커먼레일을 만들어 Euro5를 만족

도요타가 유럽시장에서 아벤시스/RAV4/렉서스IS 등에 탑재한 디젤 엔진 2AD-FHV. 도요타자동직기와 공동으로 개발하여 2005년에 데뷔했다. 같은 계열의 엔진에 2.0ℓ의 1AD-FTV형(90kW/300Nm)과 2.2ℓ이면서 110kW/310Nm의 2AD-FTV형이 있다. 같이 장착되는 변속기는 현재 상태로는 6MT만 설정. 2008년 10월의 파리 오토살롱에서 발표된 신형 아벤시스에도 이전 모델을 계속해서 탑재했지만, 이번에는 2000bar의 덴소제 커먼레일 시스템을 사용. 9회나 되는 연료분사를 통해 NOx 및 PM 배출을 크게 절감함으로써 Euro5를 통과할 실력을 갖추게 되었다.

제원

형식	2AD-FHV
엔진형식	직렬4기통 DOHC 16V+VG 터보
총배기량(cc)	2231
압축비	15.8
내경×행정(mm)	86.0×96.0
최고출력(kW[ps]/rpm)	400/2000~2600
실린더 헤드 재질	알루미늄
실린더 블록 재질	알루미늄
연료공급장치	덴소제 압전소자방식 커먼레일 2000bar
과급기	VGT(가변 기하학 터빈)터보
CO₂(g/km)	157(세단)/159(왜건)
배기가스규제	Euro5
후처리	도요타「D-CAT」+산화촉매
변속기	6MT
탑재차종	아벤시스(유럽사양)

● Professional Eye ········ Dr. Hatamura

일반 기술을 좀 더 세련되게 만들었을 뿐이지만 여유가 느껴지는 디젤 엔진.

내경×행정 86×96mm, 체인구동의 4밸브 DOHC, 옵셋 실린더, 로워 블록 구조의 알루미늄 다이캐스트 실린더 블록, 2000bar의 압전소자 인젝터, 가변 노즐 터보, 전기제어 EGR 등등 표준적인 최신기술을 사용해 견실하게 만들어 놓았다. 압축비는 약간 낮은 듯한 15.8로 설정. 도요타는 2000년에 HCCI 연소를 일부에서 사용한 디젤(UNIBUS)을 일본에 도입했었는데, 이 엔진은 UNIBUS라고는 하지 않는다. 그렇다고 해도 이 압축비로 대량 EGR을 해서 연료의 분사 분할을 적절하게 하면 예혼합 연소분이 증가해 운전영역에 따라서는 HCCI 연소에 한정없이 가까워질 수 있을 것이라 예상. 우등생이 만들어 잘 완성된 엔진이다.

주철 라이너   냉각수 통로

실린더

2AD는 전체가 알루미늄으로 만들어진 디젤 엔진이다. 알루미늄 실린더는 가솔린 엔진의 AZ계열(2.0ℓ/2.4ℓ)에 맞추었으며 주철 실린더 라이너를 사용한다. 이 구조는 2001년 「야리스(비츠)」에서 1.5ℓ 가솔린 엔진 블록을 1.4ℓ 디젤 엔진의 기반으로 삼아 "세계 최초의 전체 알루미늄 디젤 엔진" 기술이 아낌없이 도입된 것이다. 실린더 사이에도 냉각수통로를 만들어 라이너 냉각강화에 힘쓰고 있다. 또한 피스톤 쪽에서는 2mm의 저장력 링을 사용해 마찰손실도 줄였다. 2005년 시점에서 세계최고 수준인 15.8이라는 저압축비를 실현했다.

터보차저

DC 일렉트릭 모터

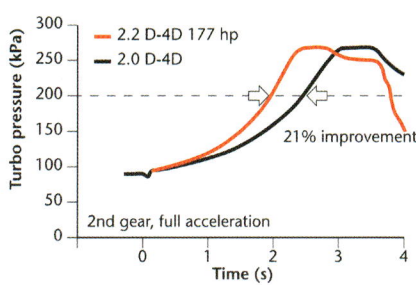

VNT(Variable Nozzle Turbo=가변 노즐 터보차저)는 배기가스의 배출속도에 맞춰 모터로 베인 각도를 조절해 과급효율 최대화를 노린다. 보통은 스텝 모터가 사용되지만 2AD-FHV에서는 정확성을 기하기 위해 직류 모터를 사용했다. 필요에 맞게 저속영역에서 가변 베인을 가동할 수도 있다. 이렇게 해서 2.0ℓ 디젤 터보의 터빈휠 관성을 30% 감소시킴으로써 저속영역에 있어서의 과급 응답성 향상을 도모한다. 위 그래프를 보면 200kPa에 도달하는 소요시간에서 일반 터보는 2초를 넘기는데 비해 VNT는 2초 정도로, 21% 향상을 달성하고 있다.

커먼레일 시스템

앞 세대 아벤시스는 1800bar의 압전소자 방식 인젝터를 사용. 당시 2.2ℓ 급에서 압전소자 방식 사용은 최초였다. 솔레노이드식에 비해 2배의 응답속도를 발휘하는 압전소자 방식은 5회/사이클 분사회수, 최단분사 간격에 이르러서는 0.1ms를 달성했다. 위 그래프에서도 알 수 있듯이 압전소자 방식은 열림/닫힘 커브가 굴곡이 많은데 비해, 솔레노이드식은 굴곡이 없는 커브를 그리고 있다. 한편 2008년 10월에 발표된 신형 아벤시스는 2000bar의 커먼레일 시스템을 탑재. 9회/사이클 분사횟수로 Euro5를 통과.

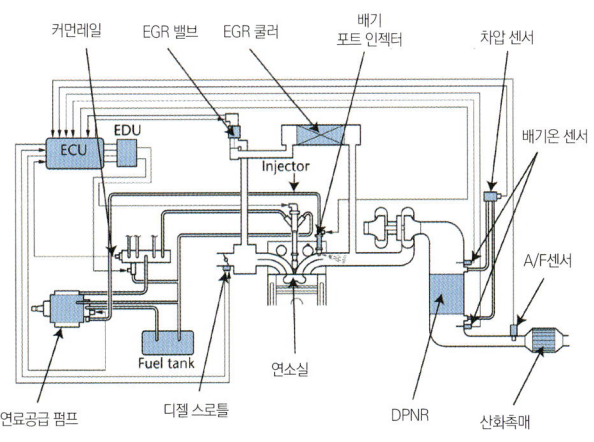

D-CAT

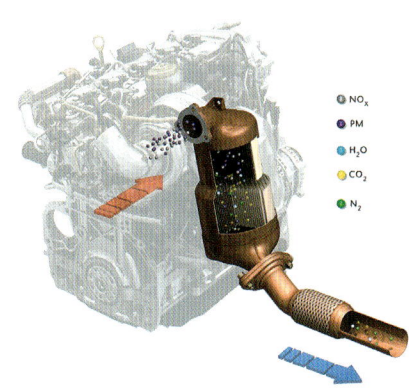

D-CAT(Diesel Clean Advanced Technology)는 2003년 11월에 발표된 후처리 기술. NOx와 PM을 "동시에" 처리하는 DPNR과 산화촉매에 EGR을 조합시킨 시스템이다. DPNR은 Diesel Particulate NOx Reduction의 약자로 1평방인치당 300셀의 다공질(多孔質) 세라믹 필터를 배기 매니폴드 부근에 장착하고 그 아래쪽에 산화촉매를 배치한다. 또한 DPNR의 최적화를 위해 배기가스의 A/F를 조정해야 하기 때문에 배기 매니폴드에 "5번째" 인젝터를 장착. 순간 농후혼합기를 공급하여 NOx를 흡장, 환원한다.

제원

형식	Blue TDI
엔진형식	직렬4기통 DOHC 16V+VG 터보
총배기량(cc)	1968
압축비	16.5
내경×행정(mm)	81.0×95.5
최고출력(kW[ps]/rpm)	103[138.1]/4000 / 106.6[143](파사트)
최대토크(Nm/rpm)	320/1750~2500
실린더 블록 재질	–
연료공급장치	BOSCH제 압전소자 방식 커먼레일 1800bar
과급기	VG터보
CO_2(g/km)	139(파사트)/144(파사트 배리언트)
배기가스 규제	Tier2Bin5, Euro5, LEV2 Bin5
후처리	저압 EGR 시스템(듀얼 서킷 EGR 시스템), NOx 흡장촉매, 산화촉매, DPF, SCR(파사트)
중량	165kg(w/기어 박스)
변속기	6DSG(파사트) / 6MT(제타)
탑재차종	파사트, 제타

VW Blue TDI(2.0ℓ Inline4)

저압 EGR 사용으로 Tier2Bin5를 조기에 통과

세계 최초의 LP-EGR 사용으로 Tier2Bin5를 통과한 VW의 디젤.
미국 시장에서 신세대 클린 디젤이 어떻게 받아들여질지 흥미진진하다.

글 : MFi · 사진 : VW / BOSCH / Beru · 일러스트 : 쿠마가이 토시나오

Blue TDI를 탑재한 제타의 시스템 그림. 다양한 최신 테크놀로지로 Teir2Bin5를 통과했다. 연비성능도 우수하며 6단 DSG와 조합되었다.

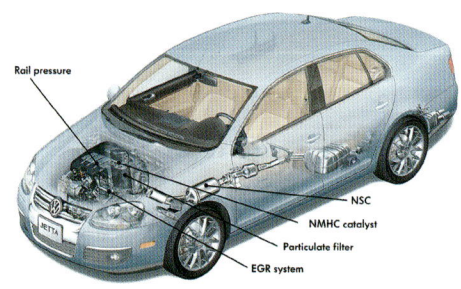

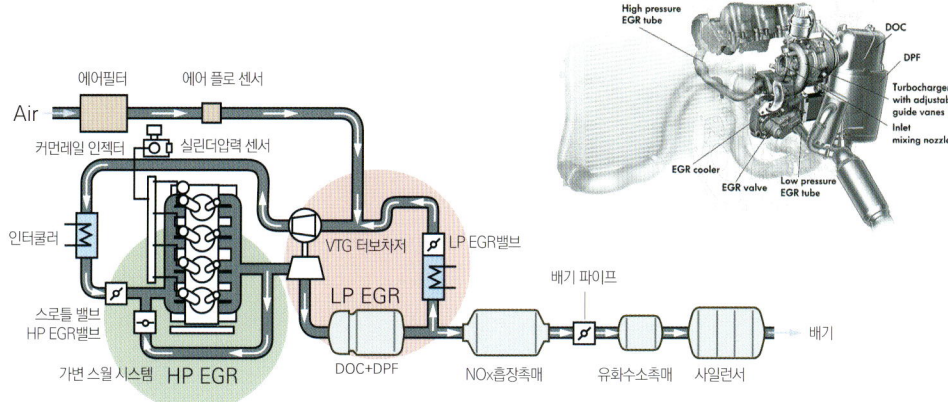

세계 최초로 LP-EGR을 사용한 VW의 야심작

VW의 새로운 2ℓ Blue TDI는 가장 엄격한 배기가스 규제인 미국의 Tier2Bin5를 통과한 엔진이다. 최초로 탑재된 차가 제타. 앞으로 미국에서 디젤의 점유율을 상승시키기 위한 중요한 표본이 될 것이다. 기반이 된 엔진은 2007년에 티구안이나 아우디 A4에 탑재된 것으로 그 당시에 Euro5를 통과했다. 2ℓ 배기량으로 103kW/320Nm 사양이 눈에 띄는 사양은 아니지만, 주목할 만한 것은 아우디나 메르세데스 벤츠가 Tier2Bin5를 통과하기 위해 사용한 AdBlue(요소를 사용한 NOx 후처리 시스템)를 사용하고 있지 않다는 점이다. 그것을 가능하게 한 것이 세계 최초의 듀얼 서킷 EGR 시스템이다. 이 엔진은 2개의 EGR계통(고압과 저압 EGR)을 갖고 있어서 NOx 저감을 노리고 있다. EGR 시스템은 배기가스를 재순환시켜 연소온도를 낮춤으로써 NOx를 줄인다. 또한 연소반응 그 자체도 완만하기 때문에 국소적인 고온을 피할 수 있어서 NOx저감에 도움이 된다. NOx 처리에 관해서는 DPF 뒤에 NOx 흡장환원형 촉매를 장착해 Tier2Bin5의 0.05g/마일(약0.03g/km)이라는 엄격한 NOx 규제치를 통과했다. EGR 시스템 외에는 보쉬제 압전소자 인젝터와 1800bar의 커먼레일 시스템을 사용. 터보는 VG터보. 압축비는 16.50이다.

듀얼 서킷 EGR 시스템

위는 듀얼 서킷 EGR 시스템 그림. 배기 시스템은 터보의 배기터빈 직전(상부)에서 압축기 하부로 되돌리는 고압(HP) EGR 시스템과 배기 터빈 하부에서 산화촉매/DPF를 통과하고 나서 압축기 상부로 되돌리는 저압(LP) EGR 시스템이다. LP-EGR 시스템에는 EGR 쿨러가 장착되어 있으며, EGR 양을 컨트롤하는 밸브가 있다. LP-EGR이 사용된 것은 이 VW의 Blue TDI가 세계 최초이다. 엔진 내에서의 질소산화물 총 삭감분의 60%가 이 듀얼 서킷 EGR에 의한 것이다. 왼쪽은 배기 시스템. 산화촉매-DPF · NOx 흡장촉매-유화수소 촉매로 이어진다.

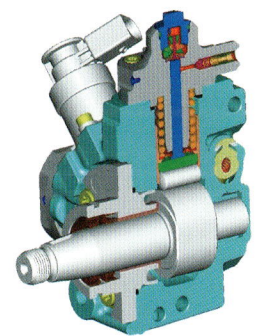

커먼레일 시스템은 보쉬제품. 보쉬제품 가운데 CP4.1 고압 펌프를 사용하고 있다. DLC(다이아몬드 라이크 카본코팅) 처리된 피스톤이나 열대책을 위한 알루미늄 주조 하우징 등이 사용된 최신형이다.

글로 플러그(glow plug)도 최신형이다. 벨제품 PSG(인텔리전트 프레셔 센서 글로 플러그)를 사용하고 있다. 세세한 기술의 축적으로 뛰어난 성능을 발휘한다.

◉ Professional Eye ········· Dr. Hatamura

배기가스 대책이 참신한 벤치마크 DE

VW의 동급 엔진에는 예전부터 유닛 인젝터라고 하는, 타사의 커먼레일과는 다른 고압분사 시스템을 사용했었는데, 이제야 타사와 똑같은 커먼레일을 사용하게 되었다. 즉, 보통의 디젤이 되었다는 것이다. 출력도 320Nm, 103kW로 2ℓ로서는 약간 소극적이지만 강조할 만한 것은 Tier2Bin5에 적합한 시스템이라는 사실. 압축비 16.5, 대량 EGR, DPF, NOx 흡장촉매 등 표준적인 배기가스 대응 시스템이 두루 갖춰져 있는데, 그 중에서도 LP-EGR 시스템은 세계 최초이다. 자세한 것은 다른 항목에서 설명하겠지만, 어떤 점이 뛰어난 것인가? EGR이 냉각되면 배기가스 안의 수소가 응축되어 물이 되어 버린다. 배기가스 안에는 미량의 유황분 SO_2나 산화질소 NO_2가 포함되어 있기 때문에 그것이 응축수에 섞이게 되면 유산(硫酸)과 초산(硝酸)이 생성된다. 극히 미량이라고 해도 이것은 심지어 금도 녹이는 왕수(王水, aqua regia)이다. 이것이 모든 것을 부식시킨다고 해서 디젤 EGR은 성립되지 않는다고 여겨졌던 것이 30년 전 이야기이다. 배기가스도 개선되어 현재는 상식처럼 여겨지는 EGR이지만, EGR 쿨러 등은 두께를 두껍게 해 엔진의 수명이 다할 동안 구멍이 나지 않도록 하고 있다. 그러나 터보 압축기는 정밀한 부품이기 때문에 부식이 일어나면 성능저하로 이어저 곤란해진다. 각 회사가 연구를 하고 있지만 역시 걱정스러운 면이 있어서 도입을 미루고 있었던 것이다. 거기에 LP-EGR은 EGR이 차지하는 용적이 크기 때문에 EGR 응답성이 나쁘다는 문제도 있다. 이런 이유 등으로 전 세계의 디젤 엔지니어가 이 엔진에 주목하고 있다. VW가 성공하면 2~3년 뒤에는 속속 LP-EGR 엔진이 시장에 나타날 것임에 틀림없다.

MERCEDES BENZ OM651

2스테이지 터보로 500Nm 구형에 비해 토크 25%를 향상

메르세데스 벤츠에서 2.1ℓ로 500Nm이라는 큰 토크를 발생시키는 새로운 4기통 디젤이 등장했다.
기술적으로도 눈여겨볼 만한 점이 많은 메르세데스의 새로운 디젤을 자세히 들여다 보자.

글 : MFi · 사진 : DAIMLER / DELPHI

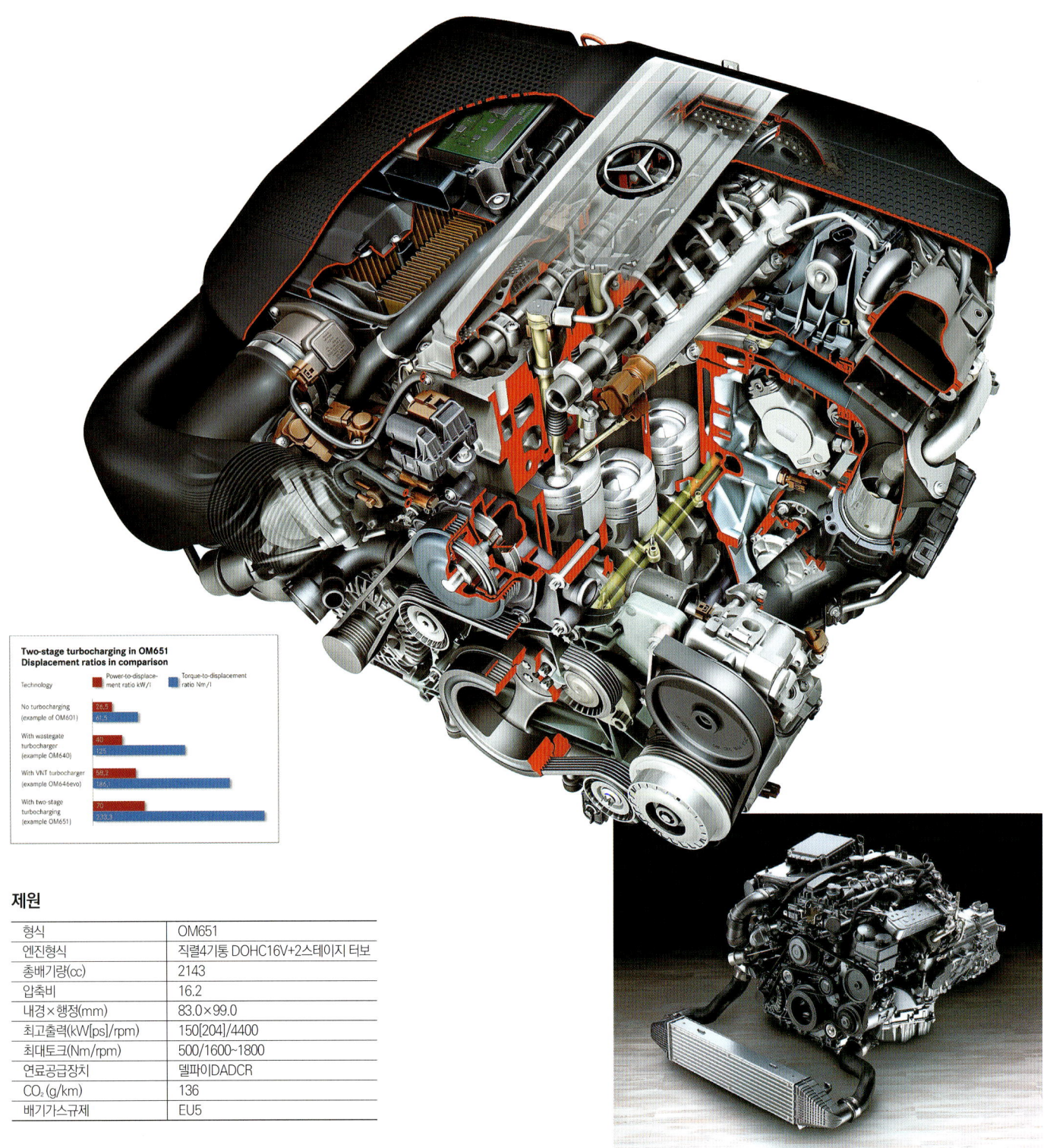

Two-stage turbocharging in OM651
Displacement ratios in comparison

Technology	Power-to-displacement ratio kW/l	Torque-to-displacement ratio Nm/l
No turbocharging (example of OM601)	26.5	61.5
With wastegate turbocharger (example OM640)	40	125
With VNT turbocharger (example OM646evo)	59.2	186.1
With two-stage turbocharging (example OM651)	70	233.3

제원

형식	OM651
엔진형식	직렬4기통 DOHC16V+2스테이지 터보
총배기량(cc)	2143
압축비	16.2
내경×행정(mm)	83.0×99.0
최고출력(kW[ps]/rpm)	150[204]/4400
최대토크(Nm/rpm)	500/1600~1800
연료공급장치	델파이DADCR
CO₂(g/km)	136
배기가스규제	EU5

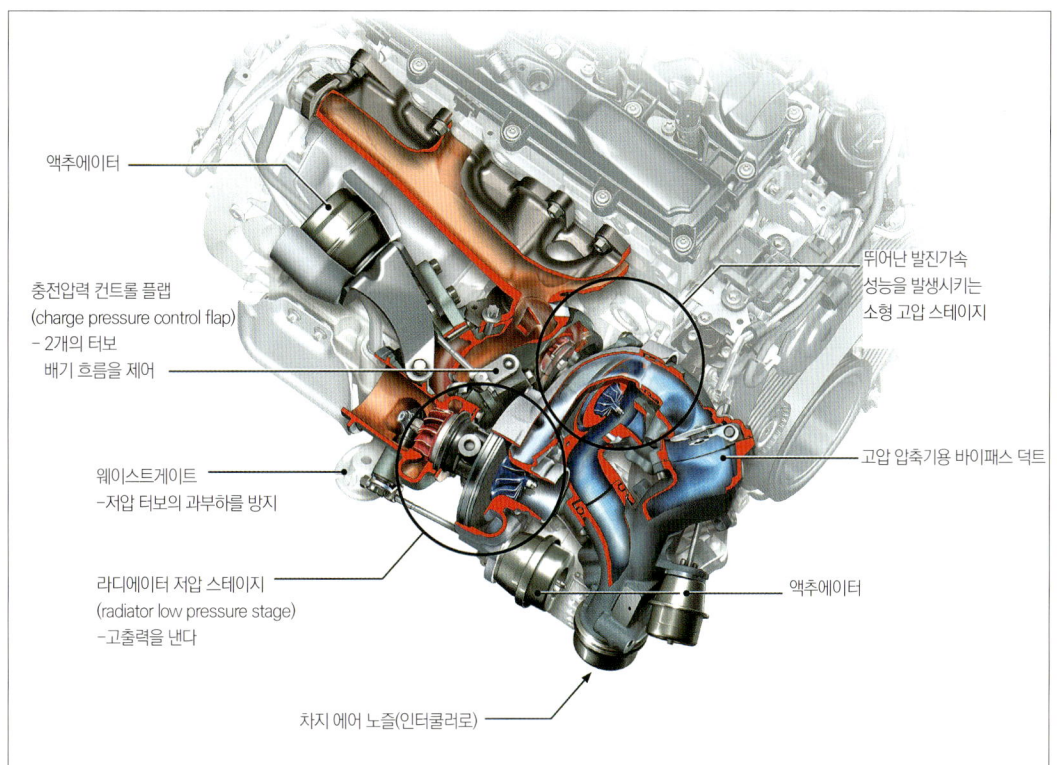

액추에이터

충전압력 컨트롤 플랩
(charge pressure control flap)
- 2개의 터보
배기 흐름을 제어

웨이스트게이트
-저압 터보의 과부하를 방지

라디에이터 저압 스테이지
(radiator low pressure stage)
-고출력을 낸다

차지 에어 노즐(인터쿨러로)

뛰어난 발진가속
성능을 발생시키는
소형 고압 스테이지

고압 압축기용 바이패스 덕트

액추에이터

2스테이지 터보

터보차저는 BMW와 마찬가지로 보그와나의 R2S
(Regulated 2-stage turbocharger)이다. 최초로
R2S를 사용한 것이 BMW 535d로, 그 후에 포드
의 F시리즈인 6.4ℓ V8 디젤에도 사용되고 있다.
기본적인 콘셉트는 BMW와 같다. 소형 HP(고압)
용과 대형 LP(저압)용 2가지 터보를 갖추고 있다.
HP터빈(지름38.5mm)은 최대 248000rpm까지,
LP터빈(지름50mm)은 최대 185000rpm까지 회
전한다. HP터빈 하우징에는 바이패스 덕트가 들어
가 있어서 과급압력 제어 플랩의 개폐로 인해 제어
된다. 낮은 회전속도에서는 바이패스가 닫히고 회
전속도가 올라가면 열리는 방식이다.

보행자 보호를 위해 캠샤프트
드라이버를 후방(변속기쪽)에
배치한 것도 특징이다. 크랭
크샤프트 회전을 기어로 실린
더 블록 옆으로 끌어내 거기
서 체인으로 캠샤프트를 구동
시킨다. 2차 밸런서도 장착되
어 있다.

델파이의 새로운 인젝터. 분사압력은 최대 2000bar. 델파이에
의하면 제4세대. 이 OM651이 처음 사용된 것이다. 델파이 다이
렉트 액팅 디젤 커먼레일 시스템이라는 이름이다. 이 새로운 인
젝터는 이름 그대로 압전소자로 직접 니들을 구동하기 때문에 응
답성을 더 높일 수 있다. 32비트 전자제어 유닛으로 제어하는 이
인젝터 덕분에 NOx를 30% 감소시키고, 토크와 출력을 10% 향
상시킬 수 있다고 델파이는 설명하고 있다.

새로운 테크놀러지로 가득찬 엔진

메르세데스 벤츠의 새로운 4기통 디젤 OM651은 2.1ℓ(2143cc)에서 500Nm
이라는 큰 토크를 끌어내는 작품이다. 이 엔진은 C클래스를 시작으로 E클래스,
S클래스로 전개될 예정이다. 투입된 테크놀러지는 델파이의 2000bar 제4세대
피에조 인젝터, 보그와나제 2스테이지 터보, 200bar의 최고연소압력 등 최신
사양으로 이루어져 있다. 이미션 컨트롤도 충분히 고려되어 있어서 이미 Euro5
를 통과한 상태이다. OM651은 주철 실린더 블록에 알루미늄제 실린더 헤드를
얹는다. 압축비는 구형 17.5에서 16.2로 최신 디젤답게 낮아졌으며, 최대토크
는 400Nm에서 25% 상승한 500Nm를 발휘한다. 왼쪽 페이지 그래프에서도
알 수 있듯이 과급기술 진화로 엔진 성능은 한층 더 향상되고 있다는 사실이다.
과급이 없는 OM601(1997cc)과 비교하면 토크는 3.8배나 향상된 것이다. 메
르세데스가 추진하는 「다운사이징 콘셉트」에 딱 어울리는 엔진이라고 할 수 있
다. 이 새로운 엔진은 150kW(500Nm(250CDI), 125kW/400Nm(220CDI),
100kW/330Nm(200CDI)의 3가지 사양을 설정할 예정이다.

● Professional Eye ········ Dr. Hatamura

메르세데스의 부활을 알리는 혁신적 엔진일지도 모른다

200bar의 연소압력, 압전소자 인젝터를 사용한 2000bar의 커먼레일, 보그와나제 시퀀셜
트윈 터보, 세라믹 글로(glow) 플러그 등, 나열하다 보면 18→20의 숫자 차이만으로 BMW
의 2.2ℓ 모델이 아닌가하고 생각하게 된다. 하지만 시스템은 거의 비슷하더라도 속은 매우
다르다. 특히 인젝터는 보쉬제가 아니라 최신 델파이 제품이다. 압전소자로 직접 니들을 구
동하는 방식으로 제4세대로 일컬어지고 있다. 그 외 사소한 숫자의 차이가 성능차이를 크게
구분짓고 있다. 최대토크 500Nm, 최고출력 150kW, 평균유효압력 29.3bar로 기존 최고치
에서 20%나 증가되어 있다. 예전 무과급디젤보다 4배나 높은 토크이다. 이것은 고성능 무
과급 가솔린 엔진의 2.5배나 된다. 드디어 디젤이 평균유효압력 30bar 시대에 들어간 것이
다. 출력도 리터당 70kW(95마력). 고성능 가솔린 엔진도 저리 가라. 엔진 기술을 살펴본
바로는 과연 메르세데스의 기술 부활을 알리는 엔진일지도 모른다. 앞으로 메르세데스에게
서 눈길을 뗄 수 없게 되었다.

AUDI ASB

AUDI Q7

아우디의 또 다른 야심작. 「AdBlue」시스템 탑재

아우디는 이 클린 디젤 엔진을 「the Cleanest Diesel in the world」라고 주창하면서
그 브랜드 가치를 더욱 대중화하려고 나섰다.
AdBlue 테크놀로지로 Tier2Bin5, 포스트 신장기규제를 통과한 디젤을 살펴본다.

글 : 카와바타 유미 · 사진 : AUDI

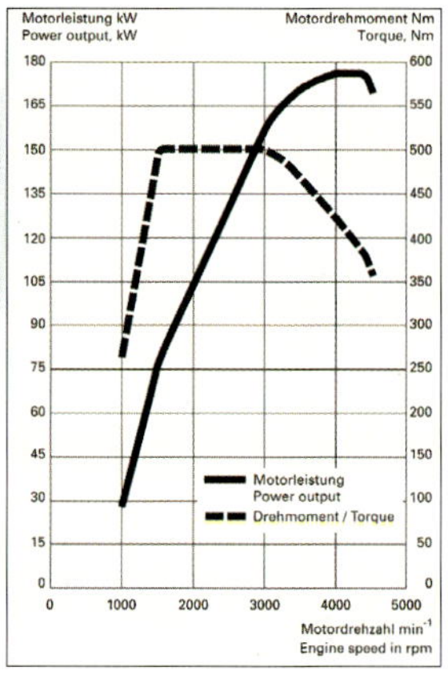

제원

형식	ASB
엔진 형식	V형 6기통 DOHC 24V+VG 터보
총배기량(cc)	2967
압축비	17.0
내경×행정(mm)	83.0×91.4
최고출력(kW[ps]/rpm)	176kW(240hp)/4000~4400
최대토크(Nm/rpm)	500/1500~3000
실린더 블록 재질	버미큘라(vermicular)흑연주철
연료공급장치	BOSCH제 피에조 방식 커먼레일 2000bar(Q7), 1600bar(A6)
과급기	VG(가변터빈 기하학)터보
CO$_2$(g/km)	–
배출가스규제	Tier2Bin5, 포스트 신장기규제, LEV II BIN5, EU6
후처리	AdBlue
변속기	6MT(A6-Quattro), 6AT(Q7)
탑재차종	A6, Q5, Q7

소형 · 경량화된 고출력 파워 유닛

90도 V뱅크로 이루어진 3ℓ V6TDI 유닛은 주철제이면서 중량이 226kg 정도로 소형, 경량화되었다. 최대 2000bar까지 분사압력 제어가 가능한 압전소자 인젝터를 사용하는 외에도 실린더 내 압력 센서를 장착해 최대 5회의 세밀한 연료분사를 함으로써 엔진에서 배출되는 단계부터 배출가스를 저감시킨다. 저속회전영역에서는 2회의 파일럿 분사를, 2500rpm 까지는 1회의 포스트 분사를 한다. 동시에 0~100km/h를 8.5초에 도달하며, 최고속도는 210km/h를 확보. 연비면에서도 11km/ℓ로, Q5 정도의 중량급 몸집치고는 수준급의 수치를 나타낸다. 한편 아우디에서는 포트분사 가솔린 엔진에 비해 디젤 직접분사 터보 엔진에서는 궁극적으로 35%의 저연비화가 가능하다는 계산을 하고 있다.

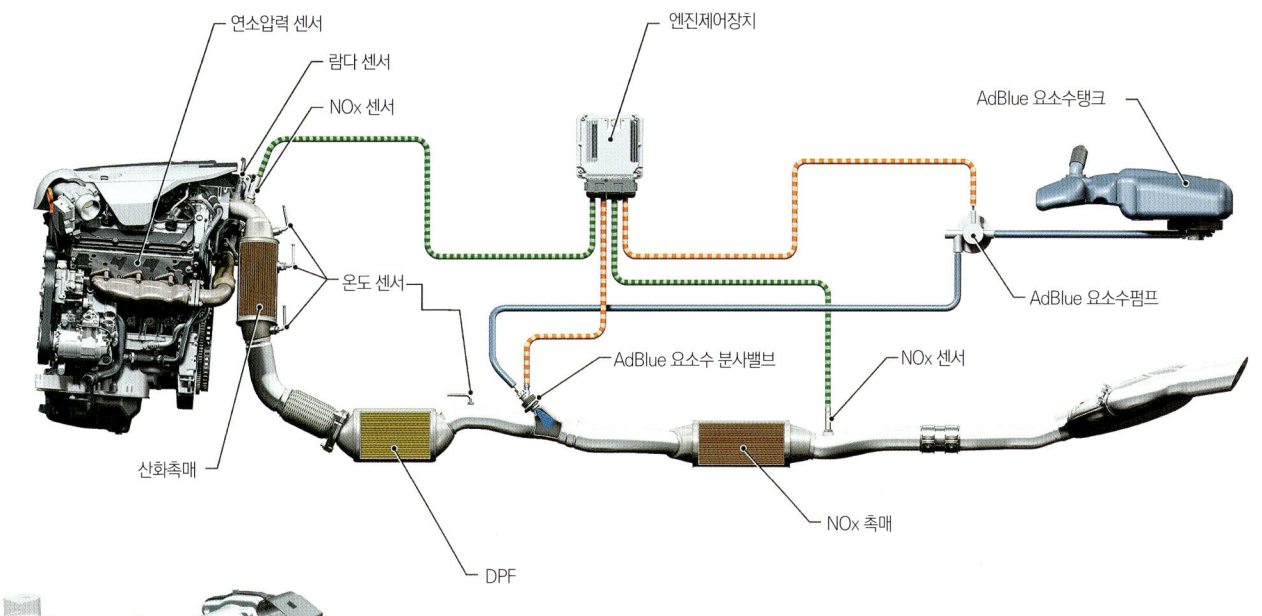

연소압력 센서
람다 센서
NOx 센서
엔진제어장치
AdBlue 요소수탱크
온도 센서
산화촉매
DPF
AdBlue 요소수 분사밸브
NOx 센서
NOx 촉매
AdBlue 요소수펌프

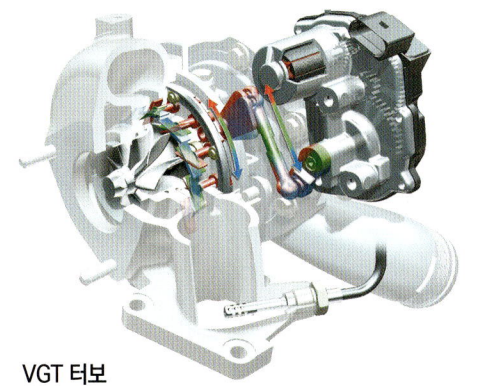

VGT 터보

저속회전영역에서 토크를 확보하게 해 주는 가변 터빈 기하학 터보. 일반적으로 VG 터보라고 불리는 이 시스템은 배기 유량이 작은 영역의 경우 전기모터로 터보차저의 베인을 닫아 배기압을 높일 수 있다. 저속회전영역에서도 1.5bar까지 배기압을 높일 수가 있어서, 그 결과 최고출력 176KW와 1500~3000rpm의 폭넓은 영역에서 최대토크 500Nm이라는 높은 토크를 발휘할 수 있다.

AUDI Ultra Low Emission System

어떠한 NOx처리 시스템에도 적용되는 공통사항은 NOx에서 산소를 제거하는 「환원제」를 첨가해 화학반응을 시켜 인체에 무해한 질소로 만들려고 하는 목적이다. 그 화학반응을 선택적으로 진행하는 역할을 하는 것이 「촉매」. 현재의 주류는 농후혼합기 연소로 환원제를 연료에서 만들어내는 방법과 요소를 환원제로 공급하는 방법(요소 SCR)의 2가지이다. 일반적으로 「요소SCR」은 NOx를 산화시키는 촉매와 그 직전에 요소수를 분사하는 시스템 전체를 가리킨다. 아우디 시스템의 장점은 요소수탱크를 필러 파이프 아래에 7ℓ, 플로어 아래에 15.5ℓ, 2군데로 나눠 탑재성을 높인 부분이다. 이로 인해 A4 클래스까지 장착이 가능해졌다.

Professional Eye
········· Dr. Hatamura

톱 클래스의 세련미를 자랑하는 고급차용 유닛의 진화판

이전부터 제3세대 압전소자 인젝터를 사용하는 등, 선진기술을 일찍부터 접목시켰기 때문에 기본구성에서 변경된 점은 없다. 주요한 변경사항은 Tier2Bin5를 통과시키기 위해 요소수에 의한 NOx 환원시스템 "AdBlue"를 추가한 것이다. 액체요소는 경유와 같이 필러캡에서 급유되는데 소비량은 얼마 안 돼서, 2회의 서비스 기간 내에는 추가할 필요가 없기 때문에 사용자 입장에서는 부담스럽지 않다고 한다. NOx 정화율은 90% 정도이기 때문에 문제는 해결된다고 생각되지만, 디젤의 NOx 대책은 상당히 어려운 문제이다. 왜냐하면 삼원촉매의 정화율이 99%를 넘기 때문에 "AdBlue"라고 해도 적수가 되지 않는다. NOx를 1/10로는 해야 비로소 가솔린 엔진과 비슷해진다. 이를 위해 NOx를 저감하는 기술, 저압축비화, 대량 EGR이 중요하다. 이들은 예혼합 연소를 증가시키는 결과로 이어지고 최종적으로 그을음(Soot)과 NOx를 생성하지 않는 HCCI 연소로 진화하게 된다.

인터쿨러

VG터보 외에 2개의 대형 인터쿨러를 장착해 배기가스를 냉각해 압축한 공기를 보냄으로써 과급압을 확보한 상태로 터보차저의 냉각효율을 높이고 있다. 또한 배기가스를 순환시키는 EGR(Exhaust Gas Recirculation)을 사용함으로써 배기가스 일부를 연소실로 되돌리고 연소실 내의 온도를 낮춤으로써 NOx 발생량을 낮추는 효과를 얻고 있다.

2010년 일본에 "클린 디젤"의 도입을 결정한 아우디. 현재 일본에서 클린 디젤이라고 불리는 디젤 엔진의 정의는, 「2009년에 발효된 포스트 신장기규제를 통과할 것」으로 되어 있다. 시야를 넓히면 미국 캘리포니아의 「Tier2Bin5」, 유럽의 「유로6」와 세계적으로 통용시킬 것을 목표로 3ℓ, V6 디젤 유닛이 탑재되는 「Q7」을 개발한 것이다.

전 세계를 달리는 디젤차는 모두 클린이기 때문에 아우디가 선택한 후처리 장치는 DPF와 요소 SCR이라고 하는 조합이다. DPF에 의해 PM을 처리한 다음에 32%의 요소수를 분사하는 디녹스(DeNOx) 촉매로 NOx를 질소로 선택적으로 환원하는 방식이다. 어느 나라나 이미 전체 상용차에 요소수를 사용하는 시스템이 보급되어 있고 공급체제가 갖추어져 있다고 판단한 결론이다.

아우디 라인업 전체로 보면 A4 이상의 자동차에는 요소 SCR의 검토를 진행하고 있고, A3 이하에서는 중량이 가벼워지는 측면을 고려하여 더 낮은 가격의 린-녹스(lean-NOx)촉매 도입도 검토하고 있다.

아우디는 Q7 디젤 도입을 시작으로 일본에 클린 디젤 탑재차종을 늘려 2015년까지 일본에서 아우디 디젤 차량 비율을 10%까지 끌어올리겠다는 계획이다.

BMW N47D20T0

BMW의 신세대 주력 디젤은 가변 트윈 터보를 탑재한 의욕적인 작품

전체 알루미늄 블록에 가변 트윈 터보를 장착한 BMW의 4기통 디젤은 차세대 디젤 엔진의 벤치마킹으로 다뤄질 수 있는 제품이다.

글 : MFi · 사진 : BMW

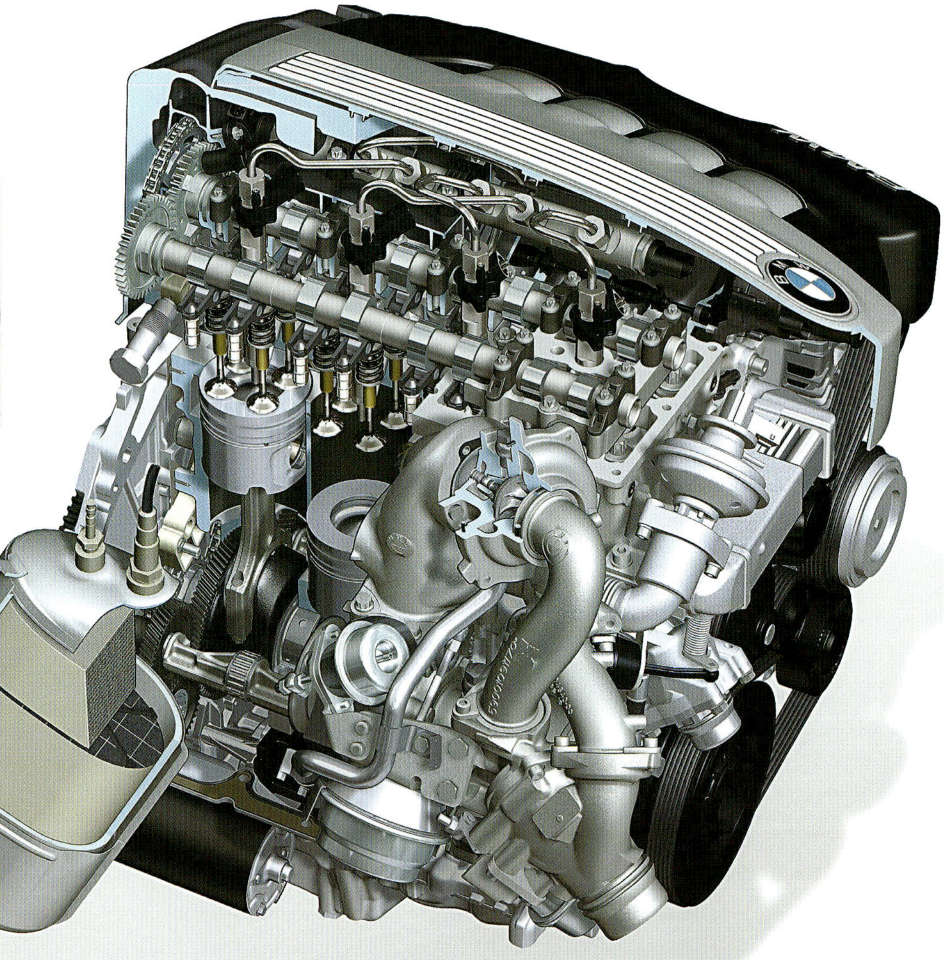

BMW 123d

N47D20OL

배기 매니폴드 바로 아래에는 산화촉매와 SiC제 DPF가 장착되어 있다. 우측에는 최적의 장소에 위치한 인터쿨러가 보인다.

왼쪽 사진의 반대쪽을 자른 단면의 투시도. 우측 아래에 밸런서 샤프트가 보인다. 밸런서 샤프트는 크랭크샤프트의 양옆에 있으며, 구동은 헬리컬 기어(검게 보이는 기어)로 한다. 추(錘)가 크랭크축의 배속(倍速)으로 회전한다.

제원

형식	N47D20T0
엔진형식	직렬4기통 DOHC 16V+베리어블 트윈터보
총배기량(cc)	1995
압축비	16.0
내경×행정(mm)	84×90
최고출력(kW[ps]/rpm)	150[204]/4400
최대토크(Nm/rpm)	400/2000~2250
연료공급장치	BOSCH DDE71
CO_2(g/km)	138(123d/MT)
배출가스규제	EU4

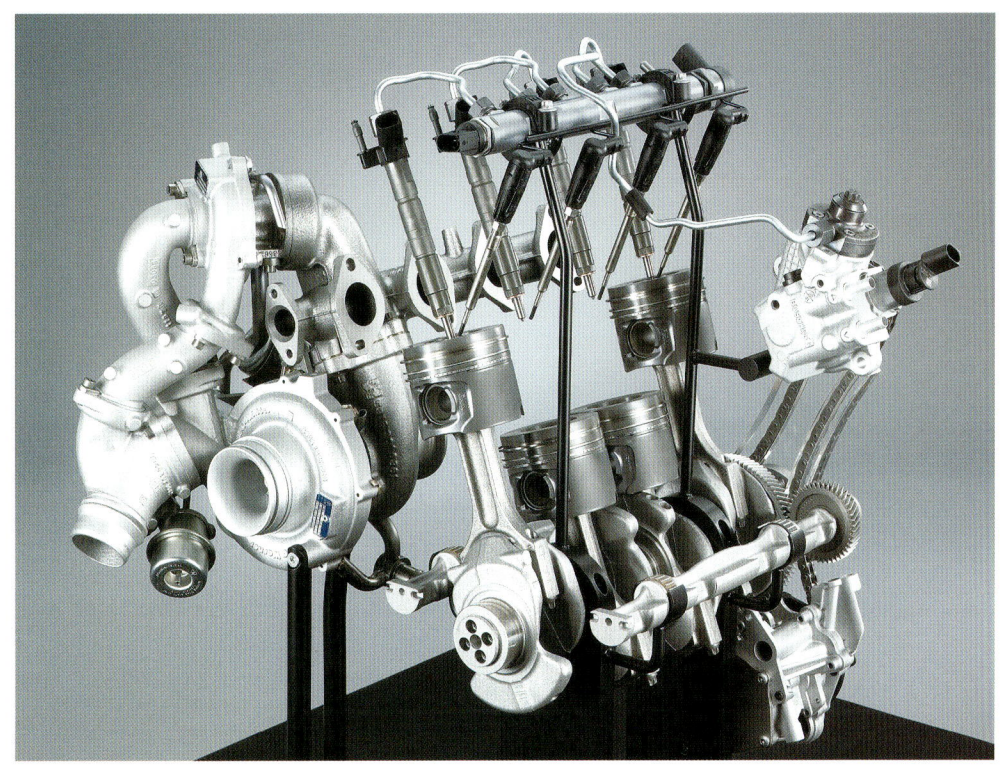

가변 트윈 터보

6기통 디젤에서 실적이 있는 가변 트윈터보를 4기통에도 사용했다. 엔진이 전부하로 운전되는 상태의 배기가스량에 맞춰 터빈 용량을 설정하게 되면 배기가스량이 적을 때에는 과급이 되지 않는다. 흔히 말하는 터보 래그도 커지게 된다. 그런 약점을 해소하기 위한 방법이 바로 용량이 다른 2개 터보를 사용하는 가변 트윈터보이다. 저속영역에서는 소형 터보(위쪽)를 사용해 과급하고 고속 회전이 되면 대형 터보로 과급하는 것이다. 다만 이 BMW의 가변 트윈터보는 2개 터보 사이에 바이패스 통로를 만들어 가압된 흡기가 합류하는 부분의 밸브와 함께 터빈 용량을 가변시키는 구조이다. 최대 과급압력은 3.0bar이다. 덧붙이자면 터보는 보그워너 제품으로, 그들이 R2S(Regulated 2-stage Turbocharging)라고 부르는 트윈터보이다. 98p의 메르세데스 터보도 같은 보그워너제품의 R2S이다.

리터당 100마력을 초과하는 DE

BMW가 가변 트윈터보라고 부르는 터보차저를 사용한 전체 알루미늄 합금제 실린더 블록 4기통 디젤은 동급에서 처음 리터당 100마력을 초과한 엔진이다(3가지 사양 가운데 최고사양은 150kW/204ps를 발휘). 이 2ℓ 직렬4 유닛은 5시리즈, 3시리즈, 1시리즈, X3에 탑재된다. 실린더 사이즈는 가솔린 2ℓ와 똑같은 내경 84×행정 90mm. 이것은 6기통과도 공통이다. 내경을 공통으로 한 것은 디젤의 열쇠를 쥐고 있는 연소의 유사한 점을 거의 그대로 공유할 수 있기 때문이다. 다른 제조 회사에서도 사용하고 있는 방법이다. 압축비는 16.0으로 최신 디젤로서는 표준적인 압축비이다. 같은 배기량에서 3가지 사양의 출력 사양이 설정되어 있다. 낮은 순으로 나열하면 105kW/300Nm, 130kW/350Nm, 150kW/400Nm과 같다. 이와 관련해 3시리즈를 예로 들자면, 105kW 모델은 318d, 130kW는 320d로 불린다. 현재 상황에서 최강인 150kW 모델을 탑재하는 것은 1시리즈만으로, 123d라고 부른다. 가변 트윈터보가 탑재된 것은 이 최강 모델로서 다른 모델에는 일반적인 VG 터보가 장착되어 있다. 최신 디젤답게 헤드는 물론이고 실린더 블록도 알루미늄 합금 금형제조. 그 덕분에 엔진 중량은 구형 4기통 디젤에 비해 17kg 정도 가볍게 만들어졌다. 직렬4기통 특유의 2차진동을 해소하기 위한 밸런서는 크랭크샤프트의 양쪽에 달려 있다. 연료분사장치는 보쉬제 2000bar의 커먼레일 시스템+압전소자 인젝터이다(150kW 모델). 현재 유럽에서 판매되고 있는 모델은 산화촉매+DPF(SiC제)를 장착해 Euro4를 통과했다. 123d를 예로 들면, 이 최신 디젤 외에도 BMW가 이피션트 다이내믹스(efficient dynamics)라고 부르는 각종 저연비 기술이 망라되어 있다.

인젝터는 보쉬제 압전소자 인젝터로 분사구멍이 7개이다. 피스톤 상단에 파여진 깊은 연소실이 보인다. 각 기통 4밸브(흡기2, 배기2 각각 위치)이다.

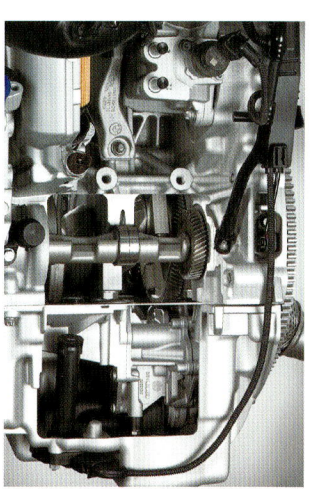

중앙에 보이는 것이 크랭크샤프트의 배속으로 회전, 2차진동을 없애는 밸런서 샤프트. 구동은 헬리컬 기어. 2개의 밸런서 샤프트는 2군데의 니들 롤러 베어링으로 지지된다.

🟢 Professional Eye ········· Dr. Hatamura

착실하게 진화하여 차세대 벤치마킹이 될 디젤

이미 양산 실적이 있는 6기통 3.0ℓ 시퀀셜 트윈터보를 4기통 2.0ℓ에 적용한 것으로, 새로운 점은 찾아볼 수 없지만 180bar의 연소압력과 클로즈드 알루미늄 실린더 블록, 압전소자 인젝터를 사용한 1800bar의 커먼레일 시스템, 보그워너제 시퀀셜 트윈터보, 세라믹 글로 플러그 등 어느 것 하나 최첨단 기술이 아닌 것이 없다. 내경×행정이 3.0ℓ와 같기 때문에 연소실 주위도 같을 거라 생각했는데, 흡배기 밸브 지름이 27.2/24.6으로 3.0ℓ의 25.9/25.9보다 작아졌다. 흡배기 밸브 지름이 같은 3.0ℓ는 과급엔진 원리에 적합하다고 생각하고 있었는데, 상식적인 지름으로 돌아가 버렸다. 이런 사실로 보건데 기술은 나날이 진보하고 있다고 봐야 할까? 토크 400Nm은 평균유효압력 25bar로 최고 수준. 뒤따라가고 있는 제조 회사에게도 절호의 벤치마킹 엔진이다.

Motor Fan
illustrated

Vol 1

친환경자동차

Vol 2

F1 머신
하이테크의 비밀

Vol 3

엔진 테크놀로지

Vol 4
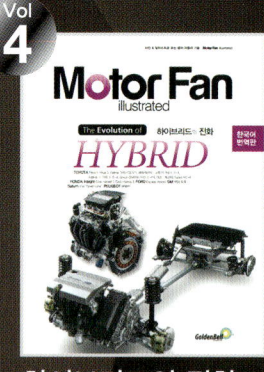
하이브리드의 진화

Vol 5

트랜스미션
오늘과 내일

Vol 6

가솔린 · 디젤
엔진의 기술과 전략

Vol 7

튜닝 F1 머신
공력의 기술

Vol 8

드라이브 라인
4WD & 종감속기어

Vol 9
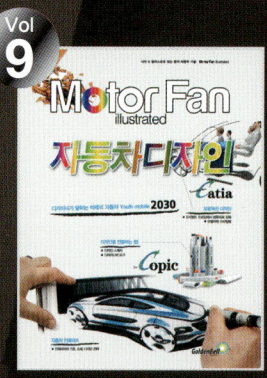
자동차 디자인

Vol 10

조향 · 제동 쇽업소버

Vol 11
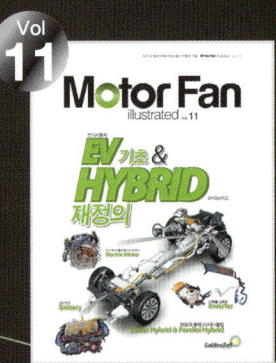
전기 자동차 기초 &
하이브리드 재정의

Vol 12

신소재 자동차 보디

Vol 13

타이어 테크놀로지

Vol 14
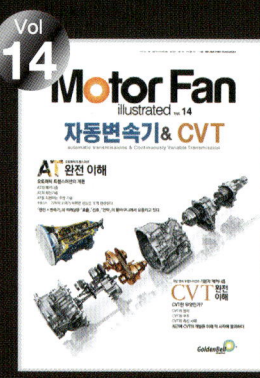
자동변속기 · CVT

Vol 15

디젤 엔진의 테크놀로지